DK ERFORSCHEN UND VERSTEHEN

WELTALL

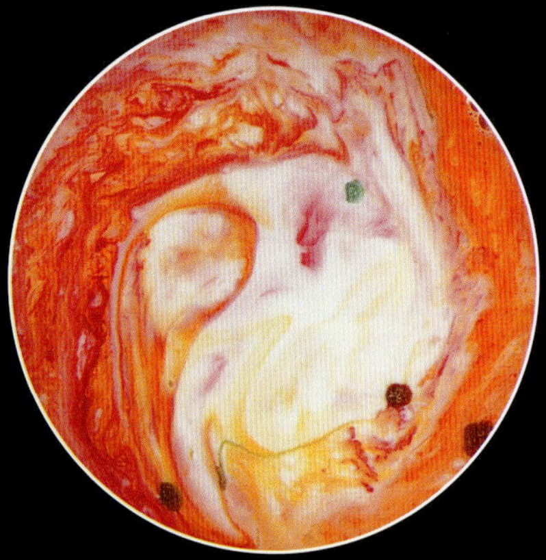

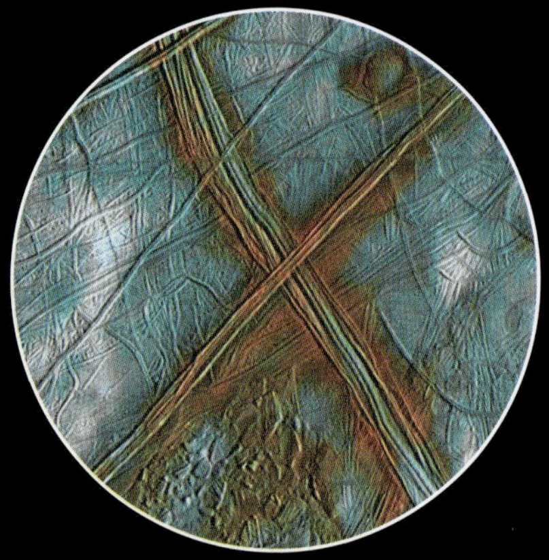

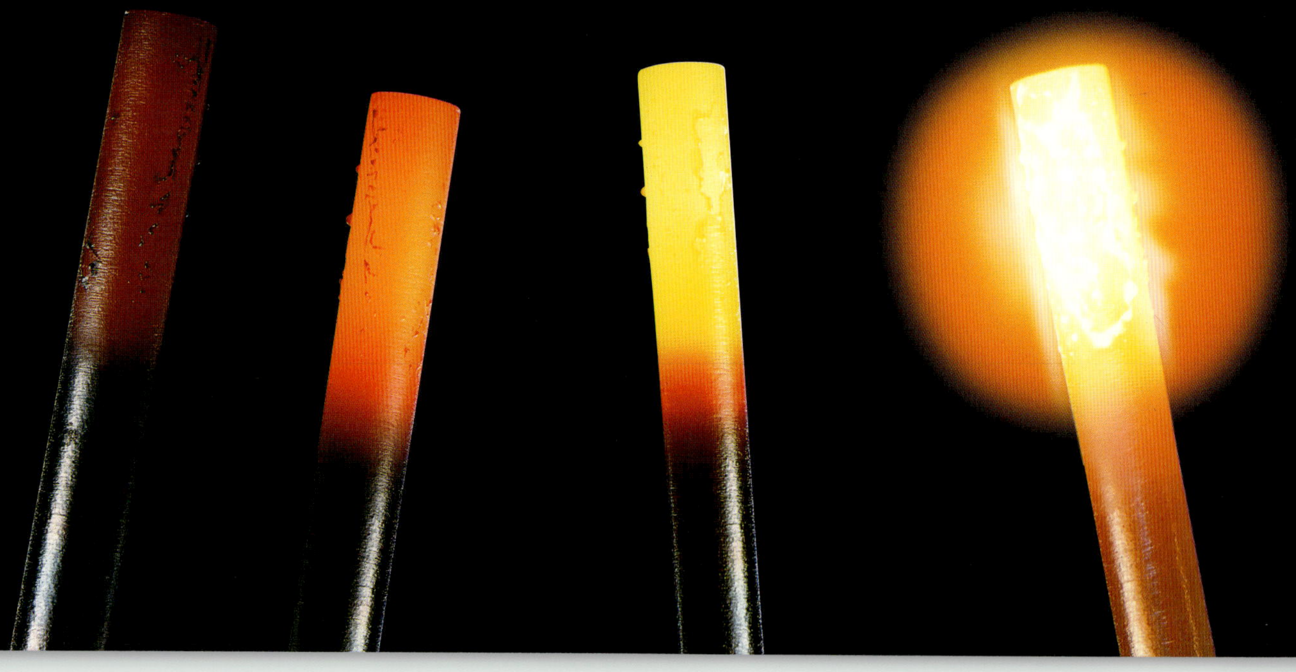

DK ERFORSCHEN UND VERSTEHEN

WELTALL

Robin Kerrod
Giles Sparrow

DK Dorling Kindersley

DORLING KINDERSLEY

LONDON, NEW YORK, MÜNCHEN, MELBOURNE, DELHI

Projektbetreuung Kate Bradshaw, David John, Sadie Smith
Bildbetreuung Tim Brown, Sheila Collins, Darren Holt
Lektorat Fran Jones
Bildredaktion Martin Wilson
Cheflektorat Linda Martin
Chefbildlektorat Jane Thomas
Bildrecherche Angela Anderson, Sarah Pownall
Bildarchiv Jonathan Brooks, Rose Horridge
Covergestaltung Dean Price
DTP-Design Siu Yin Ho
Herstellung Erica Rosen
Spezial-Fotografie Trish Gant
Digitale Bildbearbeitung Robin Hunter, John Kelly

Beratung Experimente John Miller

Bibliografische Information Der Deutschen Bibliothek
Die Deutsche Bibliothek verzeichnet diese Publikation in der Deutschen Nationalbibliografie; detaillierte bibliografische Daten sind im Internet über http://dnb.ddb.de abrufbar.

Titel der englischen Originalausgabe:
The Way the Universe Works

Übersetzung Martin Kliche
Redaktion Kerstin Wendsche

ISBN 978-3-8310-1011-0

Printed and bound in China by Toppan
Colour reproduction by Colourscan, Singapore

Hinweis
Die Informationen und Anleitungen zu den Experimenten in diesem Buch sind von den Autoren und vom Verlag sorgfältig erwogen und geprüft, dennoch kann eine Garantie nicht übernommen werden. Eine Haftung der Autoren bzw. des Verlags und seiner Beauftragten für Personen-, Sach- und Vermögensschäden ist ausgeschlossen. Bitte beachten Sie die Sicherheitshinweise auf Seite 6.

Besuchen Sie uns im Internet
www.dk.com

INHALT

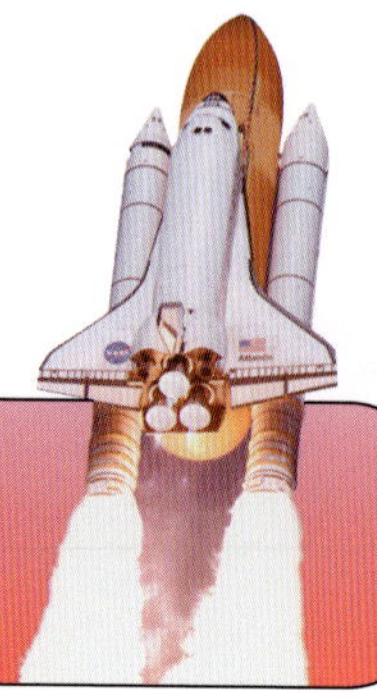

Die Planeten 58–89

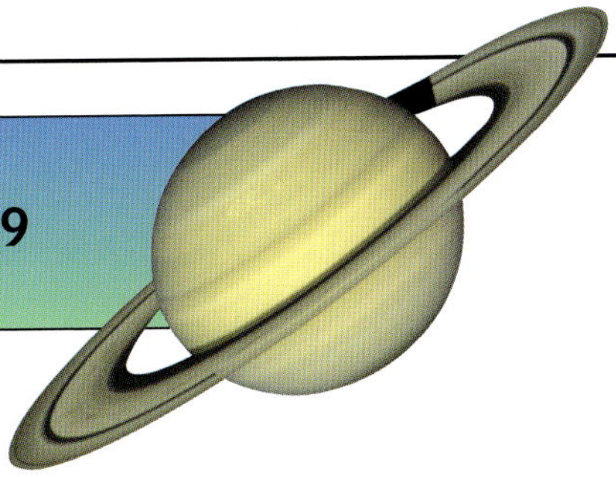

Die Sterne 90–119

Galaxien 120–135

Geheimnisvolles Weltall 136–59

Das Weltall

Ein Überriese mit vielen Millionen Kilometern Durchmesser explodiert und zerfällt in tausend Teile. Ein Schwarzes Loch lauert im Herzen einer Galaxie, entreißt einem Nachbarstern Gaswolken und saugt sie in seinen Abgrund. Auf einem der Jupitermonde speit ein Vulkan geschmolzenen Schwefel aus ... Das ist nicht etwa ein Gruselfilm, sondern ein ganz normaler Tag im Leben des Universums. Das Universum umfasst alles, was existiert: die Erde und alles darauf, die Planeten und ihre Monde, die Sterne und Galaxien und natürlich das Weltall. Seine Größe übersteigt unser Vorstellungsvermögen bei weitem. Für die Menschen früher war es ein Geheimnis, dass man glaubte, nie ergründen zu können. Doch im Verlauf vieler Jahrhunderte haben Astronomen nach und nach herausgefunden, wie es funktioniert und warum es so ist, wie es ist. Dennoch bleiben viele Fragen offen.

Die Aufgabe von Astronomen

Astronomen untersuchen die Objekte und Phänomene im Weltall. Die meisten arbeiten in Sternwarten. Das sind ihre Labore. Wie andere Wissenschaftler erforschen sie die Natur von Energie und Materie – ihr Arbeitsgebiet erstreckt sich jedoch über das gesamte Weltall. Sie haben viele Einzelheiten entdeckt – von der Energiequelle der Sterne über die Kräfte, die Planeten auf ihren Umlaufbahnen halten, bis zu der Kraft von Schwarzen Löchern. Alle Zweige der Wissenschaften liefern ihren Beitrag, sodass unser Wissen weiter wächst.

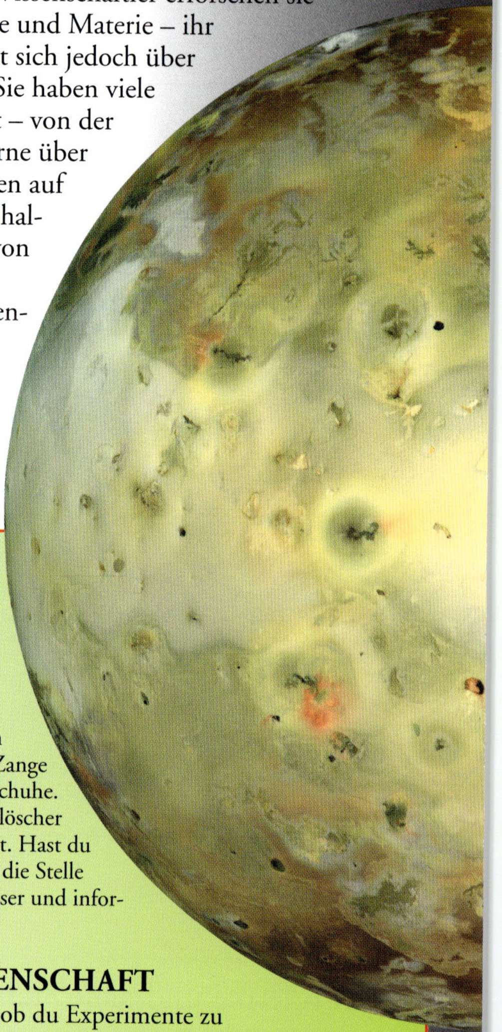

Io, der vulkanreichste Jupitermond

Experimente – Vorsicht!

Bevor du irgendein Experiment durchführst, bereite es sorgfältig vor. Überlege dir, was beim ersten Mal schief gehen könnte. Du solltest auch immer bedenken, ob du dich oder jemand anderen verletzen könntest. Das nennt man Risikoabschätzung. Die folgenden Punkte musst du bei jedem wissenschaftlichen Experiment beachten.

Allgemeine Hinweise

- Sage sofort einem Erwachsenen Bescheid, wenn irgendetwas passiert ist.
- Sollte etwas zerbrechen, räume es nicht selbst auf.
- Befolge die Anleitungen sehr sorgfältig und frage nach, wenn du etwas nicht verstehst.
- Benutze keine Materialien oder Gegenstände ohne Erlaubnis.
- Manche Experimente darfst du nur mit Schutzbrille durchführen.
- Sei vorsichtig, wenn du eine Schere, ein Messer oder einen Zirkel benutzt. Lass dir helfen, wenn du dich geschnitten hast.

Mit Milch und Farbe kannst du die stürmische Jupiteroberfläche nachahmen.

Elektrogeräte

- **Hände weg vom Stromnetz!**
- Wenn du Elektrogeräte benutzt, die ohne Batterien laufen, stelle die Geräte nicht in der Nähe von Wasser auf.
- Elektrogeräte, Stecker oder Steckdosen nicht mit nassen Händen anfassen.
- Du darfst Elektrogeräte niemals auseinander bauen.
- Eingeschaltete Glühbirnen können sehr heiß werden.

Erwärmen

- Wenn du etwas erwärmst, trage immer eine Schutzbrille und binde lange Haare und offene Kleidung zusammen.
- Benutze zum Aufnehmen eines heißen Gerätes eine Zange und/oder feuerfeste Handschuhe.
- Halte immer einen Feuerlöscher oder eine Löschdecke bereit. Hast du dich verbrannt, dann halte die Stelle unter fließendes kaltes Wasser und informiere einen Erwachsenen.

Sichere Wissenschaft

Die Symbole zeigen dir, ob du Experimente zu Hause durchführen kannst oder ob sie im Labor der Schule vorgeführt werden sollten. Experimente ohne Symbol kannst du selbst zu Hause durchführen. Du solltest sie aber vorher mit einem Erwachsenen besprechen.

EXPERIMENT
Solarkocher

Unter Aufsicht eines Erwachsenen
Experimente mit diesem Symbol darfst du nur mithilfe eines Erwachsenen durchführen.

LABORVERSUCH
Die Farben der Wärme

Laborversuch
Diese Experimente darfst du nicht zu Hause ausprobieren. Frage z. B. deinen Physiklehrer, ob er euch dieses Experiment vorführt.

Der berühmte Physiker Albert Einstein sagte einmal: »Das Unbegreifliche am Weltall ist, dass es begreiflich ist.« Das Universum folgt physikalischen Gesetzen, die wir entdeckt haben. Und eines Tages werden wir wahrscheinlich sogar seine Größe kennen.

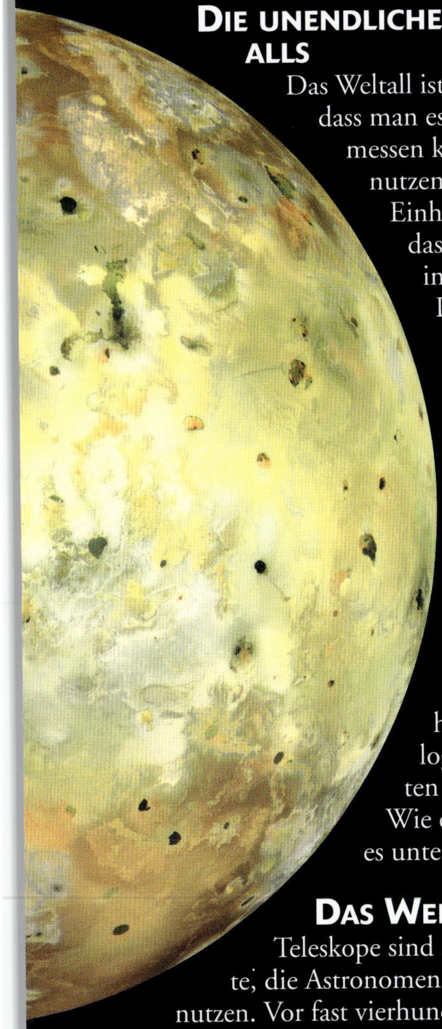

Die unendliche Weite des Weltalls

Das Weltall ist so unermesslich weit, dass man es nicht in Kilometern messen kann. Stattdessen benutzen Astronomen andere Einheiten wie das Lichtjahr – das ist die Strecke, die Licht in einem Jahr zurücklegt. Die nächsten Sterne zur Sonne sind ungefähr vier Lichtjahre von ihr entfernt. Astronomen können Objekte sehen, die mehr als 10 Milliarden Lichtjahre entfernt sind. Ihr Licht brauchte zu uns ungefähr so viele Jahre, wie seit dem Urknall vergangen sind. Die Lehre vom Ursprung und von der Natur des Weltalls heißt Kosmologie. Kosmologen versuchen die wichtigsten Fragen zu beantworten: Wie entstand das Weltall? Wird es untergehen oder so bleiben?

Das Weltall beobachten

Teleskope sind die wichtigsten Instrumente, die Astronomen für ihre Beobachtungen nutzen. Vor fast vierhundert Jahren beobachtete Galileo Galilei zum ersten Mal Planeten und seitdem wurden immer empfindlichere Teleskope gebaut. Mit jeder Verbesserung erfuhr die Menschheit mehr über das Weltall. Die Teleskope von Sternwarten können Licht und Radiowellen einfangen, die Sterne und Galaxien abgeben. Dagegen sind Weltraumteleskope wie das Hubble-Weltraumteleskop nicht nur lichtempfindlich, sondern entdecken auch unsichtbare Strahlen, z. B. Röntgenstrahlen. Sie ermöglichen uns eine klarere und differenziertere Sicht des Weltraums.

Raumsonden liefern uns noch mehr Informationen über unser Sonnensystem, das die Sonne und Planeten in unserem winzigen Bereich des Weltalls umfasst. Sie flogen zu allen Planeten, bis auf den weit entfernten Pluto. Ihre Bilder zeigen, dass jeder Planet in sich eine eigene, faszinierende Welt ist und sich völlig von der Erde unterscheidet.

Ein Perseidenschauer über British Columbia in Kanada

STERNGUCKER
STERNSCHNUPPEN

STERNSCHNUPPEN KANNST DU am besten nach Mitternacht entdecken. In dieser Zeit treffen einfallende Meteore frontal auf unsere Seite der Erde und du kannst sehen, wie sie sich sehr schnell nähern und hell verglühen. Einige Meteorschauer wiederholen sich jährlich, sie werden nach den Sternbildern benannt, von denen sie scheinbar ausgehen. Die beständigsten Schauer sind die Perseiden Anfang August. Eine vollständige Liste der Meteorschauer findest du auf Seite 150.

Sterngucker
Hier erhältst du praktische Tipps für deine Beobachtungen. In diesem Beispiel über Sternschnuppen erfährst du, wann die beste Zeit zum Beobachten von Meteorschauern ist. Andere Kästen helfen dir Sterne, Sternbilder und Galaxien am Nachthimmel zu finden.

Probier es aus!

Du brauchst kein riesiges Teleskop, um die Sterne zu beobachten. Benutze einfach die natürlichste Ausstattung – deine Augen! Hier erfährst du, wie du die Sternbilder und die Bewegung der Planeten verfolgen kannst. In klaren Nächten kannst du Sternschnuppen und manchmal sogar den langen Schweif eines Kometen sehen. Den Nachthimmel durch Ferngläser oder ein Teleskop zu beobachten, ist noch lohnender, denn dann entdeckst du tausende weiterer Sterne.

Mit den einfachen Experimenten in diesem Buch lernst du mehr über wissenschaftliche Methoden, den Weltraum zu untersuchen. Du findest nützliche Web-Seiten, auf denen du erfährst, was im Weltall passiert. Hier erscheinen auch die neusten Bilder. Du kannst auch bei Projekten wie SETIger.de mitmachen und Radiosignale aus dem Weltall empfangen. Vielleicht schicken dir Aliens sogar eine E-Mail – dann wissen wir ganz sicher, dass wir nicht allein im Weltall sind.

Der Sternhaufen der Plejaden

Querverweise
Diese Kästen geben Informationen zu einem Thema, das auf der Seite besprochen wird und auf das auf anderen Seiten näher eingegangen wird. Der Kasten über den Mond z. B. steht auf Seite 66, wo du viel über die Erde erfährst. Ein Querverweis führt dich zu Seite 70 über den Mond.

ERDSATELLIT

Seit ungefähr 4,5 Milliarden Jahren kreist der Mond um die Erde. Seine Größe und seine Nähe zur Erde beeinflussen seinen Mutterplaneten stark. Der Mond verursacht starke Gezeiten in unseren Meeren und kann uns vielleicht sogar vor Einschlägen aus dem Weltall schützen. 70

Der Mond aus dem Weltall gesehen

Den Weltraum erforschen

Aufnahme des Kometen Hale-Bopp von der Sternwarte Mauna Kea auf Hawaii im Frühling 1997

GESCHICHTE DER ASTRONOMIE

UNSERE FRÜHESTEN VORFAHREN haben wahrscheinlich, so wie wir das heute auch tun, den Nachthimmel beobachtet und sich darüber gewundert, was sie sahen. Doch erst mit Beginn der Zivilisation vor ungefähr 5000 Jahren begannen Menschen den Himmel ernsthaft zu erforschen. Diese frühen Sterngucker legten den Grundstein zur Astronomie, der Lehre vom Weltall und den Himmelskörpern. Heutige Astronomen haben riesige Teleskope auf der Erde und schicken Satelliten oder Raumsonden mit Instrumenten ins All. Nach und nach entlocken sie dem Weltall seine Geheimnisse.

Stonehenge nahe dem südenglischen Salisbury war wahrscheinlich ein riesiger astronomischer Kalender (erbaut um 3000 v. Chr.).

FRÜHE STERNGUCKER

Niemand weiß, wann Menschen erstmals Sterne beobachteten. Auf Lehmtafeln und Steingravuren, die um 1100 v. Chr. angefertigt wurden, sind viele Sternbilder und sogar der Tierkreis zu sehen. Erst um 3500 v. Chr. wurden Schriftzeichen entwickelt. Einige der am besten erhaltenen astronomischen Berichte stammen aus dem alten Babylon. Babylonier, Chaldäer und Sumerer, die den heutigen Irak besiedelten, waren die ersten Astronomen.

Der Weltraum, wie ihn Ptolemäus sah, drehte sich um die Erde (Gravierung von 1493).

ÄGYPTEN UND GRIECHENLAND

Die Astronomie war auch im alten Ägypten sehr weit fortgeschritten. Die Erbauer der Pyramiden (um 2500 v. Chr.) richteten ihre großartigen Grabstätten nach dem damaligen Polarstern aus. Die Menschen nutzten einen Kalender mit 365 Tagen im Jahr, der sich nicht viel von unserem unterschied. Die alten Griechen übernahmen viele Theorien der Ägypter und Babylonier, doch ab 600 v. Chr. entwickelten sie ihre eigenen Thesen. Auch Philosophen wie Aristoteles, Aristarch, Eratosthenes, Plato, Hipparch und Thales lieferten bedeutende Beiträge zur Astronomie. Ihre wichtigsten Erkenntnisse können wir dem Buch *Almagest* entnehmen, das Ptolemäus um 150 veröffentlichte.

ARABISCHER EINFLUSS

Mit dem Untergang der großen klassischen Zivilisationen der Griechen und Römer verschwanden auch die Astronomie und viele andere Zweige der Wissenschaft. Doch nicht überall. In Arabien wurde um 800 eine Schule für Astronomie gegründet. Bis zum Tod des Tatarenfürsten Ulug-Beg 1449 erlebte die arabische Astronomie eine Blütezeit.

DAS NEUE ZEITALTER

Zu dieser Zeit kam es in Europa zur Wiederbelebung der Künste in der Renaissance. Die Menschen hinterfragten alte Überlieferungen. Im Jahre 1543 behauptete Nikolaus Kopernikus, dass die

Mit einem Astrolabium kann man die Höhe von Himmelskörpern bestimmen.

um 150 Ptolemäus von Alexandria veröffentlicht in dem Buch *Almagest* das astronomische Wissen seiner Zeit.

1543 Nikolaus Kopernikus stellt seine Theorie des Sonnensystems vor.

1610 Galileo Galilei beobachtet den Himmel erstmals durch ein Teleskop.

1687 Isaac Newton entdeckt die allgemeine Massenanziehung, die Schwerkraft.

1781 William Herschel entdeckt Uranus, den ersten neuen Planeten seit dem Altertum.

1838 Friedrich Bessel nutzt die Parallaxe, um Entfernungen zu Sternen zu berechnen.

1845 Lord Rosse entdeckt die Spiralstruktur von einigen Nebeln.

Das Arecibo-Radioteleskop (1963 vollendet) wurde auf einer Bergkuppe auf Puerto Rico in der Karibik gebaut.

Erde um die Sonne kreist. Diese These stand im Widerspruch zu den Lehren der Kirche und viele Astronomen erkannten sie zunächst nicht an. Einen weiteren Durchbruch erlebte die Astronomie, als Galileo Galilei 1610 ein Teleskop baute und am Himmel die vier hellsten Jupitermonde, die Phasenwechsel der Venus und die Mondgebirge entdeckte. Um 1672 führte Isaac Newton das Spiegelteleskop ein und ebnete den Weg für größere und empfindlichere Teleskope. Sie ermöglichten neue Einblicke in den Weltraum und zeigten Himmelskörper, die noch nie zuvor jemand gesehen hatte – Doppelsterne, Nebel, Sternhaufen und 1781 sogar einen neuen Planeten, Uranus.

Das Hooker-Teleskop in der Mount-Wilson-Sternwarte, mit 2,50 m das erste Riesenfernrohr

Grösser und besser

Der irische Adlige Lord Rosse baute 1845 ein riesiges, 18 m langes Teleskop, dessen Hauptspiegel einen Durchmesser von 1,80 m besaß. Damit beobachtete er Nebel, die Spiralarme besaßen. Aber erst 1923 konnte Edwin Hubble zeigen, woraus diese und andere Spiralnebel bestanden. Er benutzte ein anderes Riesenfernrohr, das Hooker-Teleskop in der Mount-Wilson-Sternwarte in Kalifornien. Die Spiralen waren einzelne Inselgalaxien. Der Weltraum wurde plötzlich viel größer. Hubble setzte seine Beobachtungen 1948 mit dem Hale-Teleskop (5 m Spiegeldurchmesser) fort – über Jahrzehnte das beste Teleskop der Welt.

Unsichtbares sehen

Inzwischen entwickelte sich ein neuer Zweig der Astronomie – die Radioastronomie. Sie untersucht Radiowellen aus dem All. Mit Beginn des Weltraumzeitalters 1957 konnten Raumfahrzeuge die Planeten aus der Nähe beobachten. Es wurde möglich, Wellenlängen zu untersuchen, die nicht durch die Atmosphäre auf die Erde drangen. Satelliten wie *IRAS* (Infrarot), *COBE* (Mikrowellen) und *Chandra* (Röntgenstrahlen) zeigten uns, wie vielseitig sich der Weltraum mit unsichtbaren Wellenlängen darstellt. Die spektakulärsten Bilder lieferte jedoch das Hubble-Weltraumteleskop, das hauptsächlich im sichtbaren Bereich des Lichtes arbeitet. Es zeigt uns einen Weltraum von außerordentlicher Vielfältigkeit – und unglaublicher Schönheit.

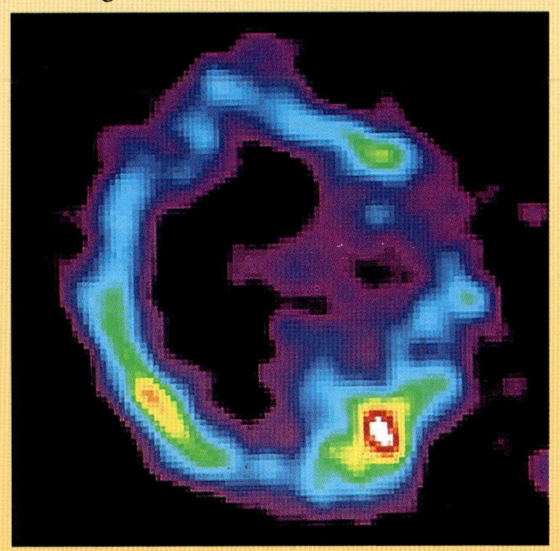

Die Reste einer Supernova in einer Falschfarben-Darstellung des Röntgensatelliten Chandra

1905 Albert Einstein zeigt mit der Speziellen Relativitätstheorie die Beziehung zwischen Masse und Energie auf.

1923 Edwin Hubble beweist, dass Spiralnebel eigene Galaxien außerhalb der Milchstraße sind.

1931 Karl Jansky entdeckt Radiowellen aus dem Weltall und begründet die Radioastronomie.

1965 *Mariner 4* sendet die ersten Bilder von einem anderen Planeten, dem Mars.

1969–1972 Bei sechs Raumflügen erforschen Astronauten mit *Apollo*-Raumkapseln die Mondoberfläche.

1990 Das Hubble-Weltraumteleskop sendet erstaunliche Bilder des Weltraums.

Das Satellitenbild zeigt New York, in der Mitte ist Manhattan erkennbar.

UNSER PLATZ IM WELTALL

DER PLANET ERDE ist unser Zuhause im Weltall. Uns erscheint die Erde riesig und bedeutend, doch im gesamten, unvorstellbar weiten Weltraum ist sie nur ein winziges Steinchen. Die Erde ist einer von neun Planeten, die um einen mittelgroßen Stern kreisen, den wir die Sonne nennen. Die Sonne aber bildet mit mehreren Hundertmilliarden Sternen eine Sterninsel im Weltall – die Milchstraße. Die Milchstraße wiederum ist nur eine von Milliarden anderer Sterninseln oder Galaxien, die weit verstreut sind und zusammen den Weltraum ausmachen.

DIE ERDE, UNSER ZUHAUSE

Die Erde ist ein besonderer Planet, denn auf ihr herrschen Bedingungen, die Leben ermöglichen. Sie befindet sich im richtigen Abstand zur Sonne, sodass es nicht zu heiß oder zu kalt ist und Wasser flüssig bleibt. Sie hat auch die richtige Größe, um eine ziemlich dickschichtige Atmosphäre zu besitzen, in der Sauerstoff die wichtigste Rolle spielt. Erst diese Kombination aus angenehmen Temperaturen, flüssigem Wasser und Luftsauerstoff ermöglicht Leben auf der Erde.

In weniger als einer Zehntelsekunde umkreist Licht die Erde.

Licht vom Mond braucht nur 1,3 Sek. bis zur Erde.

Unser Mond

Die Erde hat einen Begleiter, den Mond. Er ist ein erdartiger Körper, besitzt jedoch nur ein Viertel der Größe der Erde und ist viel zu klein, um eine eigene Atmosphäre zu haben. Tagsüber ist der Mond sehr heiß und nachts sehr kalt. Seine Oberfläche besteht aus staubigen Ebenen und zerklüfteten Gebirgen. Meteoriteneinschläge haben überall Krater hinterlassen.

DIE PLANETEN

Die neun Planeten (oben, nicht maßstabsgerecht) sind die wichtigsten Mitglieder unseres Sonnensystems, zu dem auch Asteroiden, Kometen, Meteore und Monde zählen. Die Erde ist einer der vier kleinen erdartigen Planeten, die der Sonne am nächsten sind. Sie werden von vier Riesenplaneten übertroffen, die weiter außerhalb kreisen. Jupiter ist der größte Planet, er besitzt mehr Masse als alle anderen zusammen. Pluto zählt zu einer eigenen Art.

Das Zentrum des Systems
Unser lokaler Stern, die Sonne, beherrscht unseren Teil des Weltalls. Ihre ungeheure Schwerkraft hält das Sonnensystem zusammen. Die Sonne ist eine riesige glühende Gaskugel, die Energie in ihrem Kern erzeugt. Diese Energie gibt sie als Licht, Wärme und andere Strahlungen in das Weltall ab. Andere Körper im Sonnensystem leuchten nur deshalb, weil sie Sonnenlicht reflektieren.

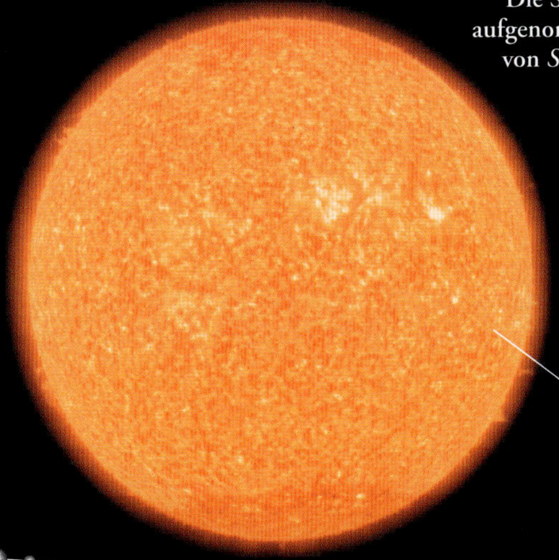

Die Sonne, aufgenommen von *SOHO*

Licht von der Sonne erreicht die Erde in ca. 8,3 Minuten.

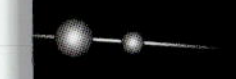

Pluto und sein Mond Charon

Sterne am Himmel

Die Sterne, die wir am Nachthimmel sehen, sind wie die Sonne brennende, heiße Gaskugeln, in denen Energie durch Kernreaktionen erzeugt wird. Sterne unterscheiden sich in Größe, Temperatur und Helligkeit und haben verschiedene Farben. Die kleinsten Sterne leben einige Milliarden Jahre, während die größeren nur einige Millionen Jahre alt werden und dann explodieren. Das Licht unseres nächsten Sterns, Alpha Centauri, ist 4,3 Jahre zu uns unterwegs.

Licht benötigt 100 000 Jahre, um die Milchstraße zu durchqueren.

Sterne der Milchstraße

Sterninseln

Alle Sterne des Nachthimmels gehören zu einer riesigen Sterninsel im Weltall, die wir Milchstraße oder Galaxis nennen. Zur Galaxis zählen ungefähr 200 Milliarden Sterne. In ihrem Zentrum, einer Art »Bauch«, befindet sich eine dichte Sternenmasse. Andere Sterne bilden lange, gebogene Arme, die von diesem »Bauch« ausstrahlen. Im Weltraum existieren noch viele Milliarden Galaxien. Einige sind spiralförmig wie die Milchstraße. Andere Galaxien ohne Spiralarme nennt man »elliptische Galaxien«, während solche ohne bestimmte Form »irreguläre Galaxien« heißen.

Unsere Galaxis ist wie M 100 eine Spiralgalaxie.

Licht von den am weitesten entfernten Galaxien ist mehr als 10 Milliarden Jahre zur Erde unterwegs.

Endloses All
Galaxien sind nicht planlos über das Weltall verstreut, sondern bilden Gruppen oder Haufen, wie der Galaxiehaufen Abell 98 (rechts). Unsere Galaxis gehört zu der kleinen Lokalen Gruppe, während M 100 (oben) zu dem riesigen Galaxienhaufen Coma zählt. Der sichtbare Weltraum besteht aus einem Netzwerk von Millionen solcher Galaxien.

BAUSTEINE

JEDE SUBSTANZ ODER JEDES MATERIAL, das existiert, besteht aus einem Stoff, den man Materie nennt. Auch der Mond, die Sonne, die Sterne und alle anderen Himmelskörper sind Materie. Sie bewegen sich in einem Vakuum, einem Raum, in dem praktisch keine Materie vorkommt. Das Universum besteht aus Materie, Energie und dem Raum. Materie existiert in Millionen verschiedener Arten – Gestein und Kunststoff, Holz und Wasser, Fleisch und Blut. Doch alle Arten sind aus nur 90 »Grundbausteinen« aufgebaut – den chemischen Elementen.

ELEMENTE UND VERBINDUNGEN

Die Elemente sind die Grundbausteine der Materie. Auf der Erde existieren ungefähr 90 verschiedene Elemente, die meisten in fester Form. Einige sind gasförmig und nur zwei flüssig – Brom und Quecksilber. Bei den meisten festen Elementen handelt es sich um Metalle, doch nur wenige kommen in reiner Form vor, wie z. B. Gold. Fast alle Elemente sind so reaktiv, dass sie nicht in ihrer reinen Form bleiben. Sie bilden stattdessen mit anderen Elementen Verbindungen. Silizium verbindet sich z. B. mit Sauerstoff zu Siliziumdioxid. Quarz ist das Mineral dieser Verbindung.

Goldklumpen

Wo Elemente entstehen

Fast alle bekannten Elemente entstanden vor Milliarden Jahren, als die ersten Sterne starben. Wenn ein Stern untergeht, schnellt die Temperatur in seinem Kern in die Höhe, was eine Reihe von Kernreaktionen auslöst. In deren Verlauf entstehen immer schwerere Elemente. Die schwersten Elemente stammen von Überriesen, die als Supernova (S. 117) explodierten. Dabei werden die Elemente im umliegenden Raum verstreut. Das Material stößt mit interstellarem Gas zusammen und bildet glühende Nebel. Der Krebsnebel (oben) stammt von einer Supernova, die chinesische Astronomen 1054 beobachteten.

DIE ERSTEN ELEMENTE

Die beiden ersten Elemente entstanden, als der Weltraum erst wenige hunderttausend Jahre alt war. Helium und Wasserstoff sind auch heute noch die häufigsten Elemente im Weltall. Sterne bestehen hauptsächlich aus Wasserstoff. Er ist ihr »Brennstoff« bei der Kernfusion, durch die Energie entsteht, die sie zum Leuchten bringt. Bei der Kernfusion wird Helium aus Wasserstoff gebildet. 94

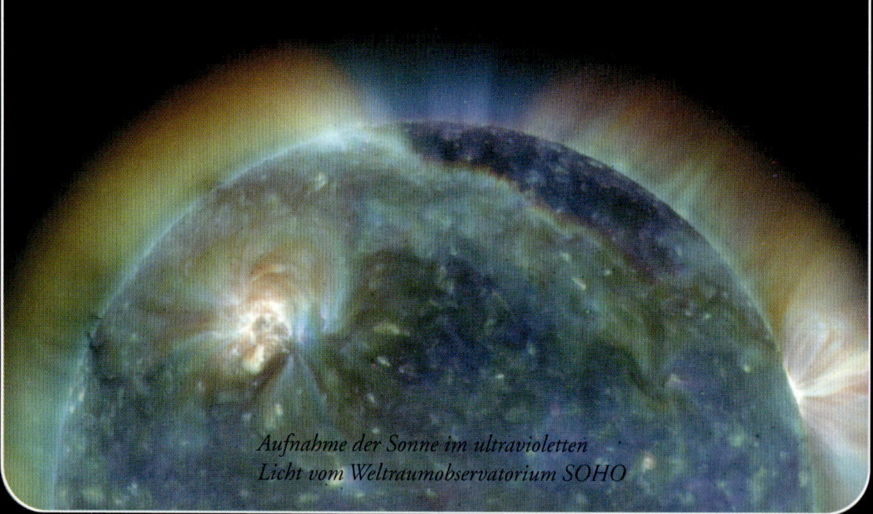

Aufnahme der Sonne im ultravioletten Licht vom Weltraumobservatorium SOHO

Aggregatzustände

Materie kann entweder flüssig, fest oder gasförmig sein. Ein Stein ist ein typischer Festkörper, der eine bestimmte Form und Größe besitzt. Wasser ist eine Flüssigkeit. Es hat eine bestimmte Größe, jedoch keine bestimmte Form – es nimmt die Form seines Behälters an. Luft ist ein Gas, das weder eine bestimmte Form noch Größe besitzt und den gesamten, ihm zur Verfügung stehenden Raum ausfüllt. Substanzen können auch einen anderen Zustand annehmen, wenn sich Temperatur oder Druck ändern. Ein Stein kann z. B. zu flüssiger Lava (links) und Wasser gasförmig werden.

Ausbruch des Vulkans Puu O´o auf Hawaii

Bei Temperaturen von etwa 1500 °C wird Gestein flüssig.

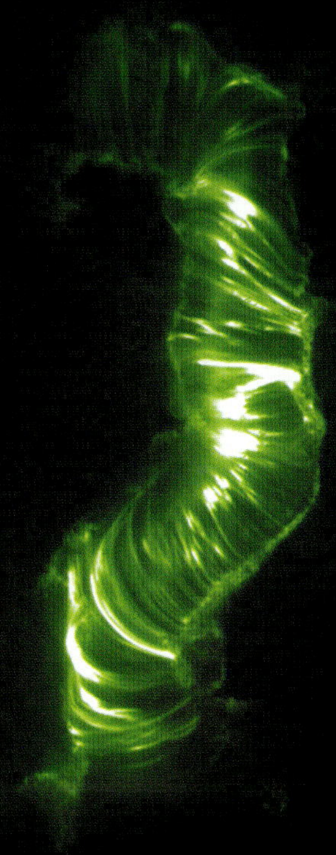

Der vierte Aggregatzustand

Auf der Erde besteht Materie hauptsächlich aus Verbindungen von Atomen. Doch im Innern eines Sterns existiert bei Temperaturen von vielen Millionen Grad Celsius keine normale Atommaterie. Atome verlieren ihre Elektronen und werden zu elektrisch geladenen Ionen. Diese Materie besteht aus Ionen und Elektronen. Sie nennt man Plasma. Das ist der vierte Aggregatzustand. Die Sonne schleudert während einer Sonneneruption (rechts) Plasma ins Weltall.

Elektron (negativ geladen). Die Anzahl von Elektronen und Protonen ist immer gleich.

Proton (positiv geladen)

Neutron (elektrisch neutral)

Neutronen und Protonen bestehen aus drei Elementarteilchen, den Quarks.

Atomstruktur von Helium – 2 Elektronen, 2 Neutronen, 2 Protonen

Atome und Moleküle

Jedes Element ist aus Atomen aufgebaut. Wenn du ein Element in immer kleinere Stücke teilen könntest, bliebe als kleinstes Stück ein Atom übrig. Unterschiedliche Elemente bestehen aus unterschiedlichen Atomen. In jedem Atom sitzt ein zentraler Kern, um den winzige Elektronen kreisen. Der Kern selbst besteht aus zwei verschiedenen Teilchen – Neutronen und Protonen. Aber auch Atome kommen normalerweise nicht einzeln vor, sondern nur in Verbindung mit anderen Atomen als Moleküle.

Subatomare Teilchen

Lange Zeit hielten Wissenschaftler Atome für die kleinsten Teilchen, die nicht weiter geteilt werden konnten. Doch die Entdeckung des Elektrons (1897), des Protons (1919) und des Neutrons (1930) änderte ihre Ansicht. Heute sind über 200 subatomare Teilchen bekannt – solche, die kleiner als Atome sind. Entdeckt wurden sie bei Experimenten, bei denen Atome »zertrümmert« wurden. Dabei (links) stoßen Atome und Teilchen mit anderen in einem Detektor zusammen. Der Strahl der subatomaren Teilchen hinterlässt leuchtende Spuren.

Schwefelionen zertrümmern Gold und erzeugen einen Teilchenstrahl.

Elementarkräfte

Im Weltraum herrschen vier Elementarkräfte. Sie bestimmen, was Materie ist und wie sie sich verhält. Zwei der vier Kräfte wirken nur in Atomkernen, weshalb wir sie in unserem Alltag nicht wahrnehmen: die starke und die schwache Wechselwirkung. Die dritte Kraft ist der Elektromagnetismus. Er hält die Atome zusammen und ist für Elektrizität und Magnetismus verantwortlich. Die Schwerkraft schließlich sorgt dafür, dass unsere Füße auf dem Boden bleiben und dass Objekte herunterfallen, sobald wir sie loslassen. Sie ist auch die Kraft, die den Weltraum zusammenhält.

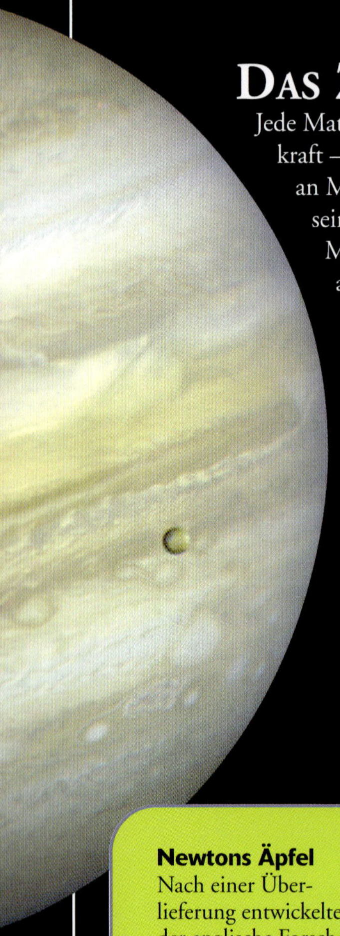

Das Ziehen der Materie

Jede Materie hat durch seine Masse eine Anziehungskraft – die Schwerkraft. Je mehr Masse oder Menge an Materie ein Objekt besitzt, umso größer ist seine Schwerkraft. Sie sorgt dafür, dass sich der Mond um die Erde bewegt, dass die Erde und alle anderen Planeten um die Sonne kreisen, hält die Sonne in der Galaxis und so weiter. Vielleicht hältst du die Schwerkraft für eine starke Kraft, doch das ist sie nicht. Tatsächlich ist sie die schwächste Elementarkraft – sie wirkt jedoch über eine viel größere Entfernung als die anderen.

Die Schwerkraft des Riesenplaneten Jupiter hält einen Schwarm Monde wie Io (links) oder Ganymed (rechts) auf ihren Umlaufbahnen.

Experiment
Freier Fall

Die Erde zieht mit ihrer Schwerkraft alles in ihrer Nähe an. Deshalb fallen Sachen herunter. Das Gewicht eines Körpers entspricht der Schwerkraft, die auf ihn wirkt. Gewicht ist nicht gleich Masse. Masse ist die Menge an Materie, die ein Körper enthält. In diesem Experiment kannst du den Einfluss der Schwerkraft sehen. **Das brauchst du:** ein Metallgewicht, Gummiband, Kunststoffflasche.

1 Binde das Gewicht an ein Ende des Gummibandes und lass es in die Flasche fallen. Das andere Ende befestigst du am Flaschenhals und schraubst die Flasche zu. Die Schwerkraft zieht am Gewicht und dehnt das Gummiband. Wie weit es sich dehnt, ist ein Maß dafür, wie schwer das Gewicht ist.

2 Jetzt lässt du die Flasche fallen. Die Schwerkraft wirkt auf beide Körper, sodass sie beide gleich schnell fallen. Das Gummiband ist nicht mehr gedehnt und das Metallgewicht scheint schwerelos zu sein. Eine ähnliche Schwerelosigkeit erleben Astronauten, wenn sie auf einer Umlaufbahn »um die Erde fallen«.

Das Metallgewicht scheint während des Falls schwerelos zu sein.

Newtons Äpfel
Nach einer Überlieferung entwickelte der englische Forscher Isaac Newton seine Theorie zur Schwerkraft, als er in seinem Garten Äpfel herunterfallen sah. Daraus folgerte er, dass sowohl fallende Äpfel als auch der Mond auf seiner Umlaufbahn von der gleichen Kraft angezogen werden.

Sir Isaac Newton
(1642–1727)

Elektromagnetismus

Elektromagnetismus wirkt zwischen allen elektrisch geladenen Substanzen: Atome halten zusammen, weil Elektronen (negative elektrische Ladung) an den Kern (positive elektrische Ladung) gebunden werden. Bei chemischen Reaktionen werden Elektronen zwischen Atomen oder Molekülen ausgetauscht. Elektrizität und Magnetismus wirken aufeinander, bewegen sich z. B. elektrisch geladene Teilchen, erzeugen sie ein Magnetfeld.

Blitze entstehen durch unterschiedliche elektrische Ladungen in den Wolken und auf der Erde.

Schwache Wechselwirkung

Die schwache Wechselwirkung ist die Kraft, die den Zerfall instabiler Elemente bewirkt. Sie ist stärker als die Schwerkraft, jedoch schwächer als starke Wechselwirkung und Elektromagnetismus. Sie wirkt nur innerhalb des Atomkerns auf einer Entfernung, die dem Durchmesser eines Elektrons entspricht – ungefähr ein Millionen-Millionen-Millionstel Meter. Elektromagnetismus und schwache Wechselwirkung werden zusammen auch als elektroschwache Kraft bezeichnet.

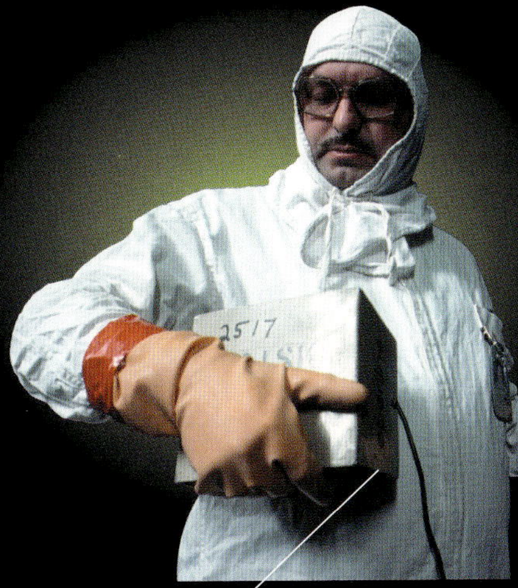

Radioaktivität wird mit einem Geigerzähler festgestellt.

Starke Wechselwirkung

Die starke Wechselwirkung ist die stärkste Elementarkraft. Sie hält Neutronen und Protonen im Atomkern zusammen. Dabei muss sie größer sein als die Abstoßungskräfte, die zwischen den positiv geladenen Protonen herrschen. Sie wirkt über eine etwas größere Entfernung als die schwache Wechselwirkung, eine Strecke so lang wie der Durchmesser eines Neutrons oder Protons. In Kernkraftwerken oder Atombomben (rechts) wird die starke Wechselwirkung überwunden.

Kernreaktionen setzen ungeheure Energiemengen frei, z. B. bei zerstörerischen Atomwaffen.

‹ URKNALL ›

Möglicherweise waren die vier Elementarkräfte in den ersten Momenten nach dem Urknall in einer einzigen Überkraft vereint. Erst mit der Ausdehnung und Abkühlung des Weltraums teilte sie sich in vier Kräfte auf. Heutzutage versuchen Wissenschaftler mit der Großen Vereinheitlichten Theorie (engl.: GUT, Grand Unified Theory) zu beweisen, dass die elektromagnetische Kraft, die schwache und die starke Wechselwirkung eins waren. Wenn sie diese These mit der Schwerkraft vereinbaren könnten, hätten sie die Universelle Theorie (engl.: TOE, Theory of Everything) aufgestellt. 142

Strahlung

Die Sonne badet unsere Welt in ihrem Licht. Wir können Sachen sehen, weil diese Licht reflektieren und unsere Augen für Lichtstrahlen empfindlich sind. Doch die Sonne gibt auch Strahlen oder Strahlungen ab, die für uns unsichtbar sind. Dazu zählen ultraviolette Strahlen, Infrarotstrahlen und Radiowellen. Auch andere Sterne, ebenso wie Galaxien und viele andere Himmelsobjekte, senden unsichtbare Strahlen und Licht aus. Für das richtige Verständnis der Himmelskörper müssen wir alle Strahlungsarten, die sie abgeben, berücksichtigen.

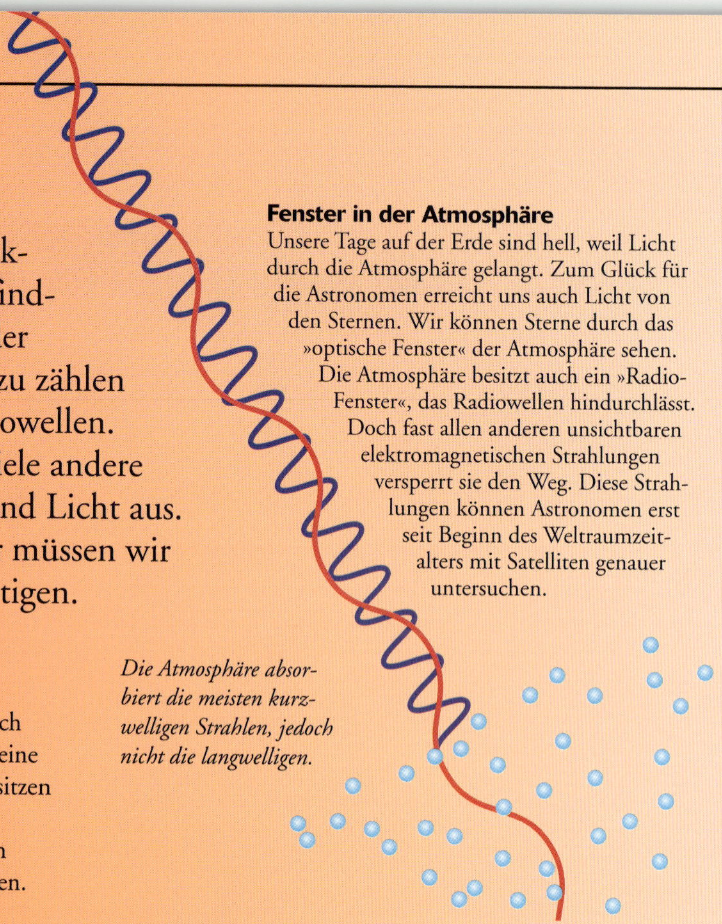

Fenster in der Atmosphäre
Unsere Tage auf der Erde sind hell, weil Licht durch die Atmosphäre gelangt. Zum Glück für die Astronomen erreicht uns auch Licht von den Sternen. Wir können Sterne durch das »optische Fenster« der Atmosphäre sehen. Die Atmosphäre besitzt auch ein »Radio-Fenster«, das Radiowellen hindurchlässt. Doch fast allen anderen unsichtbaren elektromagnetischen Strahlungen versperrt sie den Weg. Diese Strahlungen können Astronomen erst seit Beginn des Weltraumzeitalters mit Satelliten genauer untersuchen.

Die Atmosphäre absorbiert die meisten kurzwelligen Strahlen, jedoch nicht die langwelligen.

Elektromagnetische Wellen

Licht und unsichtbare Strahlen sind sich sehr ähnlich. Es handelt sich dabei um elektrische und magnetische Schwingungen, die sich wie eine Welle ausbreiten. Man nennt sie elektromagnetische Wellen. Sie besitzen ähnlich wie Wasserwellen Spitzen (Höhen) und Täler (Tiefen). Der Abstand zwischen zwei Spitzen ist die Wellenlänge. Die vielen Arten elektromagnetischer Wellen unterscheiden sich in ihren Wellenlängen. Dennoch bewegen sich alle mit der gleichen Geschwindigkeit vorwärts – fast 300 000 km pro Sekunde: Lichtgeschwindigkeit.

Der Bereich der Wellenlängen im elektromagnetischen Spektrum

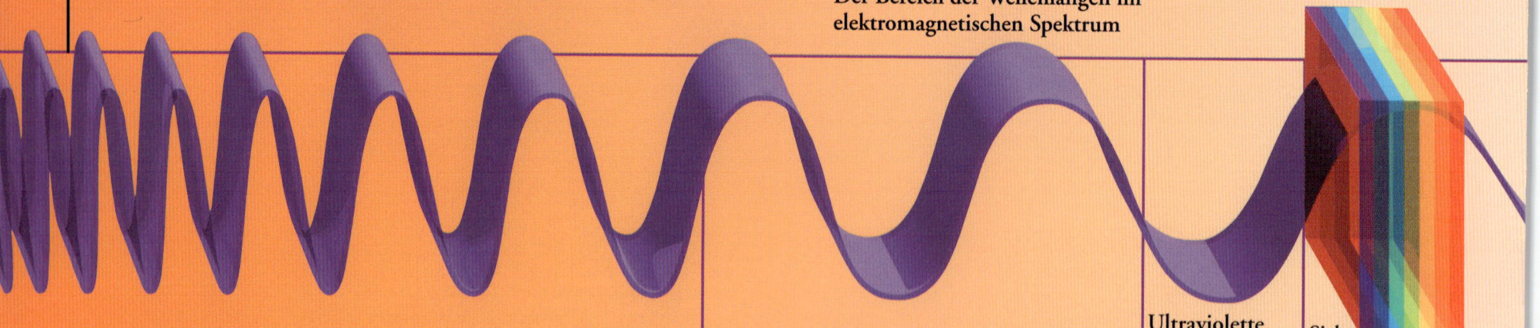

Kurzwellen

Gammastrahlen haben die kürzeste Wellenlänge, ihnen folgen Röntgenstrahlen und ultraviolette Strahlen. Letztere nennt man so, weil ihre Wellenlänge nur wenig kürzer ist als die kürzesten Lichtstrahlen, die wir als Violett sehen. (Wir sehen verschiedene Wellenlängen als unterschiedliche Farben.) Kurze Wellenlängen sind energiereicher als Licht. Die energiereichsten Strahlen sind Gamma- und Röntgenstrahlen.

Röntgenaufnahme des instabilen Sterns Eta Carinae

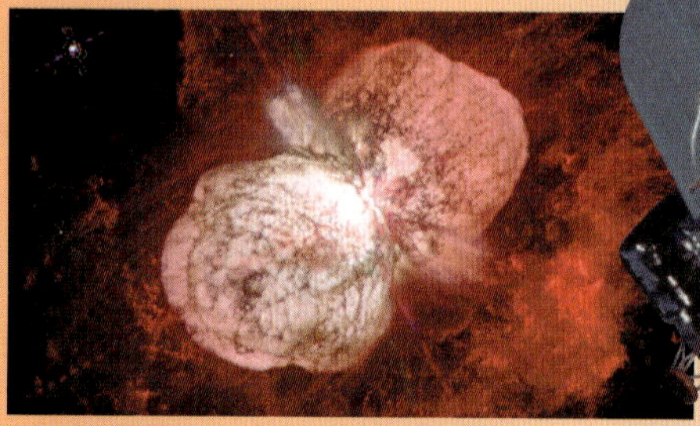

Lichtaufnahme von Eta Carinae

Das Hubble-Weltraumteleskop
Das bekannteste Weltraumobservatorium, das Hubble-Weltraumteleskop, arbeitet vorwiegend mit sichtbaren Lichtwellen. Es macht aber auch Aufnahmen im ultravioletten und Infrarotbereich. Die 1990 gestartete Sonde trägt ein Spiegelteleskop, dessen Hauptspiegel einen Durchmesser von 2,40 m hat.

Langwellen

Infrarotstrahlen und Radiowellen haben die größten Wellenlängen. Infrarotstrahlen nennt man so, weil ihre Wellenlänge etwas länger als die von rotem Licht ist. Sie heißen auch Wärmestrahlen, denn wir fühlen sie als Wärme. Radiowellen besitzen die größte Spannbreite, ihre kürzesten Wellen sind die Mikrowellen. Die Wellenlänge bei 21 cm ist zur Erfassung des Weltalls gut geeignet, weil Wasserstoff auf dieser Frequenz strahlt.

Infrarotaufnahme von Eta Carinae

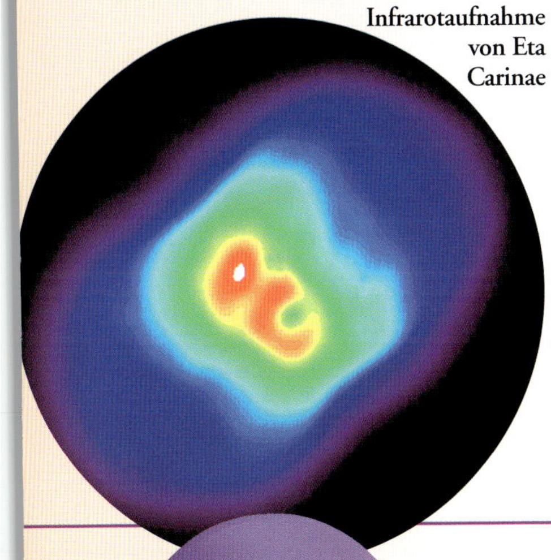

EXPERIMENT Unsichtbare Strahlen

Glücklicherweise filtert die Atmosphäre die meisten gefährlichen, unsichtbaren Strahlen aus dem Weltall heraus. Mit diesem Experiment kannst du selbst unsichtbare Strahlen herausfiltern.

Das brauchst du: Lampe, ein Stück Plexiglas, einen Erwachsenen.

1 Stelle die Lampe an einen freien Platz und schalte sie ein. Halte deine Hand ungefähr 10 cm unter die Glühbirne, sodass du ihre Wärme spürst. Die unsichtbaren Infrarotstrahlen, die von der Glühbirne ausstrahlen, erwärmen deine Haut.

2 Halte nun das Plexiglas vor die Glühbirne und darunter deine Hand mit dem gleichen Abstand wie zuvor. Du wirst merken, dass du keine Wärme mehr fühlst. Das Plexiglas hat einige Infrarotstrahlen absorbiert.

Infrarotstrahlen
700 nm–1 mm

Radiowellen
1 mm–>1 km

‹ Kleine grüne Männchen ›

Die britische Astronomin Jocelyn Bell nahm 1967 zusammen mit ihrem Kollegen Antony Hewish unbekannte Signale aus dem All auf. »Sind das Signale von Aliens?«, fragten sie sich und nannten die Radioquelle LGM, Kleine Grüne Männchen (engl.: Little Green Men). Bell hatte einen seltsamen blitzenden Stern entdeckt, einen Pulsar. 118

Antony Hewish im Radioteleskop von Cambridge, Großbritannien

Solarzellen versorgen das Teleskop mit Strom.

Radioaufnahme von Eta Carinae

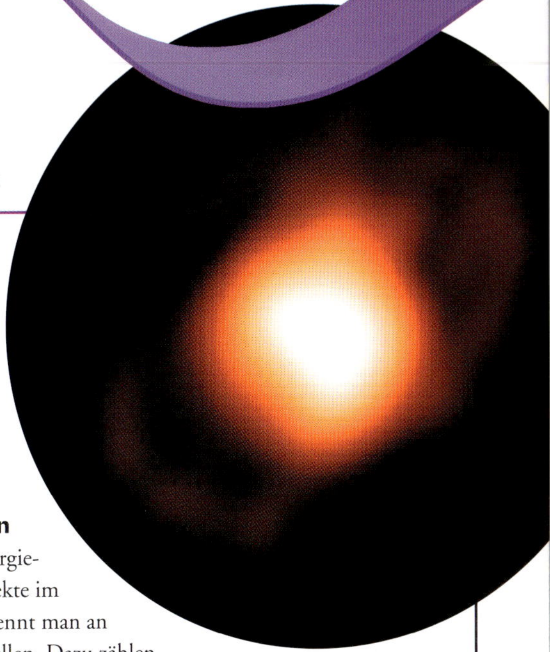

Radioquellen

Einige der energiereichsten Objekte im Weltraum erkennt man an ihren Radiowellen. Dazu zählen Radiogalaxien und Quasare. Das sind zwei Arten aktiver Galaxien, die ihre Energie aus Schwarzen Löchern (S. 130) erhalten. Wie ein Leuchtturm geben Pulsare Radiowellen als Strahlungspulse ins All ab. Auch eine Supernova, Reste eines vor langer Zeit explodierten Sterns, ist eine starke Radioquelle.

INSTRUMENTE

ASTRONOMEN ERHALTEN die meisten Informationen über den Weltraum, indem sie das relativ schwache Licht untersuchen, das uns erreicht. Ihr wichtigstes Instrument ist das Teleskop, das sehr viel lichtempfindlicher ist als unser bloßes Auge. Mit verschiedenen Teleskoparten können sie sogar unsichtbare Strahlen empfangen. Sternwarten mit Radioteleskopen fangen z. B. Radiowellen aus dem Weltall ein. Strahlen, die nicht die Erdatmosphäre durchdringen, werden mit Satelliten untersucht, die mit entsprechenden Teleskopen ausgerüstet sind.

DURCH DAS TELESKOP

Wenn die Sonne untergeht und der Himmel dunkler wird, bereiten sich Astronomen auf ihre nächtliche Beobachtung vor. Sie öffnen die Kuppel der Sternwarte, die das Teleskop beherbergt, und richten es auf den Teil des Himmels, den sie erforschen wollen. Die besten Sternwarten stehen hoch oben auf Bergkuppen. Oberhalb der Wolken und des dicksten, schmutzigsten Teils der Atmosphäre ist die Sicht viel klarer. Professionelle Astronomen sehen allerdings nicht direkt durch das Teleskop. Sie nutzen es stattdessen wie eine Kamera und speichern die Bilder auf Filmen oder elektronisch auf Chips.

Die Kuppel beherbergt das Spiegelteleskop der Sternwarte La Silla in Chile (3,60 m im Durchmesser).

LINSEN UND SPIEGEL

Astronomische Teleskope nutzen entweder Glaslinsen oder gekrümmte Spiegel, um Licht einzufangen und zu bündeln. Sie bestehen aus zwei wichtigen Bauteilen. Das Objektiv, Linse oder Spiegel, sammelt und bündelt Licht. Durch das Okular kann man sich die Bilder ansehen, die seitenverkehrt abgebildet sind.

Amateur-Linsenfernrohr

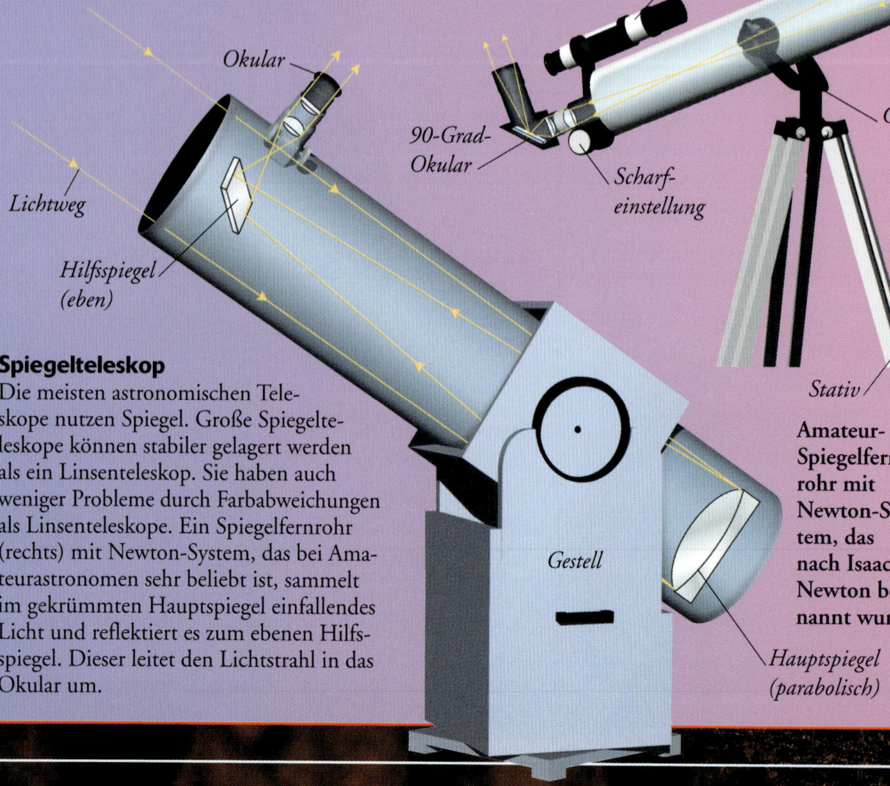

Amateur-Spiegelfernrohr mit Newton-System, das nach Isaac Newton benannt wurde

Spiegelteleskop

Die meisten astronomischen Teleskope nutzen Spiegel. Große Spiegelteleskope können stabiler gelagert werden als ein Linsenteleskop. Sie haben auch weniger Probleme durch Farbabweichungen als Linsenteleskope. Ein Spiegelfernrohr (rechts) mit Newton-System, das bei Amateurastronomen sehr beliebt ist, sammelt im gekrümmten Hauptspiegel einfallendes Licht und reflektiert es zum ebenen Hilfsspiegel. Dieser leitet den Lichtstrahl in das Okular um.

Linsenteleskop

Linsenteleskope nennt man auch Refraktoren, weil ihre Linsen Licht brechen. Ein Linsenteleskop hat an beiden Enden Linsen – eine, die Licht sammelt und bündelt, und die zweite für das Okular. Kleine Linsenteleskope erzeugen bereits sehr gute Bilder, während größere dagegen mehrere Nachteile haben. Sie absorbieren viel Licht und neigen zu Farbabweichungen, da ihre Linse verschiedene Wellenlängen (Farben) an verschiedenen Stellen bündelt. Außerdem sind ihre Linsen schwer, sodass sie unter ihrem eigenen Gewicht nachgeben. Deshalb gibt es keine riesigen Linsenteleskope.

Aktive Optik

Die Keck-Zwillingsteleskope sind zwei Hauptinstrumente der Mauna-Kea-Sternwarte auf Hawaii, die auf einem 4200 m hohen ruhenden Vulkan errichtet wurde. Die beiden riesigen Keck-Teleskope haben Spiegel, die jeweils einen Durchmesser von 10 m besitzen. Wären sie aus einem Stück gebaut, würden sie unter ihrem Gewicht zerbrechen. Sie bestehen aus 36 hexagonalen (sechseckigen) Segmenten mit je 1,80 m Durchmesser. Die Stellung der Segmente wird mit Computern korrigiert, sodass der Spiegel für die Beobachtungen perfekt geformt ist.

Der Hauptspiegel des Keck-1-Teleskops auf Hawaii, das 1992 fertig gestellt wurde

Großobservatorium
Diese vier Teleskope auf der Bergspitze des Cerro Paranal in Chile sind weltweit die stärkste Kombination von Teleskopen. Sie bilden das VLT (engl.: Very Large Telescope) der europäischen Südsternwarte. Jedes Teleskop hat einen Spiegel mit 8,20 m Durchmesser, der milliardenfach lichtempfindlicher ist als das bloße menschliche Auge. Die vier Teleskope entsprechen zusammengeschaltet einem einzigen Spiegeldurchmesser von mehr als 16 m. Das VLT ist seit 2001 in Betrieb.

Digitale Bilder

Astronomen nehmen Bilder häufig mit elektronischen Kameras auf. Das Herzstück einer solchen Kamera ist ein Fotometer. Es besteht aus einem Siliziumchip mit elektronischen Miniaturschaltkreisen, der dem Mikrochip eines PCs gleicht. Auf der Oberfläche des Siliziumchips befinden sich tausende bis Millionen lichtempfindlicher Quadrate. Diese Quadrate oder Bildelemente speichern einfallendes Licht als ein Muster von elektrischen Ladungen, die mit einem Computer verstärkt und zu einem digitalen Bild umgesetzt werden.

Fotometer für ein Angloaustralisches Teleskop

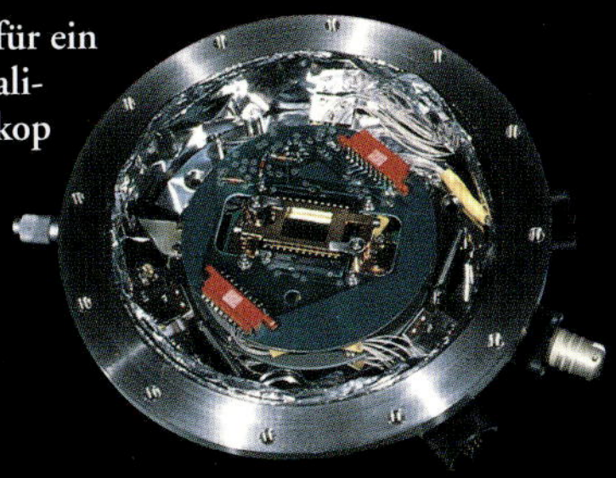

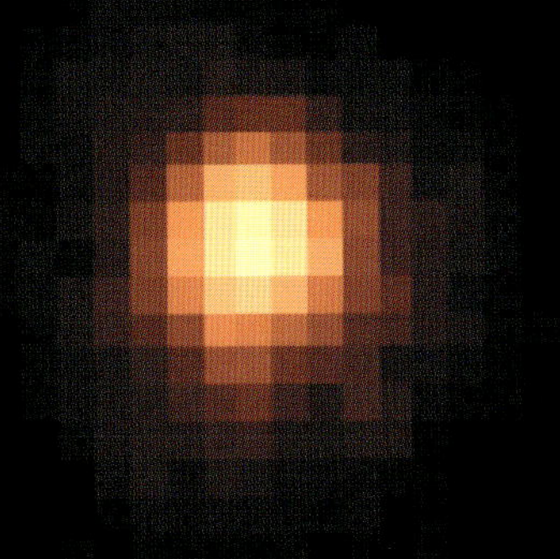

Fotometeraufnahme von Mira, einem veränderlichen Stern (Sternbild Walfisch)

Radioteleskope

Die meisten Radioteleskope sehen wie riesige Schüsseln aus, die einfallende Radiowellen reflektieren und in einer Antenne bündeln. Über die Antenne werden die Signale zu einem Empfänger weitergeleitet, der sie verstärkt und zu einer Falschfarben-Radioaufnahme umsetzt. Um auch schwache Radiosignale aus dem Weltall aufzunehmen, müssen die Schüsseln gigantische Durchmesser haben. Das Arecibo-Radioteleskop auf Puerto Rico hat einen Durchmesser von 305 m. Das Syntheseteleskop in Socorro in Neu-Mexiko, USA, besteht aus 27 Radioteleskopen, die zusammen einen Durchmesser von 27 km haben.

Radioteleskop der Owens-Valley-Sternwarte in Kalifornien

HOBBY-ASTRONOMIE

DIE ARBEIT PROFESSIONELLER Astronomen ist häufig spektakulär. Sie nutzen starke Teleskope in Sternwarten auf der Erde oder auf Satelliten im Weltall. Die Anzahl der Amateur-Astronomen, die sich einfacherer Instrumente bedienen, ist jedoch weltweit viel höher. Diese »Hobby-Astronomen« leisten wertvolle Hilfe, denn sie können zusammen viel größere Bereiche des Himmels beobachten als die wenigen Berufsastronomen. Du kannst dich ihnen anschließen und Sternbilder beobachten, den Planeten folgen oder die Milchstraße erforschen. Schon mit einer einfachen Ausrüstung siehst du z. B. Meteore, Kometen und Mondfinsternisse.

GRUNDAUSSTATTUNG

Nimm dir für jede Beobachtung Zeit, um dich gut vorzubereiten und deine Ausrüstung wie Kamera, Fernglas oder Fernrohr, Kompass und Taschenlampe zusammensuchen. Nützlich sind auch eine Sternkarte, eine Planisphäre und ein Notizblock, in dem du wichtige Details festhältst, wie z. B. Ort und Zeit und wie die Sichtbedingungen waren. Warme Kleidung ist ebenfalls wichtig – auch Sommernächte können kalt sein. Meistens sind die klarsten Nächte auch die kältesten, also vergiss warme Getränke und etwas zu essen nicht.

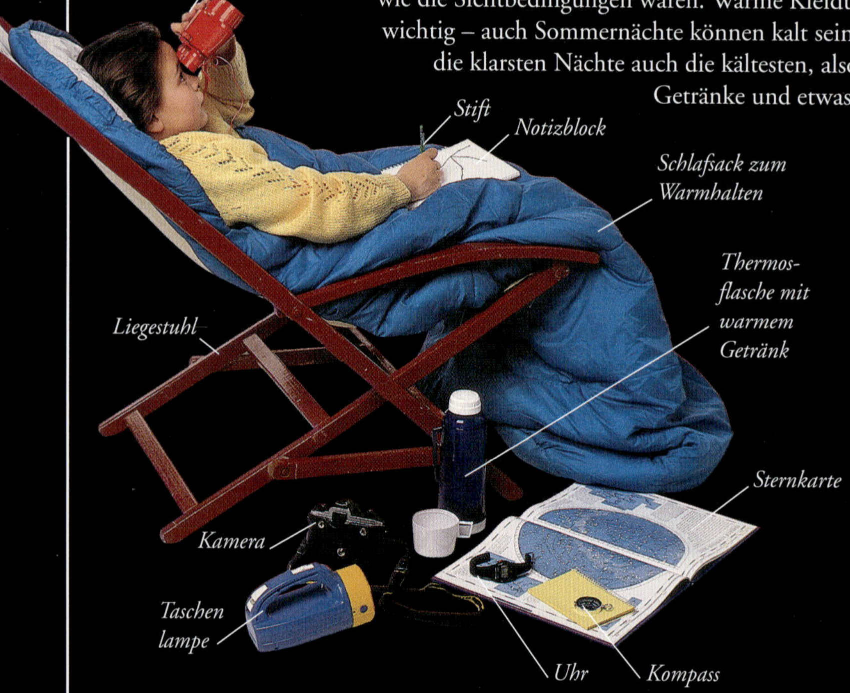

Dämmerungssehen
Nachts kannst du am Himmel nicht alles sofort erkennen. Deine Augen müssen sich erst an die Dunkelheit gewöhnen. Dabei erweitern sich deine Pupillen, sodass sie mehr Licht hineinlassen. Deine Netzhaut – das ist der »Bildschirm« im Augenhintergrund – wird dadurch lichtempfindlicher. Das kann bis zu 20 Minuten dauern. Mit einer roten Taschenlampe kannst du deine Sternkarte lesen, weil rotes Licht das Dämmerungssehen weniger beeinträchtigt als weißes.

Milchstraße, mit bloßem Auge

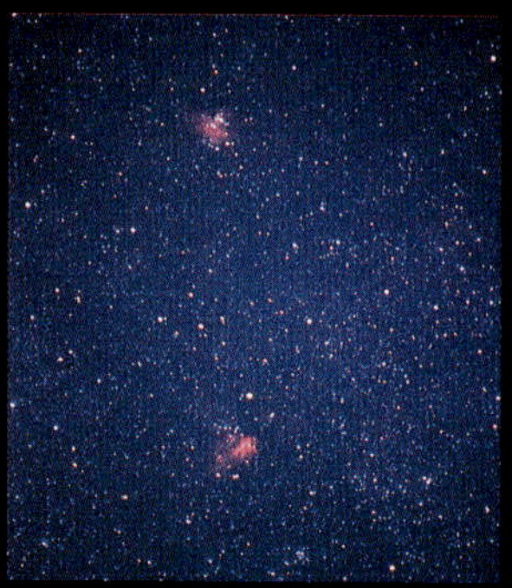

Milchstraße, mit Fernglas

Sicht mit einem Fernglas
Ferngläser sammeln mehr Licht als Augen. Deshalb können wir damit Sterne und andere Objekte sehen, die für unsere Augen zu schwach leuchten. Für das bloße Auge ist die Milchstraße ein verschwommenes weißes Band am Himmel (links). Durch ein Fernglas entdecken wir dicht nebeneinander liegende Sterne und Nebel (links). „Gute Sicht" hat man mit 7x50-Ferngläsern.

Zum Lesen bedeckst du die Taschenlampe mit rotem Zellophanpapier.

STERNGUCKER
STERNE BESTIMMEN

EINE PLANISPHÄRE ist das beste Hilfsmittel, wenn du Sterne beobachtest. Sie hat eine runde Sternkarte als Basis und eine Maske mit Fenster, in der du die sichtbaren Sterne zu einer bestimmten Uhrzeit an einem bestimmten Tag siehst. Für verschiedene Breitengrade der nördlichen und südlichen Halbkugeln gibt es eigene Planisphären.

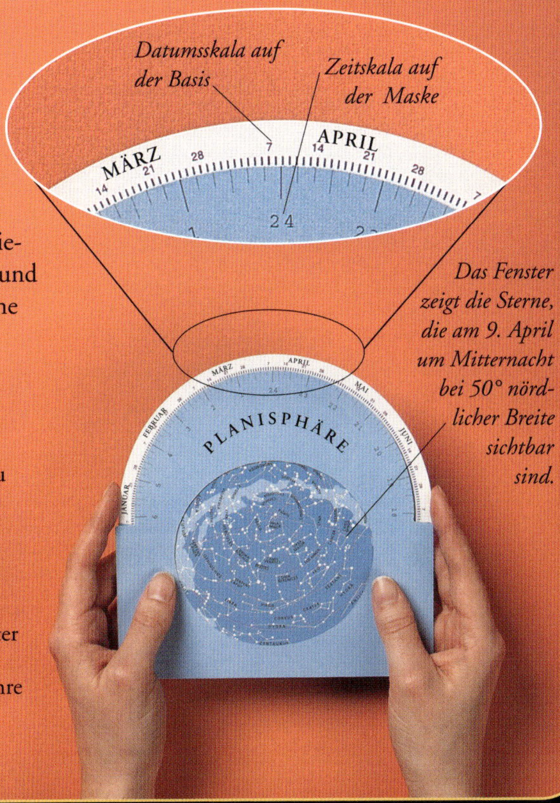

1 Zunächst musst du Uhrzeit und Datum auf den beiden Skalen auf der Maske und der Basis einstellen. Das Fenster zeigt dir die Sterne, die du am Himmel siehst, wenn du auf dem Rücken liegst und nach oben schaust.

2 Um das Fenster richtig herum zu halten, hebst du die Planisphäre über deinen Kopf, sodass du das Fenster von unten siehst. Mithilfe eines Kompasses drehst du die Planisphäre, bis ihre Markierung nach Norden zeigt.

Die USA bei Nacht aus dem Weltall

LICHTVERSCHMUTZUNG

Licht von Gebäuden und Straßenlaternen erhellt den Himmel über Städten und erschwert sowohl Amateur- als auch professionellen Astronomen ihre Arbeit. Stadtbewohner können auch in klaren Nächten die schwach scheinenden Sternbilder und Planeten nicht mehr sehen. Auch auf dem Land beeinträchtigen Scheinwerfer und das Licht benachbarter Städte die Sicht. Zu viel Licht kann bei Langzeitaufnahmen, die z. B. die Bewegung von Sternen verfolgen (S. 30), das Bild überbelichten. Es gibt auch eine natürliche Lichtverschmutzung, sie stammt vom Mond.

TAGESLICHT-ASTRONOMIE

Bei einer Sonnenfinsternis blockiert der Mond das Sonnenlicht. Eine totale Sonnenfinsternis, bei der die Sonne vollständig verdeckt ist, ist selten und nur an wenigen Orten zu sehen. Häufiger zu erleben ist eine partielle Sonnenfinsternis, die Sonne ist dann nur teilweise verdeckt. Um eine Sonnenfinsternis zu verfolgen, musst du eine besondere Brille tragen. Sie verhindert, dass Sonnenstrahlen deine Augen treffen. Du darfst niemals direkt in die Sonne schauen, weil du dadurch dein Augenlicht verlieren kannst. 71

Brillen für eine Finsternis haben eine Aluminiumfolie statt Gläser. Befolge immer die Sicherheitsvorschriften, wenn du sie trägst.

NACHTHIMMEL

WENN DU DAS ERSTE MAL Sterne beobachtest, kann dich der Nachthimmel ziemlich verwirren – die Sterne scheinen planlos im Dunkel des Weltalls verstreut zu liegen. Erst nach einer Weile lernst du die Muster kennen, die von den hellen Sternen an den Himmel gezeichnet werden und die Nacht für Nacht und Jahr für Jahr gleich aussehen. Wir nutzen diese Muster oder Sternbilder, um uns am Himmel zurechtzufinden. Etwa die Hälfte der 88 Sternbilder, die wir heute kennen, war schon den alten Astronomen bekannt. Sie sahen in den Mustern Figuren aus ihrer Mythologie und benannten sie danach.

EIN W FÜR KASSIOPEIA

Auf Sternkarten sind die hellsten Sterne zu Sternbildern verbunden, damit wir sie am Nachthimmel besser erkennen. Die fünf hellsten Sterne im Sternbild Kassiopeia bilden z. B. ein W (oben, in einer Aufnahme des Sternbilds eingezeichnet). Die einzelnen Sterne erhalten in allen Sternbildern einen griechischen Buchstaben: Alpha ist der hellste Stern, Beta der zweithellste usw. Der Name der Sterne setzt sich aus diesem Buchstaben und dem deklinierten lateinischen Namen des Sternbilds zusammen: Alpha von Kassiopeia wird zu Alpha Cassiopeiae.

Die wahren Positionen der Sterne im Sternbild Kassiopeia und ihre Entfernung zur Sonne (nicht maßstabsgerecht)

So sehen wir die Sterne im Sternbild Kassiopeia.

Lass dich nicht täuschen

Am Nachthimmel erscheinen uns die fünf hellsten Sterne im Sternbild Kassiopeia als eine Gruppe, deren Sterne auf einer Ebene liegen. Tatsächlich befinden sie sich jedoch weit auseinander. Der nächste Stern ist ungefähr 50 Lichtjahre entfernt, während der weiteste über 600 Lichtjahre weit weg ist. Das trifft auch auf die meisten anderen Sternbilder zu – ihre Sterne erscheinen dicht nebeneinander und liegen doch sehr weit voneinander entfernt.

STERNGUCKER
SO FINDEST DU KASSIOPEIA

DAS STERNBILD Kassiopeia liegt am nördlichen Himmel in der Nähe des Polarsterns und ist von anderen Sternbildern umgeben. Durch sein Zentrum verläuft die Milchstraße. Die hellsten Sterne bilden das W, das Sternbild umfasst jedoch den gesamten dunklen Bereich.

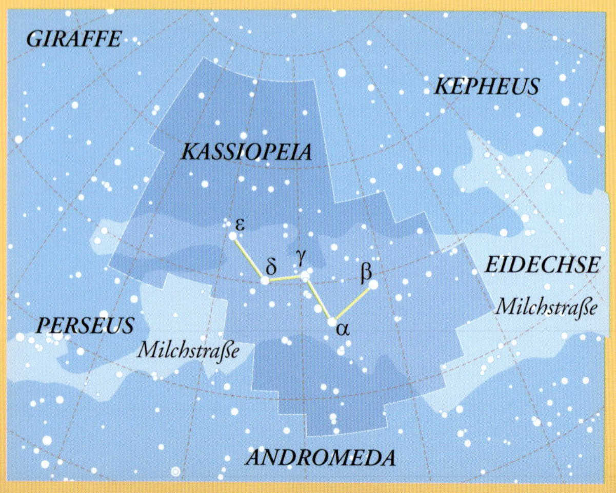

Die Dame im Stuhl

Die alten Griechen malten Kassiopeia als eitle Königin, die in einem Stuhl sitzt und sich selbst im Spiegel bewundert. Kassiopeia war die Frau von König Kepheus und die Mutter von Andromeda. Sie prahlte damit, dass sie schöner als die Meeresnymphen sei, die darüber natürlich verärgert waren. Der Meeresgott Poseidon jagte ihrem Königreich mit dem Ungeheuer Cetus Angst und Schrecken ein und forderte Andromeda als Opfer. Gerade als Cetus Andromeda verschlingen wollte, kam Perseus und tötete ihn. Auf der Sternkarte im Kasten links seht ihr die meisten dieser mythischen Figuren dicht beieinander.

Himmelskugel

Die alten Astronomen wussten nicht, wie das Weltall aussah. Sie stellten sich vor, dass die Sterne des Nachthimmels auf der Innenseite einer großen dunklen Kuppel saßen, die sich um die Erde spannte – eine Himmelskugel. Sie glaubten, dass sich die Kugel einmal pro Tag um die Erde drehte. Eine solche Himmelskugel existiert natürlich nicht, doch Astronomen finden diese Vorstellung auch heute noch nützlich. Sie nutzen die Koordinaten der Kugel, um die Position einzelner Sterne festzulegen. Die Himmelskugel besitzt einen nördlichen und einen südlichen Himmelspol, die direkt über dem Nord- und dem Südpol der Erde liegen. Auch der Himmelsäquator befindet sich direkt über dem Erdäquator.

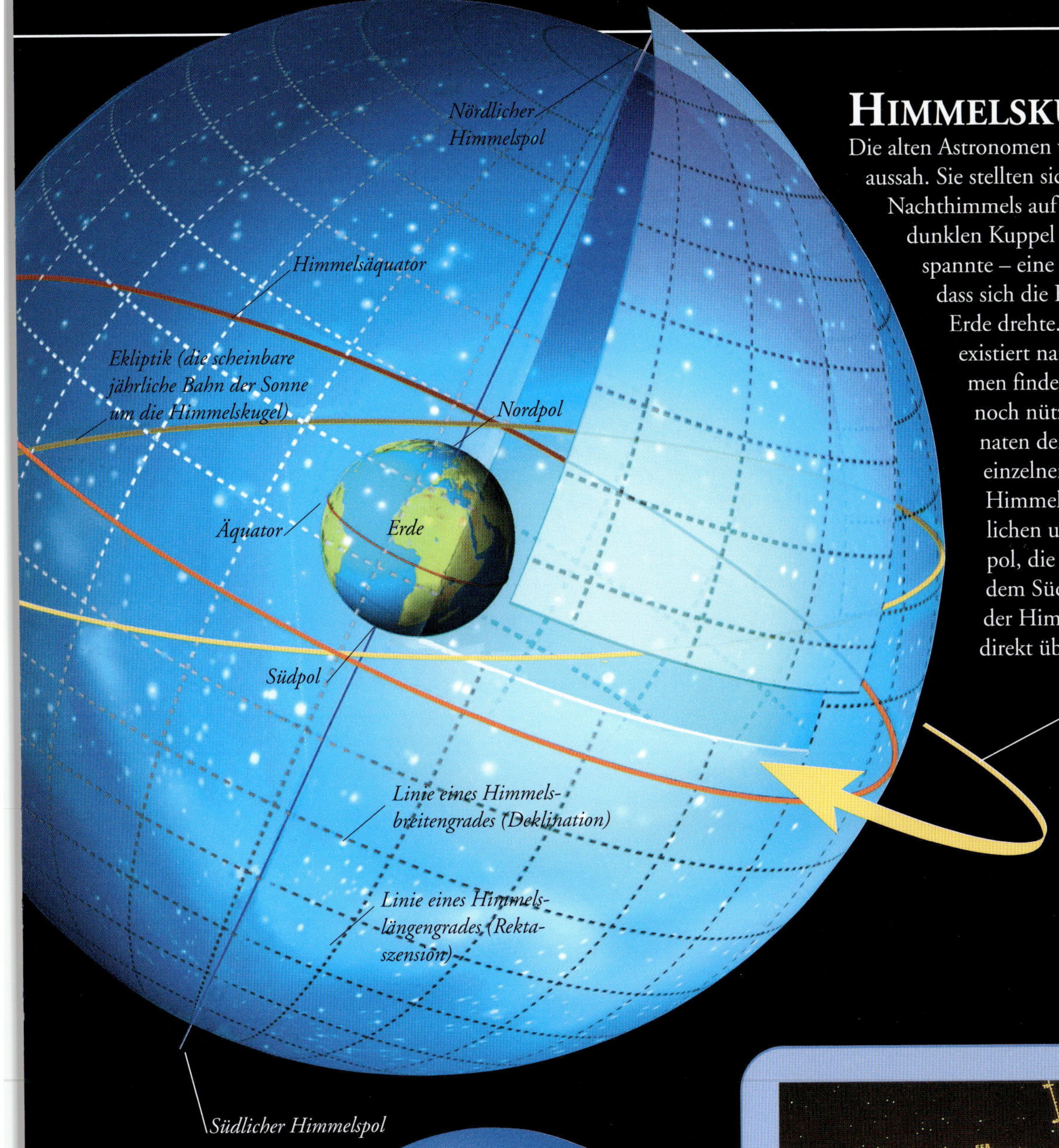

Die Himmelskugel dreht sich einmal täglich von Ost nach West (da die Erde sich täglich von West nach Ost dreht).

Die Bahn der Sonne

Von der Erde aus betrachtet bewegt sich die Sonne scheinbar im Laufe eines Jahres einmal um die Himmelskugel. Tatsächlich kreist die Erde in dieser Zeit um die Sonne. Die Bahn der Sonne, die Ekliptik, durchläuft immer die gleichen Sternbilder, die man Tierkreisbilder nennt. Der Tierkreis ist eine gedachte Zone um die Ekliptik, durch die sich die Sonne und auch der Mond und alle anderen Planeten scheinbar bewegen.

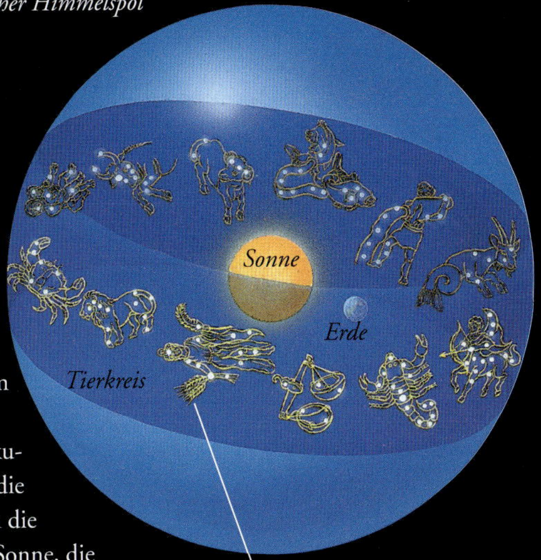

Die zwölf Sternbilder des Tierkreises, wie sie von Astrologen gesehen werden

Den Himmel abbilden

In Planetarien wie dem Jodrell Bank Observatory´s Science Centre in der Nähe von Manchester erhält man gute Erklärungen zum Sternhimmel. Das Publikum blickt zu einer riesigen Kuppeldecke hoch, die den Nachthimmel darstellt. Ein großer Projektor bildet hier Sterne und Sternbilder ab. Er kann alle Ansichten des Nachthimmels zeigen – von jedem Ort der Welt, zu jeder Zeit, von allen Tagen und Jahren aus der Vergangenheit, der Gegenwart und der Zukunft.

DER NÖRDLICHE HIMMEL

ASTRONOMEN STELLEN SICH den Sternhimmel als eine gigantische Himmelskugel vor, um sich am Nachthimmel besser zu orientieren. Sie teilen die Himmelskugel in zwei Hälften, die nördliche und die südliche Himmelshalbkugel. Der Himmelsäquator bildet die Grenze zwischen beiden Hälften (so wie der Äquator die nördliche von der südlichen Erdhalbkugel trennt). Beobachter, die auf der nördlichen Erdhalbkugel wohnen, können im Verlauf des Jahres alle Sternbilder der nördlichen und einige der südlichen Himmelshalbkugel sehen. Je näher man am Äquator wohnt, umso mehr Sternbilder der südlichen Himmelshalbkugel kann man beobachten.

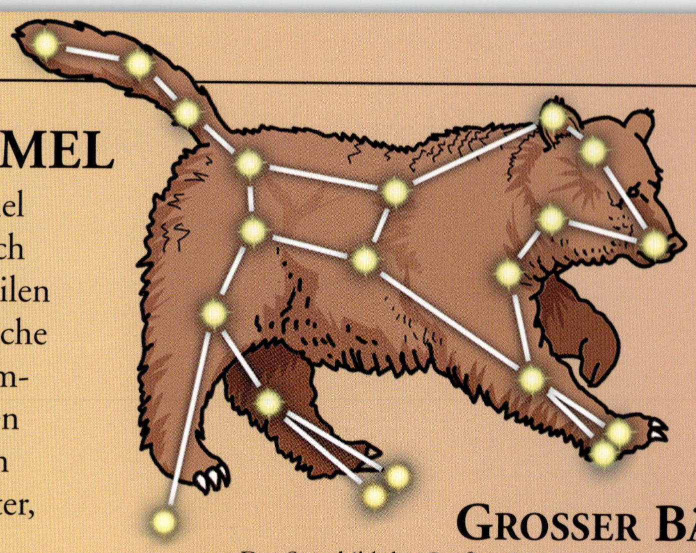

GROSSER BÄR

Das Sternbild des Großen Bären erstreckt sich am nördlichen Himmel über einen weiten Bereich. Es zählt zu den bekanntesten Sternbildern, weil die sieben hellsten Sterne früher zum Auffinden der Nordrichtung dienten. Sie nennt man auch Großer Wagen. Das Sternbild erhielt den Namen Großer Bär, um es gegenüber einem Sternbild in der Nähe, dem Kleinen Bär, abzugrenzen. Nach einer Überlieferung stellt dieses Sternbild die Nymphe Kallisto dar. Sie gebar Göttervater Zeus einen Sohn und wurde deshalb von Zeus' Gemahlin Hera in einen Bären verwandelt.

Der Große Wagen
Die sieben hellsten Sterne im Sternbild Großer Bär bilden eines der ausgeprägtesten Muster am nördlichen Himmel. Man nennt es Großer Wagen, weil es an eine Deichsel und an den Aufbau eines alten, von Pferden gezogenen Fuhrwerks erinnert. Die einzelnen Sterne erhielten ihre Namen von arabischen Astronomen. Die sieben hellsten Sterne des Sternbildes Kleiner Bär kennt man auch als Kleinen Wagen.

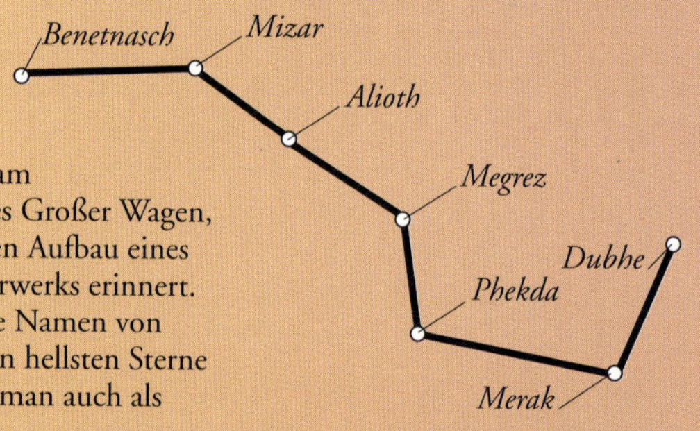

GROSSE STERNHAUFEN

Am nördlichen Himmel kann man mit bloßem Auge eine Reihe lockerer Gruppen von Sternen beobachten, die man Sternhaufen nennt. Der Krebsnebel enthält z. B. den Sternhaufen Praesepe (oben). Zum Sternbild Stier zählen zwei bedeutende Sternhaufen – die Hyaden in der Nähe des Sterns Aldebaran (Alpha Tauri) und weiter außerhalb die Plejaden (S. 110). Diese lockeren Gruppen nennt man Offene Sternhaufen. Ein oder zwei dichte Sterngruppen, die man Kugelsternhaufen nennt, wie z. B. M 13 im Sternbild Herkules, sind ebenfalls erkennbar.

STERNGUCKER
STERNE ALS WEGWEISER

DER GROSSE WAGEN ist ein ausgezeichneter Wegweiser zu anderen Sternen. Wenn du die hellsten Sterne Dubhe und Merak verbindest und diese Linie fünfmal verlängerst, zeigt sie auf den Polarstern. Er ist der erste Stern der Deichsel im Sternbild Kleiner Wagen. Ihm gegenüber erkennt man das Sternbild Kassiopeia.

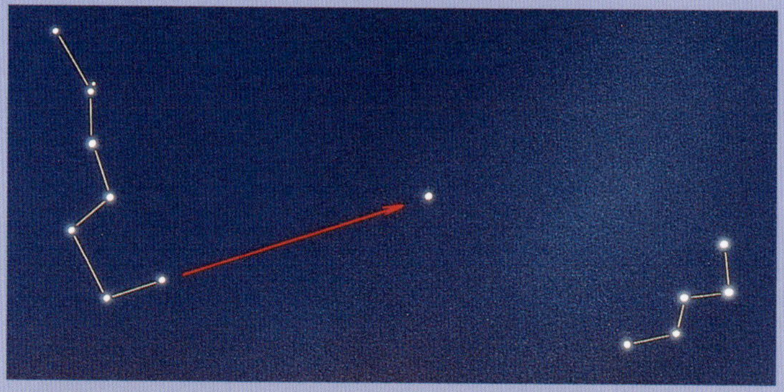

Die Sterne des Großen Wagens und der Kassiopeia führen zum Polarstern.

Sternbilder am nördlichen Himmel

Dieser Kreis, die Ekliptik, zeigt die scheinbare jährliche Umlaufbahn der Sonne am Himmel.

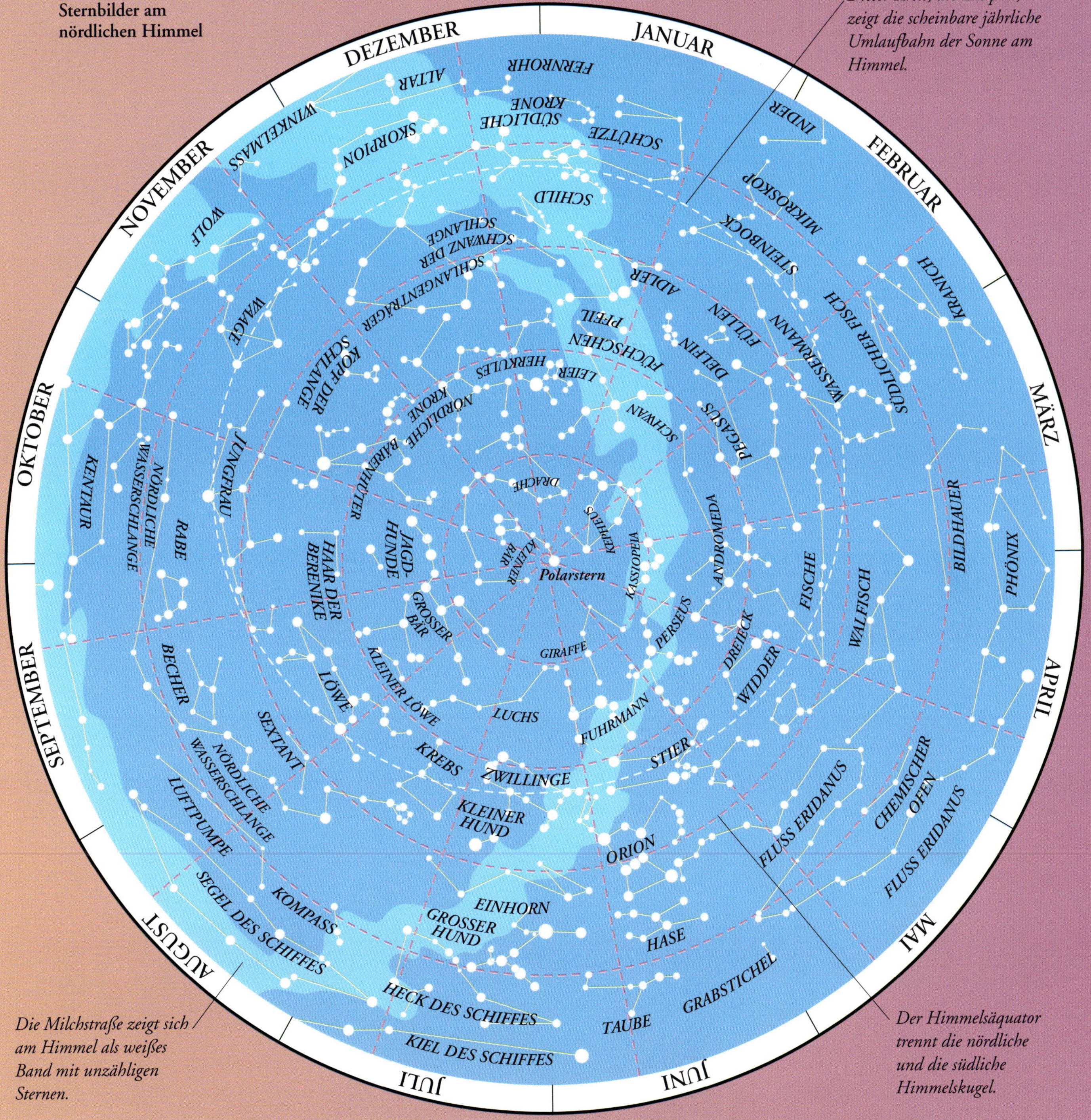

Die Milchstraße zeigt sich am Himmel als weißes Band mit unzähligen Sternen.

Der Himmelsäquator trennt die nördliche und die südliche Himmelskugel.

‹ ANDROMEDANEBEL ›

Nur wenig nördlich vom zweithellsten Stern (Beta Andromedae) im Sternbild Andromeda kann man einen Flecken erkennen, der wie eine Wolke oder ein Nebel aussieht. Es ist jedoch ein eigenes Sternsystem. Mit starken Teleskopen kann man eine Galaxie entdecken, die wie unsere spiralförmig, aber fast doppelt so groß ist. Der Andromedanebel ist 2,4 Millionen Lichtjahre von uns weg und das entfernteste, für unser Auge erkennbare Objekt. 132

Der südliche Himmel

Beobachter, die auf der südlichen Erdhalbkugel leben, können im Jahresverlauf alle südlichen Sternbilder sehen, aber auch einige Sternbilder, die nördlich des Himmelsäquators liegen. Je näher man am Äquator wohnt, umso mehr nördliche Sternbilder sind erkennbar. Die südliche Himmelskugel präsentiert einige schöne Sternbilder wie das Kreuz des Südens, Skorpion und Kentaur. Man findet auch einige außergewöhnliche Objekte wie z. B. die drei hellsten Sterne – Sirius (im Sternbild Großer Hund), Canopus (im Sternbild Kiel des Schiffes) und Alpha Centauri (im Sternbild Kentaur).

Das Kreuz des Südens

Vor sechs Jahrhunderten orientierten sich Seefahrer und Entdecker auf den südlichen Ozeanen am Kreuz des Südens. Im Bild oben bedient sich der italienische Entdecker Amerigo Vespucci (1451–1512) eines Astrolabiums, um seine Position festzustellen. Das Kreuz des Südens liegt in einem hellen Teil der Milchstraße. Man kann es leicht mit einem falschen Kreuz in den Sternbildern Kiel des Schiffes und Segel des Schiffes verwechseln. Am besten findet man das Kreuz des Südens über Alpha und Beta Centauri (s. links).

Sterngucker
Sterne als Wegweiser

Bei diesem Blick an den südlichen Himmel erkennst du oben das Kreuz des Südens und unten Alpha und Beta Centauri. Sie helfen dir den südlichen Himmelspol zu bestimmen. Du denkst dir einfach zwischen Alpha und Beta Centauri eine Verbindungslinie. Von deren Mitte lässt du im rechten Winkel eine Linie abgehen. Gleichzeitig verlängerst du die lange Achse des Kreuzes. Dort wo beide Linien zusammentreffen, findest du den südlichen Himmelspol.

Omega Centauri ist ein Kugelsternhaufen im Sternbild Kentaur.

Spektakuläre Kugeln

Zu den astronomischen Höhepunkten am südlichen Himmel zählen zwei Kugelsternhaufen. Einer liegt im Sternbild Kentaur (oben). Dem bloßen Auge erscheint er wie ein heller Stern, deshalb nannte man ihn Omega Centauri. Er besteht jedoch aus einer dichten Ansammlung von hunderttausenden Sternen. Seine Form ist wie bei den meisten Kugelsternhaufen eher oval als rund. Der andere liegt im Sternbild Tukan in der Kleinen Magellanschen Wolke.

Galaktisches Zentrum

Die Milchstraße leuchtet am südlichen Himmel außergewöhnlich hell. Ihr dichtester Bereich liegt im Sternbild Schütze, weil sich in dieser Richtung das Zentrum unserer Galaxis befindet. Hier finden sich viele schöne Sternhaufen und Nebel wie der Lagunen-Nebel (rechts). Dieser Nebel ist eine riesige Wolke aus Staub und Wasserstoff mit einem Durchmesser von ungefähr 30 Lichtjahren. Junge, heiße Sterne erleuchten ihn. Die dunklen Flecken, die sich von der Helligkeit abheben, sind Dunkelwolken. Sie bestehen aus dichten, staubigen Massen, die eines Tages zu neuen Sternen kondensieren.

Der Lagunen-Nebel liegt im östlichen Teil des Sternbilds Schütze.

Sternbilder am südlichen Himmel

Dieser Kreis, die Ekliptik, zeigt die scheinbare jährliche Umlaufbahn der Sonne am Himmel.

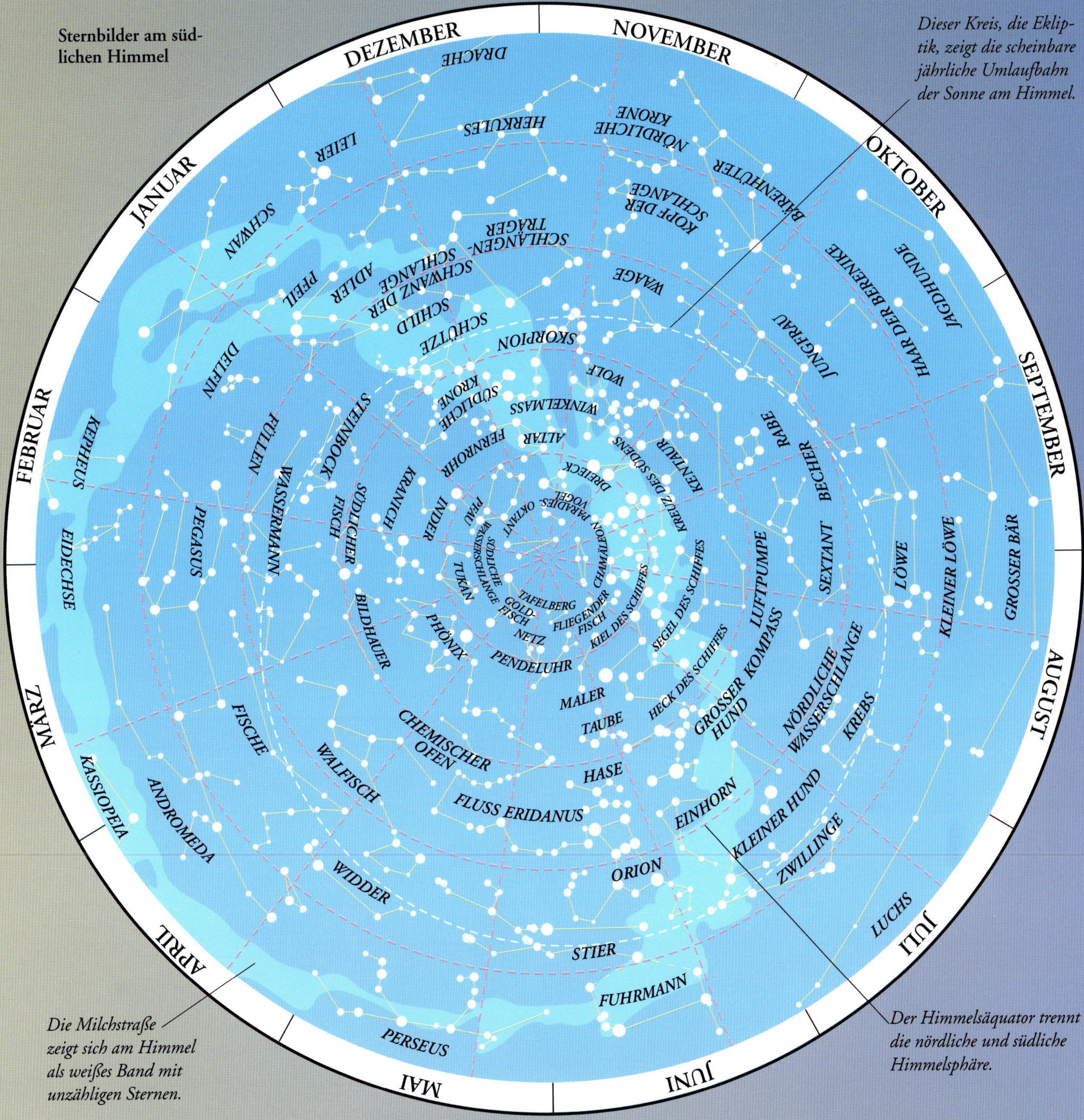

Die Milchstraße zeigt sich am Himmel als weißes Band mit unzähligen Sternen.

Der Himmelsäquator trennt die nördliche und südliche Himmelsphäre.

MAGELLANSCHE WOLKEN

Ferdinand Magellan (1480–1521)

Am südlichen Himmel kann man in der Nähe des südlichen Himmelspols zwei Galaxien sehen. Das sind die Große und die Kleine Magellansche Wolke. Sie wurden nach dem portugiesischen Seefahrer Magellan benannt, der sie 1519 entdeckte. Die Große M. W. liegt in den Sternbildern Goldfisch und Tafelberg. Sie hat nur ein Fünftel von der Größe unserer Galaxis, ist aber doppelt so groß wie die Kleine M. W. im Sternbild Tukan. Beide zählen zu den irregulären Galaxien. 133

Die Kleine Magellansche Wolke

VERÄNDERLICHER HIMMEL

DER NACHTHIMMEL ändert sich ständig. Die Sterne, die du z. B. um 7 Uhr abends im Süden siehst, sind andere wie die, die du dort um 11 Uhr abends findest. Scheinbar wandern die Sterne in der Nacht am Himmel (und die Sonne tagsüber), tatsächlich jedoch dreht sich die Erde einmal täglich um ihre eigene Achse. Innerhalb eines Jahres umrundet die Erde die Sonne. Deshalb siehst du jeden Monat neue Sternbilder am Himmel, während andere wieder verschwinden. Nach zwölf Monaten kannst du wieder die gleichen Sternbilder beobachten.

Eine Langzeitaufnahme zeigt die Sternbahnen um den nördlichen Himmelspol.

POLARSTERN

In den Jahrhunderten ohne Kompass und Satellitennavigation orientierten sich die Menschen an den Sternen. Das war auf der nördlichen Erdhalbkugel einfach, denn direkt über dem Nordpol leuchtet ein sehr heller Stern. Sah man diesen Stern an, so blickte man nach Norden. Deshalb wurde er Nordstern oder Polarstern genannt – bei Astronomen heißt er Polaris. Am südlichen Himmel fehlt ein solch praktischer Stern leider.

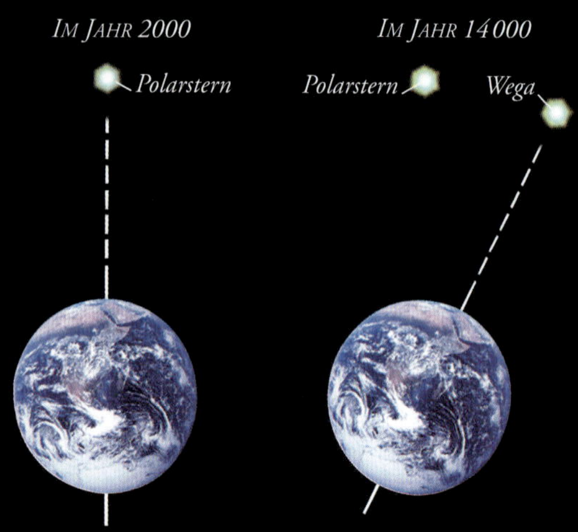

IRDISCHER KREISEL

Der Polarstern wird nicht für immer über dem Nordpol stehen. In ungefähr 12 000 Jahren befindet sich der helle Stern Wega im Sternbild Leier über dem Nordpol, weil die Erdachse nicht immer in die gleiche Richtung des Weltalls zeigt. Sie »kreiselt« langsam um die eigene Achse. In 12 000 Jahren zeigt die Erdachse auf Wega und nach 26 000 Jahren weist sie wieder zum Polarstern. Diese Kreiselbewegung der Erde nennt man Präzession. Sie wird durch die Anziehung von Mond und Sonne und zum geringen Teil von anderen Planeten verursacht.

Der Polarstern im Altertum

Die alten Ägypter bauten ihre Pyramiden mit großer Genauigkeit. Sie richteten die Grundfläche mithilfe des Sterns über dem Nordpol exakt nach Norden aus. Es war jedoch nicht der Polarstern, den wir kennen, sondern der Stern Thuban im Sternbild Drachen. Auf diesen Stern zeigte um 2500 v. Chr. die Erdachse, als die Pyramiden gebaut wurden. Durch die Präzession steht jetzt der Polarstern über dem Nordpol.

Die Chephren-Pyramide, die um 2500 v. Chr. erbaut wurde, ist die zweitgrößte Pyramide in Giseh. Nach einer Theorie sind die drei Pyramiden so angeordnet, dass sie die drei Gürtelsterne im Sternbild Orion (S. 112) widerspiegeln.

Januar (links): (oben l–r) Kleiner Hund, Einhorn, Orion, Fluss Eridanus, (unten l–r) Heck des Schiffes, Großer Hund, Hase. ***Juni*** (rechts): (oben l–r) Schlangenträger, Schlange, Jungfrau, (unten l–r): Skorpion, Waage, Nördliche Wasserschlange.

Sterne der Saison

Im Verlauf von Monaten siehst du am Nachthimmel unterschiedliche Sternbilder. Das Sternbild Orion z. B. findest du von Januar bis Juni. Das ist so, weil die Erde um die Sonne kreist. Auf ihrer Umlaufbahn um die Sonne steht der Nachtseite der Erde jede Nacht ein unmerklich veränderter Teil des Nachthimmels gegenüber. Nach ein paar Wochen kannst du diese Veränderungen entdecken und nach einigen Monaten sieht der Nachthimmel ganz anders aus.

Experiment
Planisphäre herstellen

Eine Planisphäre zeigt dir die Sterne des Nachthimmels zu jeder beliebigen Zeit an. Wenn du Uhrzeit und Datum einstellst, siehst du in einem Fenster die Sterne dieser Nacht. Planisphären enthalten Sternkarten. Mit der Sternkarte von Seite 27 (nördliche Erdhalbkugel) oder der von Seite 29 (südliche Erdhalbkugel) kannst du dir selber eine Planisphäre basteln. **Das brauchst du:** Pauspapier; Sternkarte, Bleistift, Lineal, Leim, Zirkel, Schere, 2 farbige Kartons, Transparentfolie, Papierklammer.

1 Die Basis
Kopiere die Sternkarte deiner Erdhalbkugel auf Pauspapier. Vergiss dabei nicht die geraden Linien, die den Himmel in gleiche Abschnitte teilen. An den Rand schreibst du die Monate. Dann teilst du jeden Monat in vier gleiche Teile, um die Wochen anzuzeigen. Die Sternkarte klebst du auf Karton und zeichnest mit einem Zirkel einen Kreis darum herum. Den Kreis schneidest du sauber aus. Das ist die Basis deiner Planisphäre.

2 Die Maske
Auf einen anderen Karton zeichnest du einen etwas kleineren Kreis und schneidest ihn ebenfalls aus. Hieraus entsteht die Maske. Wenn du sie auf die Basis legst, muss die Monatsskala noch abzulesen sein. Auf den Rand der Maske malst du eine Zeitskala mit 24 Stunden. In der Zeichnung rechts sind zwei Zeitskalen eingezeichnet – die innere Skala ist für die nördliche und die äußere für die südliche Erdhalbkugel.

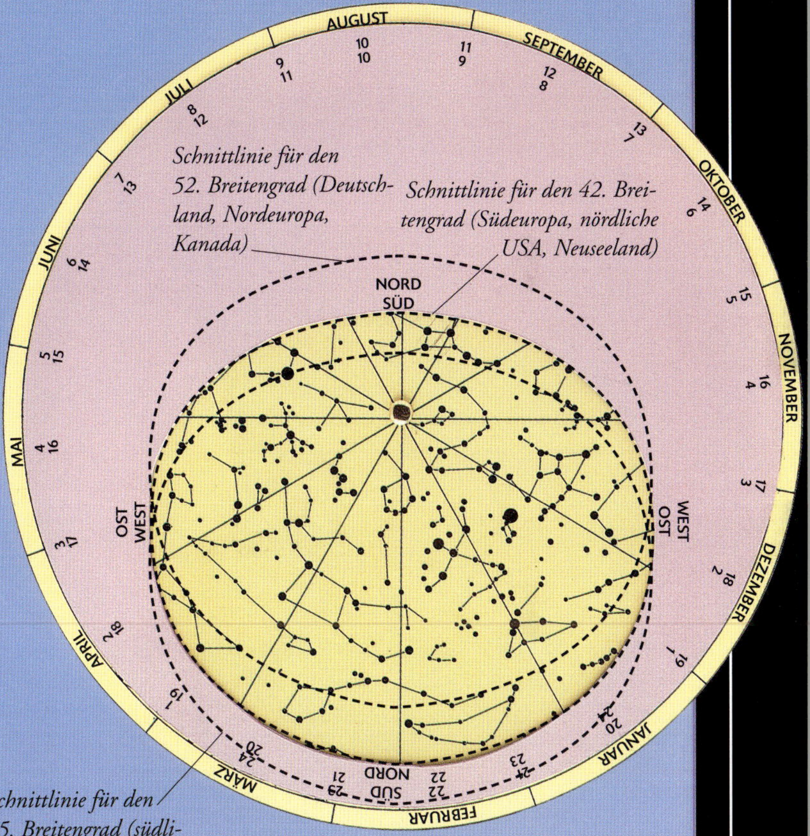

3 Das Fenster
Jetzt musst du das Fenster aus der Maske schneiden. Die Lage des Fensters hängt davon ab, auf welchem Breitengrad und auf welcher Erdhälfte du lebst. In der Zeichnung sind verschiedene gepunktete Linien eingezeichnet. Nimm die, die deinem Ort am besten entspricht, kopiere sie und schneide sie aus. Auf die Rückseite der Maske klebst du Transparentfolie. Dann schreibst du die Himmelsrichtungen (innen – Norden, außen – Süden) dazu.

4 Zusammenfügen
In die Mitte von beiden Scheiben stanzt du ein Loch, steckst die Papierklammer durch und befestigst beide Scheiben damit. Deine Planisphäre ist nun fertig.

5 Sterne wählen
Willst du deine Planisphäre nutzen, dann drehe die Maske, bis Uhrzeit und Datum übereinstimmen. Im Fenster siehst du jetzt die Sterne des Nachthimmels. Auf Seite 23 findest du weitere Informationen.

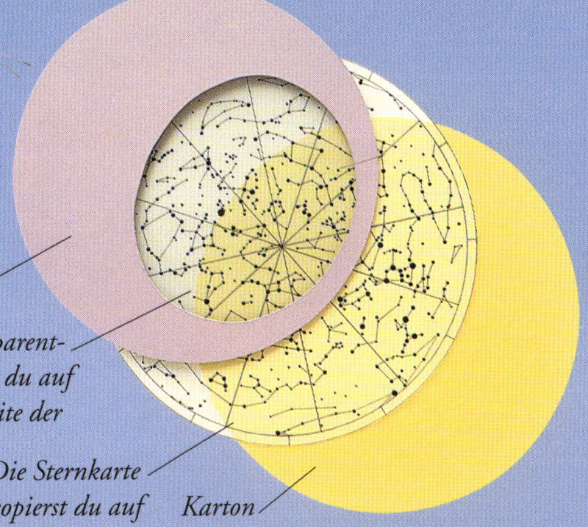

VORSTOSS INS ALL

ANFANG DER SECHZIGERJAHRE des 20. Jahrhunderts begann man mit der Erforschung des Weltraums. Am 12. April 1961 flog der sowjetische Kosmonaut Juri Gagarin als erster Mensch ins Weltall. Der erste amerikanische Astronaut, John Glenn, startete am 20. Februar 1962. Zu dieser Zeit wusste niemand, ob Menschen den Belastungen eines Raumfluges standhalten – den enormen Kräften beim Start und der Schwerelosigkeit im All. Inzwischen blieben Astronauten schon länger als ein Jahr im Weltall, andere landeten auf dem Mond. Und es gibt Pläne für bemannte Marsflüge.

Der Spaceshuttle Atlantis *hebt ab*

SCHWEREBE-SCHLEUNIGUNG

Auf der Erde kennen wir den Einfluss der Schwerkraft, die unsere Körper nach unten zieht. Dieses Ziehen entspricht einer Kraft von 1 G (G ist die Einheit der Schwerkraft). Doch Astronauten, die von der Startrampe abheben, spüren die dreifache Schwerkraft (3 G). Grund dafür ist die schnelle Beschleunigung – von Null auf der Erde bis zu 28 000 km/h im Weltall in nur 15 Minuten. Während die Rakete abhebt, werden ihre Körper nach unten gedrückt, als wäre die Schwerkraft plötzlich dreimal größer geworden.

Fähre in das Weltall

Der Spaceshuttle *Discovery* (links) bereitet sich zum Andocken an die Internationale Raumstation (ISS) vor. Er bringt neue Ausrüstung und neue Besatzungsmitglieder. Die Raumfähre besitzt erstaunliche Fähigkeiten. Sie hebt als Rakete von der Erde ab, schwebt wie ein Raumschiff im Weltall und setzt wie ein Flugzeug auf einer Landebahn auf. Sie ist etwa 37 m lang und besitzt eine Spannweite von fast 24 m. Die Raumfähre startet von Cape Canaveral in Florida, USA, das für die Mondlandungen 1963 errichtet wurde.

MIKROGRAVITATION

Ein Raumschiff, dass auf seiner Umlaufbahn fliegt, befindet sich im freien Fall, es fällt auf die Erde zurück. Doch es fliegt so schnell, dass es nur so weit fällt, wie sich die Erdoberfläche unter ihm krümmt. Deshalb bleibt es immer in gleicher Höhe. Innen fallen die Astronauten und sämtliche Gegenstände ebenfalls, im gleichen Maße. Sie haben daher scheinbar kein Gewicht, was man Schwerelosigkeit oder Nullgravitation nennt. Mikrogravitation ist ein anderer Begriff dafür. Im Bild oben schwebt die amerikanische Astronautin Susan Still bei einem Experiment mühelos in einem Weltraumlabor.

Der Amerikaner Jerry Ross beim Aufbau der ISS

Im Weltall

Manchmal müssen Astronauten ihre Raumfähre verlassen, um im Weltall zu arbeiten. Diese Außenbordmanöver nennt man auch Weltraumspaziergänge. Außerhalb ihres Raumschiffes tragen Astronauten besondere Raumanzüge, die sie mit Sauerstoff versorgen und vor Gefahren wie z. B. gefährlichen Strahlen schützen. Beim Aufbau der Internationalen Raumstation sind längere Aufenthalte im Weltall notwendig.

EXPERIMENT
Schwerkraft

Astronauten erleben auf dem Flug ins Weltall ungeheure Änderungen der Schwerkraft (G). Sie werden beim Start, wenn sie nach oben beschleunigen (hohe G-Zahl), in die Sitze gepresst und sind dadurch scheinbar schwerer. Auf der Erdumlaufbahn befinden sie sich im Freien Fall (0 G) und scheinen gar kein Gewicht zu haben. In diesem Experiment siehst du, wie Bewegung das Gewicht beeinflusst.

Das brauchst du: Küchenwaage, Obst.

1 Das Obst legst du in die Waagschale und notierst dir das Gewicht (mittleres Bild).

2 Jetzt hebst du die Waage schnell nach oben. Das Obst wird scheinbar schwerer (oberes Bild). Du hast die Waage hoch beschleunigt und damit, die Schwerkraft auf das Obst erhöht.

3 Bewege nun die Waage schnell nach unten. Das Obst wird scheinbar leichter (unteres Bild). Es hat tatsächlich fast sein gesamtes Gewicht verloren, weil die Waage mit dem Obst zusammen nach unten bewegt wurde.

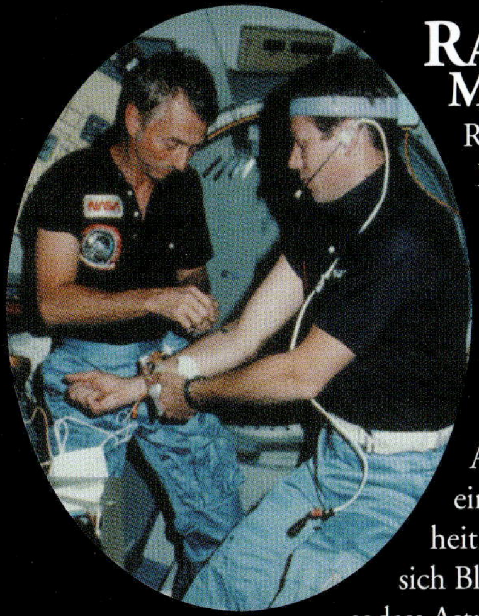

Raumfahrt-Medizin

Reisen im »schwerelosen« Raum beeinflusst den menschlichen Körper sehr. Blutabnahmen zählen zu den Routineuntersuchungen (links). In der Schwerelosigkeit ist das Gleichgewichtsorgan gestört. Die meisten Astronauten leiden deshalb einige Tage unter Reisekrankheit. Ohne Schwerkraft verteilt sich Blut selbstständig im Körper, sodass Astronauten ein volleres Gesicht und dünnere Beine bekommen. Muskeln verkümmern, weil sie nicht mehr gegen die Schwerkraft arbeiten müssen, und Knochen verlieren Substanz.

Weltraumsport

Astronauten, die längere Zeit im Weltraum verbringen, müssen regelmäßig Sport betreiben, um ihre Muskeln zu kräftigen. Mit Übungen blieben die Astronauten von *Skylab*, *Saljut* und *Mir* auch nach Monaten im Weltall fit. Auf der Internationalen Raumstation können sie sich wie hier der Russe Juri Usatchew (rechts) im Modul *Swesda* auf einem Fahrradergometer fit halten. In der Schwerelosigkeit müssen sie sich dabei anschnallen, weil sie sonst jedes Mal nach oben schweben würden, wenn sie die Pedalen nach unten treten.

Die ISS kreist etwa 400 km oberhalb der Erde.

Nationenstation

Die Internationale Raumstation (engl.: ISS, International Space Station) ist ein gemeinsames Projekt von Europa, Kanada, Japan, Russland, den USA und mehreren anderen Ländern. Die NASA (USA) überwacht den Aufbau und stellt Labor- und Wohnmodule zur Verfügung. Europa und Japan liefern Labormodule, während Kanada einen »Weltraumkran« beisteuert. Die ISS wird aus Modulen zusammengebaut, die mit dem amerikanischen Spaceshuttle oder einer russischen Protonrakete transportiert werden. Der Aufbau begann 1998 und soll 2006 beendet sein. Die ISS wird dann 100 m lang und 75 m breit sein – die größte Raumstation aller Zeiten.

Das Sonnensystem

Diese Aufnahme der Sonne von SOHO zeigt einen riesigen henkelförmigen Gaskörper (Protuberanz) in ihrer Atmosphäre.

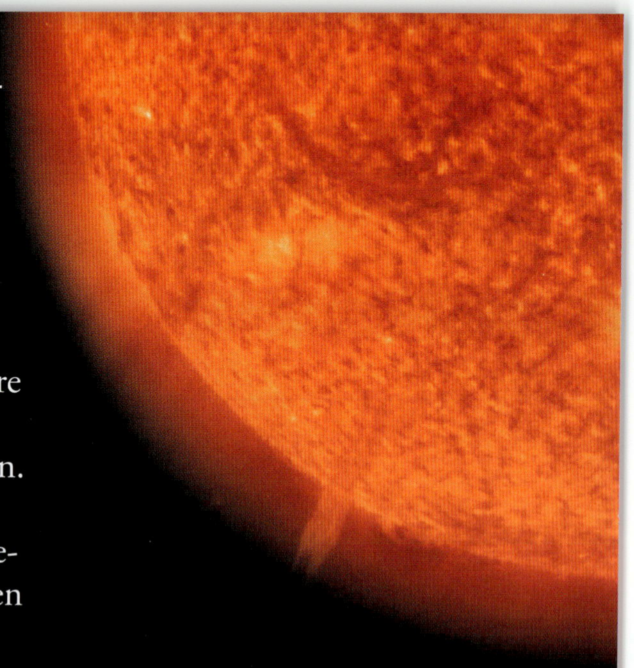

Das Reich der Sonne

Als Sonnensystem bezeichnet man alles, was unter den Einfluss der Sonne, unseres lokalen Sterns, fällt. Die Sonne besitzt mehr als 99,8 Prozent der gesamten Masse des Sonnensystems und ist der größte und mächtigste Körper in diesem Teil des Weltraums. Ihre ungeheure Anziehungskraft beherrscht ein Reich aus neun Planeten, die auf ihren Umlaufbahnen dauerhaft festgehalten werden. Zahlreiche Satelliten begleiten die Planeten. Dazwischen kreisen erdartige Asteroiden und hinter ihnen eisige Kometen. Staub und Teilchen, die vom Sonnenwind weggeblasen wurden, vervollständigen das Sonnensystem.

Kreisende Welten

Jedes Objekt im Sonnensystem kreist um ein anderes – ein Erbe aus der Zeit, als die Sonne und die Planeten vor Milliarden Jahren aus einer rotierenden Gaswolke entstanden. Asteroiden, Kometen und Planeten kreisen um die Sonne, während Monde und Ringe ihre Elternplaneten umrunden. Eine Umlaufbahn ist ein Weg im Weltall, auf dem die Trägheit eines Objekts – seine Neigung, sich geradeaus zu bewegen – exakt der Anziehungskraft eines massiveren Objekts entspricht. Deshalb fliegen Körper nicht ins Weltall davon oder fallen auf das Objekt, das sie umkreisen. Natürliche Bahnen sind nur selten rund. Je näher ein Körper an der Sonne ist, umso schneller muss er fliegen, um auf seiner Bahn zu bleiben. Die meisten Bahnen sind daher oval (elliptisch).

Objekte im Sonnensystem bestehen aus unterschiedlichen Materialien, weil sie an verschiedenen Stellen der ursprünglichen Wolke aus Gas und Staub und bei jeweils anderen Temperaturen entstanden sind. So bestehen Objekte, die sich im Innern bilden, aus Gestein und Staub, während die im Äußeren mehr Eis und Gas enthalten.

Eigenschaften der Planeten

Die Planeten bilden zwei Klassen – kleine, erdartige Welten liegen näher an der Sonne, während sich weiter außen riesige Bälle aus Gas und Flüssigkeit mit nur einem kleinen festen Kern befinden. Die Oberflächen der erdartigen Welten sind sehr unterschiedlich durch innere und äußere Kräfte geprägt. Alle haben Krater von Meteoriteneinschlägen und Vulkanausbrüchen. Venus, Erde und Mars besitzen Atmosphären, die ihre Entwicklung beeinflusst haben.

Die Riesenplaneten gleichen sich untereinander. Sie drehen sich schnell, sind von Bändern aus farbigen Wolken umgeben und können gewaltige Stürme in ihren Atmosphären erzeugen. Alle besitzen Ringe und viele Satelliten. Die meisten Monde sind von Kratern übersät, doch einige haben ihre Oberfläche durch andere Kräfte neu gestaltet.

Zwei verschiedene Welten: Die Erde (links außen) und der Gasriese Jupiter (links), kreisen in unserem Sonnensystem um die Sonne.

270 v. Chr. Der Astronom Aristarch von Samos behauptet, dass die Erde um die Sonne kreist.

Um 150 v. Chr. Der Astronom Ptolemäus unterstützt die Theorie des geozentrischen Systems.

1543 Nikolaus Kopernikus vermutet die Sonne als Mittelpunkt des Weltraums.

1609 Johannes Kepler zeigt, dass die Planeten die Sonne auf einer ovalen Bahn umkreisen.

1705 Edmond Halley zeigt, dass einige Kometen ovalen Bahnen folgen und regelmäßig wiederkehren.

1796 Pierre Simon Laplace meint, dass das Sonnensystem aus einer kollabierten Gaswolke entstanden ist.

1801 Der erste Asteroid, Ceres, wird von Giuseppe Piazzi entdeckt.

Zeitleiste

Bei dieser Aufnahme der Sonne von SOHO sind die heißesten Gebiete weiß.

Gürtel und Wolken

Zwischen den acht größten Mitgliedern des Sonnensystems und ihren Satelliten schwirren Milliarden Objekte umher – von winzigen Staubkörnchen bis zu eisigen Welten, die fast so groß wie Planeten sind. Die meisten Kleinkörper bleiben in bestimmten Regionen, wo sie von der Schwerkraft größerer Welten angezogen werden. Zwischen Mars und Jupiter befindet sich ein Asteroidengürtel aus erdartigen Objekten – viele haben nur wenige Kilometer Durchmesser, einige sind jedoch viel größer. Sie können sich nicht zusammenlagern, um einen neuen Planeten zu bilden, weil Jupiters enorme Schwerkraft sie daran hindert.

Weiter entfernt von der Sonne, hinter Neptun, liegt der Kuiper-Gürtel, er ist die Heimat tausender Eiszwerge. Im Gegensatz zu Asteroiden bestehen sie aus gefrorenem Wasser und Chemikalien. Der größte Eiszwerg, Pluto, wurde lange vor den anderen entdeckt und zählt zu den Planeten. Noch weiter entfernt ist die Oortsche Kometenwolke, eine enorme, runde Schale aus Eistrümmern, die sich bis etwa ein Lichtjahr weit von der Sonne ausdehnt.

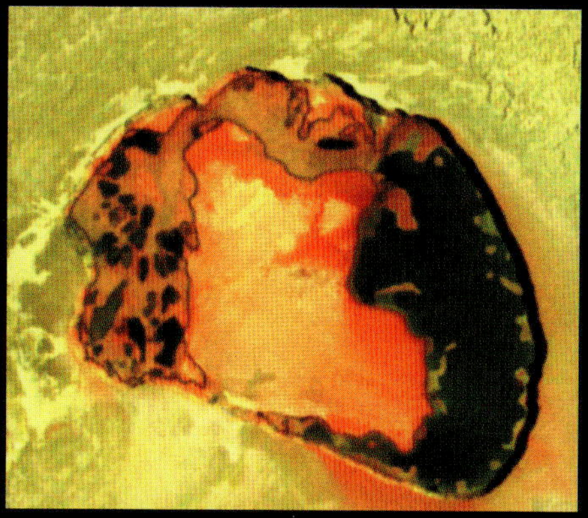

Diese Aufnahme eines Vulkankraters auf dem Jupitermond Io zeigt, wie Lava und schwefelhaltiges Material miteinander reagieren.

Verstreute Trümmer

Viele kleinere Objekte fliegen außerhalb der Gürtel auf ovalen Bahnen, welche die Planetenbahnen kreuzen. Am bekanntesten sind die Kometen – staubige Schneebälle, die sich von der Oortschen Kometenwolke und dem Kuiper-Gürtel aus in das innere Sonnensystem stürzen. Manchmal verursachen sie eindrucksvolle Naturschauspiele, wenn ihre Eisoberfläche im warmen Sonnenlicht verdunstet. Sie haben Schweife aus Eis und Staub, aus denen wunderbare, aber kurzlebige Sternschnuppen entstehen, wenn sie in der Erdatmosphäre verglühen. Erdnahe Asteroiden, deren Bahnen sich unserer nähern oder sie sogar kreuzen, sind weniger gut zu sehen. Manche wurden aus dem Asteroidengürtel herausgeschleudert, während andere die Reste erloschener Kometen sind. Zahlreiche kleinere Trümmer kreuzen die Erdumlaufbahn und schlagen gelegentlich auf der Erde als Meteorit ein.

Der Komet Hale-Bopp schießt über den Horizont der Erde. Sein Schweif ist Millionen Kilometer lang.

1846 Die Mathematiker John Couch Adams und Urbain Le Verrier sagen vorher, dass Neptun existiert.

1930 Clyde Tombaugh entdeckt Pluto, den äußersten Planeten.

1950 Jan Oort sagt, dass die Oortsche Kometenwolke existiert.

1951 Der Kuiper-Gürtel wird von Gerard Kuiper vorhergesagt.

1962 *Mariner 2* ist die erste Raumsonde, die Informationen über andere Planeten zur Erde sendet.

1986 Raumsonde *Giotto* begegnet dem Halleyschen Kometen.

1992 Das Hubble-Weltraumteleskop entdeckt die ersten Objekte des Kuiper-Gürtels.

2000 Die Raumsonde *NEAR* umkreist den Asteroiden Eros und landet ein Jahr später auf ihm.

Die Sonne umkreisen

Das Sonnensystem ist der Ort im Weltraum, den die Sonne beherrscht. Licht, Schwerkraft, Teilchen und Wärme von unserem lokalen Stern beeinflussen ein Gebiet, das nur ein Viertel so groß ist wie die Strecke zu unserem nächsten Nachbarstern Proxima Centauri. Die Erde ist nur einer von neun Planeten, die auf Umlaufbahnen um die Sonne kreisen. Viele Planeten besitzen Monde und Ringe, die sie umkreisen. Zwischen den Planeten fliegen etliche Trümmer – Asteroiden und Kometen – um die Sonne.

Das Sonnensystem (nicht maßstabsgerecht)

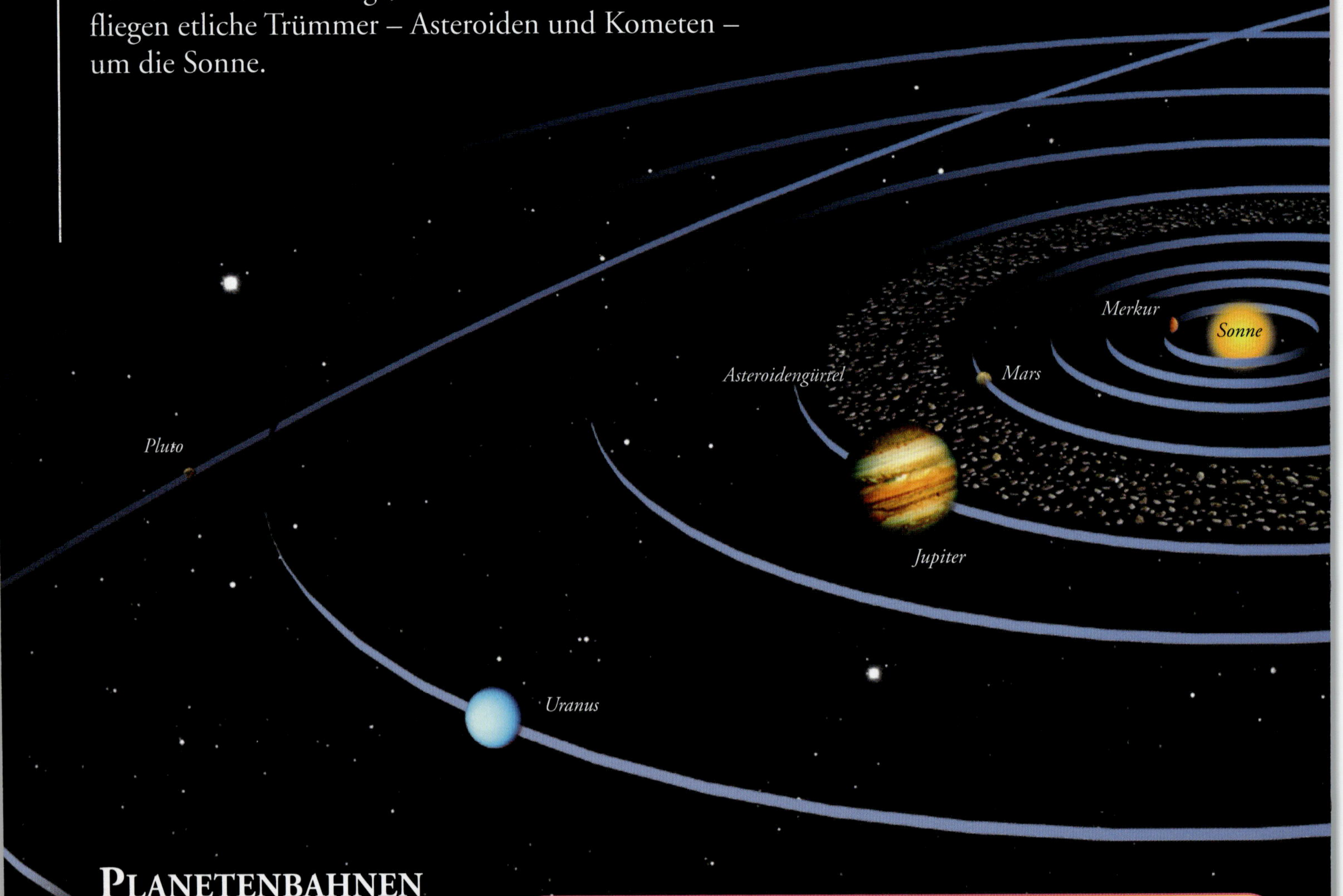

Planetenbahnen

Astronomen sprechen häufig von Objekten, die andere »umkreisen«. Ihre Bahnen bilden jedoch äußerst selten perfekte Kreise, die meisten sind eher elliptisch (oval). Eine Ellipse besitzt an beiden Ende ihrer Längsachse jeweils einen Brennpunkt. Diese beiden Punkte bestimmen ihre Form. Die Sonne befindet sich immer an einem der Brennpunkte. Die Planeten kommen deshalb auf ihren Bahnen näher an die Sonne und entfernen sich wieder von ihr. Den sonnennächsten Punkt nennt man Perihel und den entferntesten Aphel. Am Perihel bewegen sich die Planeten schneller, am Aphel langsamer.

Schwerkraft und Planeten

Die Menschen an dieser »Todeswand« fallen nicht herunter. Sie bewegen sich so schnell, dass ihre Geschwindigkeit sie an die Wand drückt. Aus dem gleichen Grund fallen Planeten nicht in die Sonne. Je näher ein Planet der Sonne kommt, umso schneller bewegt er sich. Die Schwerkraft der Sonne aber verhindert, dass er in das Weltall entflieht. 16

Von links nach rechts: Venus, der Mond und Jupiter an der Ekliptik

STERNGUCKER
DIE EKLIPTIK

DAS SONNENSYSTEM gleicht einer Scheibe – alle Planeten kreisen auf einer Ebene, die sich über die Erdumlaufbahn hinaus erstreckt, um den Sonnenäquator. Die Ebene können wir uns als Linie am Himmel vorstellen, sie heißt Ekliptik. An ihr scheint die Sonne entlangzuwandern. Das siehst du am besten, wenn die Sonne auf- oder untergeht.

Von links nach rechts: Venus, der Mond und Jupiter an der Ekliptik

Johannes Kepler (1571 – 1630)
Der deutsche Astronom Johannes Kepler erklärte als Erster, dass sich die Planeten auf ovalen und nicht auf runden Bahnen bewegen. Zu dieser Zeit glaubten alle Astronomen, dass die Bahnen perfekte Kreise wären. Das widersprach jedoch der Theorie von der Sonne als Zentrum des Sonnensystems. Keplers genaue Messungen der Positionen der Planeten, die er ohne Teleskop machte, führten zu den drei Keplerschen Gesetzen. Sie erklärten das Sonnensystem und ebneten den Weg für Newtons Gravitationsgesetz (S. 16).

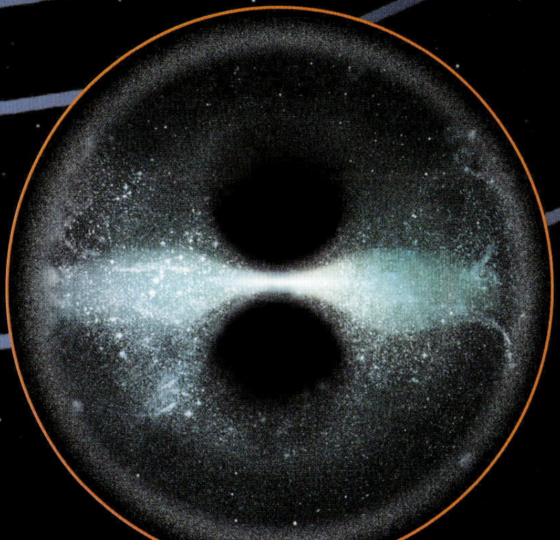

DIE GRENZEN DES SONNENSYSTEMS

Früher nahm man an, dass das Sonnensystem bis zur Umlaufbahn des letzten Planeten, Pluto, reicht. Inzwischen wurden hunderte von Eiszwergen (S. 50) entdeckt, die hinter Pluto kreisen. Einige Astronomen vermuten die Grenze des Sonnensystems in der »Heliopause« hinter Pluto, in der sich die Winde der Sonne und anderer Sterne mischen. Andere wiederum sehen als Grenze die Oortsche Kometenwolke (oben), die sich über ca. zwei Lichtjahre erstreckt.

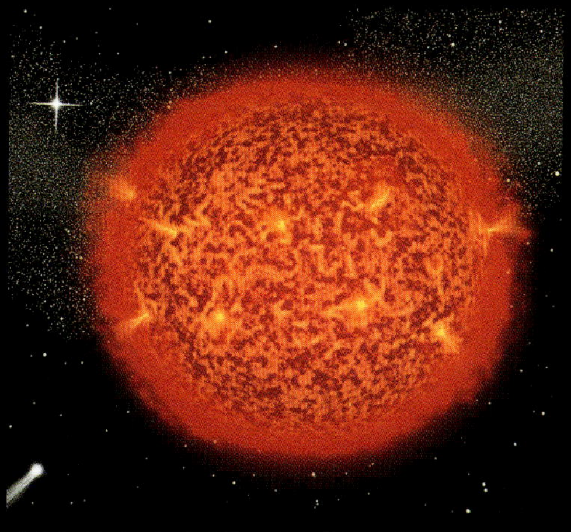

Nemesis
Gibt es einen zehnten Planet in den Außenbereichen des Sonnensystems? Einige Astronomen beobachteten seltsame Abweichungen von Neptuns Umlaufbahn, die nur durch einen Planeten zu erklären waren. Nach neuen Berechnungen kann hinter Pluto kein weiterer Planet existieren. Einer anderen Theorie zufolge hat die Sonne einen Begleiter – Nemesis, einen schwachen Braunen Zwerg, dessen Bahn Millionen Lichtjahre lang ist (links).

ENTSTEHUNG DES SONNENSYSTEMS

VOR UNGEFÄHR 5 MILLIARDEN JAHREN entstanden die Sonne und alle Planeten aus einer interstellaren Wolke, die Gas und Staub enthielt. Im Zentrum dieser Wolke bildete sich zunächst die Sonne. Erst danach entstanden in den folgenden 500 Millionen Jahren die Planeten. Über die Entstehung der Sonne wissen Astronomen besser Bescheid als über die Bildung von Planeten – sie konnten Geburt und Untergang anderer Sterne bereits beobachten. Leider sind Teleskope noch nicht stark genug, um Planeten anderer Sterne zu entdecken.

DER SONNENNEBEL

Der Nebel, aus dem die Sonne entstand, war der Rest von alten, explodierten Sternen. Dieses Material enthielt außer Helium und Wasserstoff auch einen hohen Anteil schwererer Elemente und Staub. Vor etwa fünf Milliarden Jahren fiel der Nebel in sich zusammen, er kollabierte. Den Kollaps könnte ein sich nähernder Stern oder die Druckwelle einer Supernova (ein explodierender Stern) ausgelöst haben. Aus dem Nebel entstand eine bauchige Scheibe, die einen riesigen Gasball, die Sonne, in ihrer Mitte besaß.

Zündung!
Die Sonne entstand durch den Kollaps einer Gaswolke, die sich dabei erwärmte und mehr und mehr Material in sich hineinzog. Der Kern wurde so heiß und dicht, dass eine Kernfusion einsetzte und riesige Energiemengen freisetzte. Die Sonne entzündete sich mit einem heftigen Strahlenausbruch – wie die hellen Sterne, die sich in den Armen dieser Spiralgalaxie gebildet haben (oben).

Ausdünnen
Die Strahlen, die von der Sonne in den Weltraum schossen, bliesen die leichten Gase aus dem restlichen Sonnennebel weg. Das innere Sonnensystem lichtete sich und übrig blieben Staubteilchen, die Chondrulen. Im äußeren Sonnensystem war die Strahlung schwächer, sodass das Gas erhalten blieb und von den massiven Atmosphären der Riesenplaneten angezogen wurde.

Experiment
Flache Scheiben

In der Astronomie kommen häufig flache Scheiben vor – von Planetenringen bis zum Material um ein Schwarzes Loch. Bei diesem Experiment entstehen solche Scheiben. **Das brauchst du:** Glas, warmes Wasser, Teeblätter; Löffel, Sieb.

1 Die Teeblätter weichst du in warmem Wasser ein und lässt sie sich absetzen. Benutze das Sieb und gieße das Wasser mehrere Male ab, bis die Teeblätter (Teile des Nebels) in klarem Wasser (Weltall) schwimmen. Rühre in Form einer Acht um.

2 Beobachte die Blätter, wenn sie zusammenstoßen und sinken. Manchmal sinken sie zufällig, doch häufig bilden sie eine kreisförmige Ansammlung (rechts). Wenn Blätter, die sich entgegengesetzt bewegen, zusammentreffen, schwimmen sie nicht mehr quer durch das Glas, sondern im Kreis. Schließlich bilden alle konzentrische »Bahnen«.

Das Alter des Sonnensystems
Eine der wichtigsten Methoden, das Alter des Sonnensystems zu bestimmen, ist die Messung der Radioaktivität in Gestein, das im Sonnennebel entstand. Solches Gestein müsste alle Elemente im gleichen Verhältnis enthalten haben. Im Verlauf der Zeit zerfielen einige der im Stein eingeschlossenen Elemente in andere. Wissenschaftler messen z. B. die Anteile der Elemente in Meteoriten, die seit Beginn des Sonnensystems unverändert geblieben sind, und schätzen so das Alter des Sonnensystems ab.

Dieser Meteorit, der in Barwell, England, einschlug, ist ungefähr 4,6 Milliarden Jahre alt.

Die Überreste der Entstehung
Auch heutzutage ist nicht alles Material aus dem Sonnennebel verbraucht. Aus größeren Brocken entstanden Asteroiden und Eiszwerge (S. 50–51), während kleinere Staubkörner im Sonnensystem verstreut sind. Sonnenlicht, das von diesem Material reflektiert wird, erzeugt das Tierkreislicht. Das ist ein schwaches Leuchten an der Ekliptik (Bahn der Erde um die Sonne), das am stärksten kurz vor Sonnenaufgang oder nach Sonnenuntergang ist.

Geburt der Planeten
Vor Milliarden Jahren prallten die Kleinkörper des inneren Sonnensystems aufeinander und lagerten sich zusammen – diesen Vorgang nennt man Akkretion (Zuwachs). Einige dieser Körper, die Protoplaneten, wurden schließlich so groß, dass ihre Schwerkraft mehr und mehr Material anzog. Die Protoplaneten stießen zusammen und bildeten die heutigen Planeten. Über eine halbe Milliarde Jahre lang schlugen Meteoriten auf die jungen Planeten ein, sodass ihre Oberfläche heiß und flüssig blieb.

Im Innern der Planeten

Die meisten Planeten unseres Sonnensystems zählen zu einer von zwei sehr unterschiedlichen Klassen. In Sonnennähe befinden sich die erdartigen Planeten Merkur, Venus, Erde und Mars. Sie sind fast gleich groß, haben eine feste Oberfläche und eine seichte Atmosphäre. Hinter dem Asteroidengürtel folgen die Riesenplaneten Jupiter, Saturn, Uranus und Neptun – um ein Vielfaches größer als die Erde. Diese Planeten haben einen festen Kern, der von einer ausgedehnten Hülle aus Gasen und Flüssigkeiten umgeben ist. Der eisige Pluto passt zu keiner Gruppe.

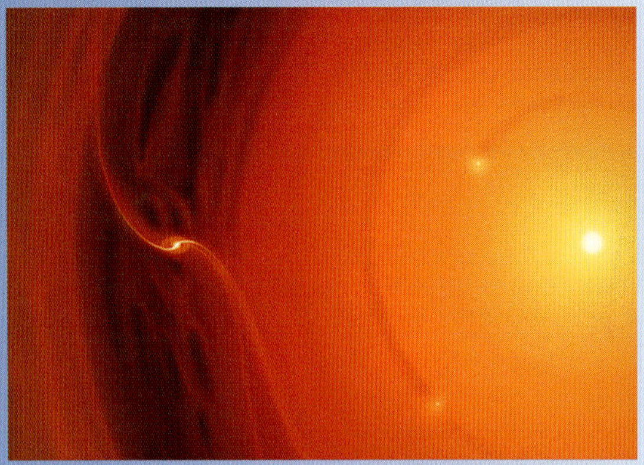

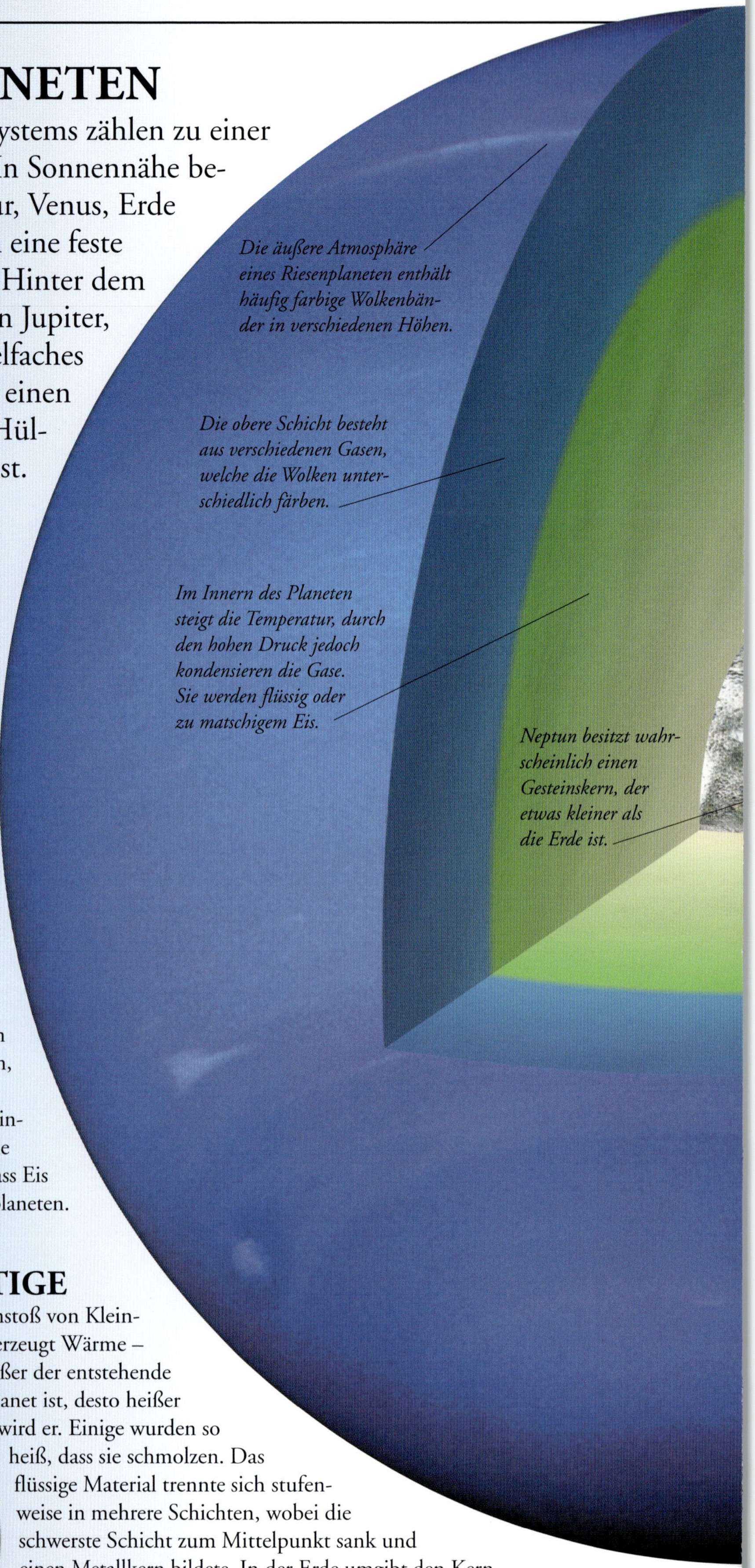

Entstehung

Wie entstanden die verschiedenen Planeten? Der Schlüssel liegt in ihrem Abstand zur Sonne und in den Bedingungen, die in den Resten des Sonnennebels herrschten. In Sonnennähe verdunsteten Substanzen, die leicht schmelzen, wie z. B. Eis. Die Gase wurden von der Sonne angezogen oder durch den Sonnenwind weggeblasen, sodass feste Kleinkörper entstanden. Im größeren Abstand zur Sonne war die Schwerkraft schwächer und die Temperatur niedriger, sodass Eis und Gase erhalten blieben. Daraus entstanden die Riesenplaneten.

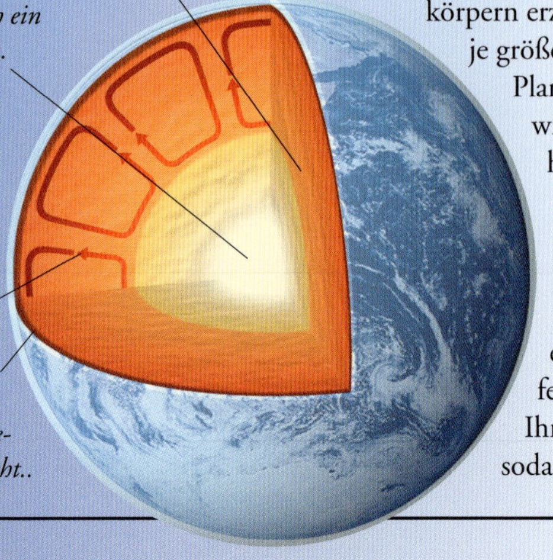

Erdartige

Der Zusammenstoß von Kleinkörpern erzeugt Wärme – je größer der entstehende Planet ist, desto heißer wird er. Einige wurden so heiß, dass sie schmolzen. Das flüssige Material trennte sich stufenweise in mehrere Schichten, wobei die schwerste Schicht zum Mittelpunkt sank und einen Metallkern bildete. In der Erde umgibt den Kern ein Mantel aus geschmolzenem Gestein, der die Wärme zu einer festen Kruste weiterleitet. Kleinere Planeten kühlen schneller ab. Ihre tieferen Schichten sind nicht so klar voneinander getrennt, sodass der Kern erstarren kann und fest wird.

Wenn du eine Riesenbadewanne hättest, würde Saturn darin wie ein Tennisball schwimmen.

Merkur würde sofort sinken, wie dieses Kugellager.

Riesenplaneten

Riesenplaneten wie Neptun bestehen aus mehreren Schichten. Schwerere Moleküle sinken zum Mittelpunkt und bilden einen Kern. Nach außen nimmt der Druck ab, sodass eine flüssige Schicht den Kern umgibt. Die Oberfläche besteht fast nur aus Gasen. Durch den Druck im Innern erzeugen die meisten Riesenplaneten mehr Wärme, als sie von der Sonne erhalten.

Unterschiedliche Dichten

Riesenplaneten haben ein größeres Volumen und mehr Masse als Erdartige. Weil sich jedoch die Masse eines Riesenplaneten über ein viel größeres Volumen verteilt, ist seine mittlere Dichte kleiner als die eines kleinen, erdartigen Planeten. Merkur besteht z. B. aus schweren Elementen, hauptsächlich Eisen, die nur wenig Platz beanspruchen. Saturn besitzt dagegen leichtere Moleküle, die sich über eine größere Fläche verteilen. Die Dichte von Merkur ist siebenmal größer als die von Saturn.

Leichte, energiereiche Wasserstoffmoleküle werden weniger von der Schwerkraft beeinflusst und flüchten in die äußeren Schichten der Atmosphäre.

Schwerere Moleküle sind langsamer und unterliegen stärker der Schwerkraft, sie sinken ins Zentrum des Planeten.

Wasserstoff und Schwerkraft

Riesenplaneten bestehen zu 80 % aus Wasserstoff, dem leichtesten Element im Weltraum. Ihre starke Schwerkraft hält die leichten Wasserstoffmoleküle in der Atmosphäre des Planeten. Im Inneren bewirkt sie, dass Wasserstoff flüssig und sogar in seine Atome gespalten wird. Die Schwerkraft kleinerer Planeten wie der Erde ist jedoch zu schwach, um Wasserstoff anzuziehen. Die Erdatmosphäre besteht deshalb auch hauptsächlich aus dem schwereren Stickstoff.

Experiment
Drehimpuls

Bei der Entstehung eines Planeten zieht dieser forwährend Materie an und dreht sich dadurch schneller. Dieser Vorgang ist ein Beispiel für die Erhaltung des Drehimpulses. Du kannst es selbst ausprobieren. **Das brauchst du:** 2 schwere Bücher; Drehstuhl.

1 Setz dich auf den Stuhl und nimm in jede Hand ein Buch. Dann streckst du deine Arme aus und drehst dich. Wenn du keinen Drehstuhl besitzt, kannst du dich hinstellen und dich drehen. Achte darauf, dass du ausreichend Platz hast.

2 Sobald du dich drehst, ziehst du die Bücher an deinen Körper. Du drehst dich jetzt schneller. Außerdem spürst du, dass deine Arme nach außen gezogen werden. Bei Planeten geschieht etwas Ähnliches und deshalb ist ihr Äquator gewölbt.

KRATER UND VULKANE

GEWALTIGE FELSBROCKEN können auf Planeten stürzen und riesige Krater ausheben. Der Einschlag schleudert Material aus dem Boden heraus und verstreut es strahlenförmig. Bei Vulkanausbrüchen spritzt Lava aus tieferen Schichten empor, verteilt sich auf dem Boden, kühlt ab und bildet einen neuen Felsmantel. Vulkanausbrüche und Meteoriteneinschläge prägen die Oberflächen der Planeten am meisten. Wind, Wasser und Bewegungen der Erdkruste haben viele ihrer Spuren auf der Erde verwischt. Doch andere Planeten sind immer noch von Kratern und Vulkanen übersät.

EINSCHLAG!

Wenn ein Objekt aus dem Weltraum auf einen Planeten stürzt, bildet sich ein Krater. An der Einschlagstelle breitet sich eine enorme Druckwelle aus, erhitzt und schmilzt das Gestein. Der Aufprall zerreißt auch den Meteoriten in tausend Stücke. Lässt die Druckwelle nach, wird geschmolzenes Gestein aus dem Krater geschleudert und verursacht kleinere Sekundärkrater. Feiner Staub bedeckt die gesamte Umgebung der Einschlagstelle.

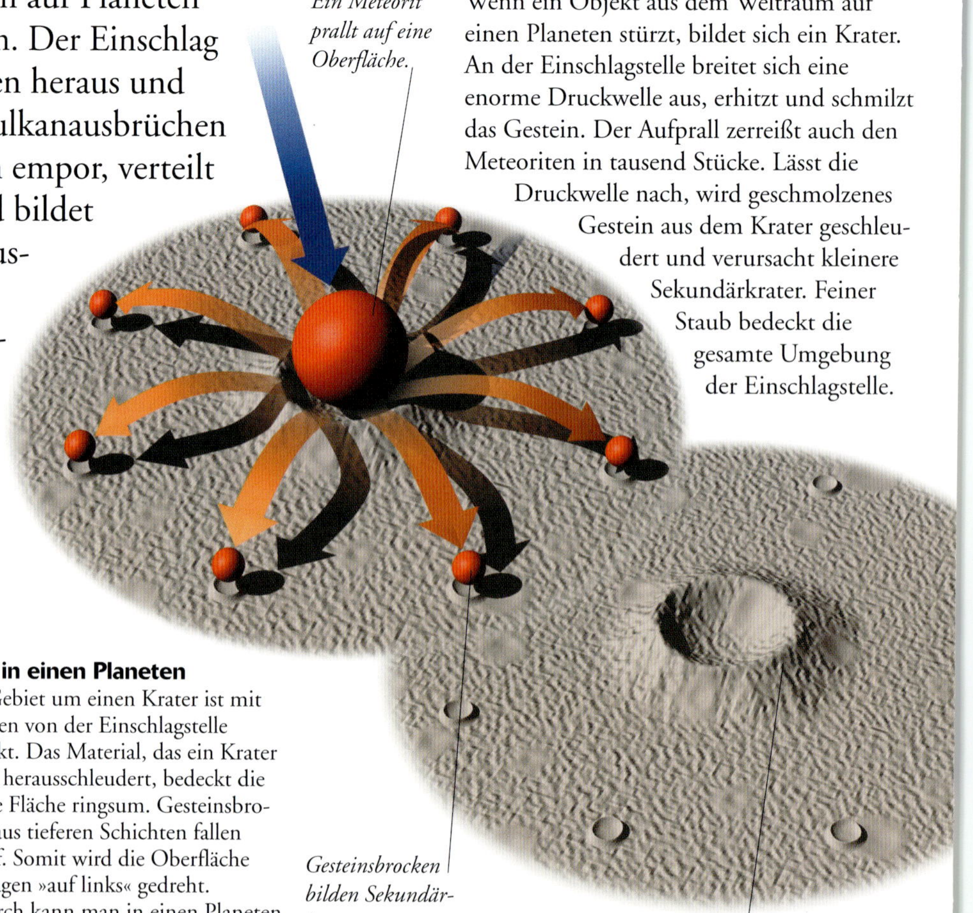
Ein Meteorit prallt auf eine Oberfläche.

Gesteinsbrocken bilden Sekundärkrater.

An der Einschlagstelle entsteht ein Kraterrand.

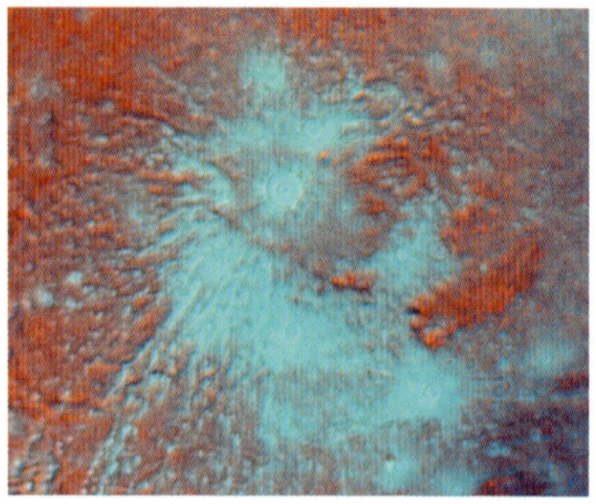
Um einen Krater auf dem Jupitermond Ganymed liegt herausgeschleudertes Material.

Blick in einen Planeten
Das Gebiet um einen Krater ist mit Brocken von der Einschlagstelle bedeckt. Das Material, das ein Krater zuerst herausschleudert, bedeckt die größte Fläche ringsum. Gesteinsbrocken aus tieferen Schichten fallen darauf. Somit wird die Oberfläche sozusagen »auf links« gedreht. Dadurch kann man in einen Planeten hineinsehen und entdecken, was sich unter der Oberfläche befindet.

Das Alter bestimmen
Jede Oberfläche muss älter sein als der Krater auf ihr. Das nutzen Astronomen, um das Alter von Planetenoberflächen zu bestimmen. Proben vom Mond zeigen, dass vor 3,8 Milliarden Jahren häufiger Krater entstanden als heute. Die Oberflächen, die zuletzt zerfurcht wurden, sind die jüngsten. Krater oder Ebenen, die mit Einschlägen übersät sind, sind älter als die Einschläge selbst.

Krater auf der Mondoberfläche

EXPERIMENT
KRATER

DIE MONDOBERFLÄCHE ist mit Kratern übersät, die sich überlappen. Diese Struktur entsteht, wenn kleinere Meteoriten in größere Krater einschlagen. Mit diesem Experiment kannst du die Mondoberfläche nachgestalten. Das brauchst du: Backblech, Sand, verschieden große Bälle und Murmeln.

1 Das Backblech füllst du mit Sand und streichst die Oberfläche glatt.

2 Dann wirfst du den größten Ball in den Sand, um den größten Krater zu bilden. Nimm den Ball heraus und wirf kleinere hinein. Sie formen überlappende Krater. Große Bälle vernichten kleine Krater vollständig.

Überlappende Mondkrater

Ausbruch!

Vulkane setzen heißes, geschmolzenes Material aus einem Planeten frei. Der Druck in der Tiefe presst die heiße Flüssigkeit nach oben, wo sie aus einem Kamin emporschießt und die Umgebung bedeckt. Ist der Kamin durch eine Staukuppe verschlossen, sind gefährliche Ausbrüche möglich. Der Druck baut sich so lange auf, bis die Kuppe zerbricht. Auf der Erde sind kegelförmige Vulkane und Geysire (Ausbruch von heißem Wasser) am häufigsten. Andere Planeten besitzen zahlreiche Formen, wie den riesigen flach abfallenden Schildvulkan auf dem Mars oder den Eisgeysir auf dem Neptunmond Triton.

Kilauea ist ein aktiver Schildvulkan auf Hawaii

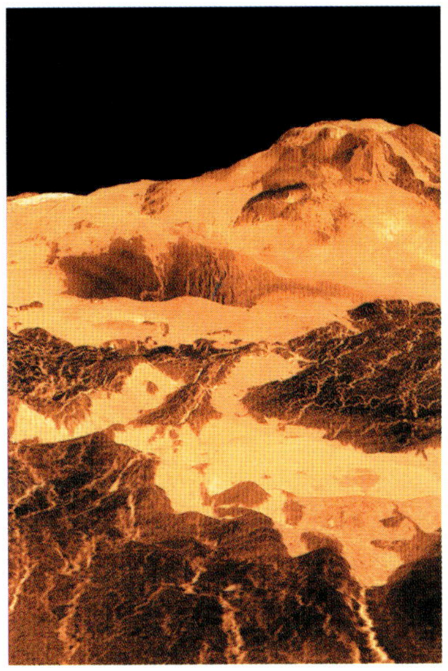

Lava-Landschaft

Erstarrte Lava bedeckt fast 85 % der Oberfläche der Venus. Das Bild zeigt ihren höchsten Vulkan, Maat Mons, der von riesigen Lavaflächen umgeben ist. Diese Flächen entstanden, als geschmolzenes Gestein aus langen Rissen hervorquoll und in tiefer gelegene Gebiete abfloss. Vulkanausbrüche haben die Venus vor ungefähr 500 Millionen Jahren fast vollständig mit neuem Gestein bedeckt. Das Gestein füllte fast alle Krater, sodass heute nur noch wenige zu sehen sind. Je weniger Krater eine Oberfläche hat, umso jünger ist das Gestein.

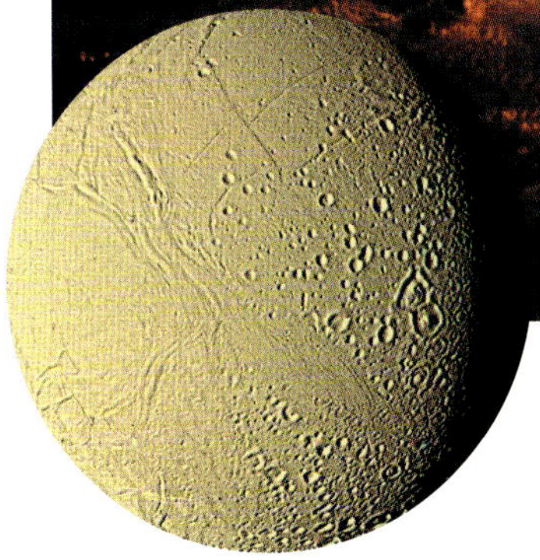

Auf dem Saturnmond Enceladus brechen vermutlich Eis-Geysire aus.

Eisige Vulkane

Vulkane speien nicht nur geschmolzenes Gestein. Eisartige Monde im äußeren Sonnensystem zeigen andere vulkanische Aktivitäten. Dort wurden Geysire entdeckt, die Eis und Wasserdampf herausschleudern. Enceladus, ein innerer Saturnmond, hat Eis-Geysire, die regelmäßig ausbrechen und die Oberfläche mit Schnee bedecken. Er besitzt die hellste Oberfläche im Sonnensystem.

Experiment
Vulkanausbruch

Bei einem Vulkanausbruch steigt der Druck im Inneren und presst geschmolzene Lava nach oben. In diesem Experiment kannst du einen Vulkan aus Backpulver und Essig bauen. Aus beiden Substanzen entsteht Kohlendioxid, das heraussprudelt. **Das brauchst du:** eine alte Zeitung, Backblech, Modelliermasse, eine kleine Flasche, einen Trichter, der in die Flasche passt, Backpulver, einen Becher, farblosen Essig, Lebensmittelfarbe, einen Erwachsenen.

1 Du breitest die Zeitung auf dem Tisch aus und stellst das Backblech darauf. Mit der Knetmasse modellierst du um die Flasche einen Vulkan. Die Spitze musst du freihalten. Mit dem Trichter füllst du das Backpulver in die Flasche.

2 Im Becher mischst du Essig mit etwas Lebensmittelfarbe. Dann schüttest du die Mischung in den Hals des Vulkans. Sobald das Backpulver und der Essig miteinander reagieren, sprudelt farbige »Lava« aus deinem Vulkan.

PLANETENATMOSPHÄREN

EINE ATMOSPHÄRE BESITZT für die Entwicklung der erdartigen Planeten und Monde eine entscheidende Bedeutung. Sie reguliert die Temperatur, schützt die Oberfläche vor Meteoriteneinschlägen und beeinflusst sogar die Geologie ihrer Welt. Nur die starke Anziehungskraft eines Körpers verhindert, dass Gase ins Weltall entweichen. Im Sonnensystem ist nur die Schwerkraft der erdartigen Planeten Venus, Erde, Mars und des Mondes Titan groß genug, um Atmosphären zu bilden. Bei Riesenplaneten wie Jupiter, die keine feste Oberfläche besitzen, bezeichnet man die gesamte Gashülle, die den flüssigen Mantel umgibt, als Atmosphäre.

Die dünne Luft des Merkur besteht aus Atomen, die durch Meteoriteneinschläge aufgewirbelt werden.

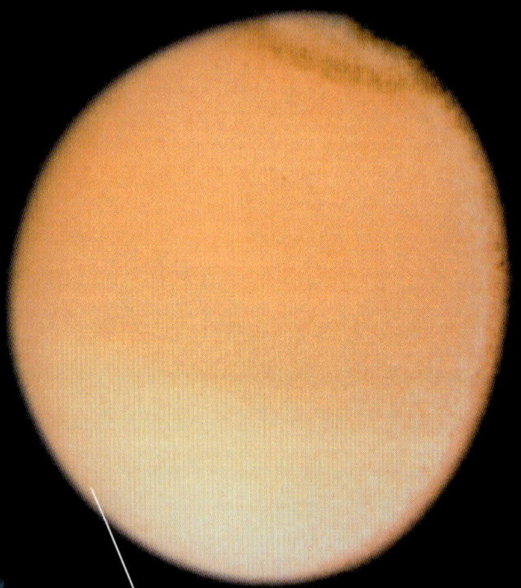

Titan besitzt eine dicke Atmosphäre aus Methan und Stickstoff.

DICK UND DÜNN

Ein Planet mit starker Schwerkraft kann mehr atmosphärische Gase anziehen. Je näher ein Planet der Sonne ist, umso stärker erwärmt sich seine Atmosphäre, sodass die Gasmoleküle ins Weltall entweichen. Der brennend heiße Merkur kann keine Gase zurückhalten und muss seine dünne Atmosphäre ständig erneuern. Im Gegensatz dazu besitzt der weit entfernte, kalte Saturnmond Titan eine dicke Atmosphäre, obwohl seine Schwerkraft nur halb so groß wie die des Merkur ist. Die Masse der atmosphärischen Gase spielt ebenfalls eine Rolle – leichte Gase wie Wasserstoff entweichen schneller als schwere wie Kohlendioxid.

Der Ursprung der Atmosphäre
Die erdartigen Planeten wie die Erde und der Mars erhielten ihre Atmosphäre nicht wie die Riesenplaneten, die einfach Gase aus dem Sonnennebel anzogen (S. 40–41). Ihre Atmosphären entstanden erst später, vermutlich durch Ausgasen und Einschläge. Die Vulkane auf den jungen Planeten waren wahrscheinlich viel aktiver als heute und setzten zahlreiche Gase (Ausgasen) und auch Lava frei. Durch aufprallende Kometen erhielten die jungen Planeten Wasserdampf und andere wichtige Moleküle (Einschläge).

Atmosphärenwechsel
Die Atmosphären der erdartigen Planeten haben sich im Laufe der Zeit stark verändert. In Sonnennähe entweichen leichte Gase wie Wasserstoff fast vollständig, sodass mehr schwere Gase zurückbleiben. Geologische und chemische Einflüsse und (auf der Erde) Lebewesen haben die Zusammensetzung der Luft langsam verändert. Mikroorganismen auf der Erde z. B. wandelten Kohlendioxid schrittweise in Sauerstoff um, während die Venus ihren Wasserdampf durch den Treibhauseffekt verlor.

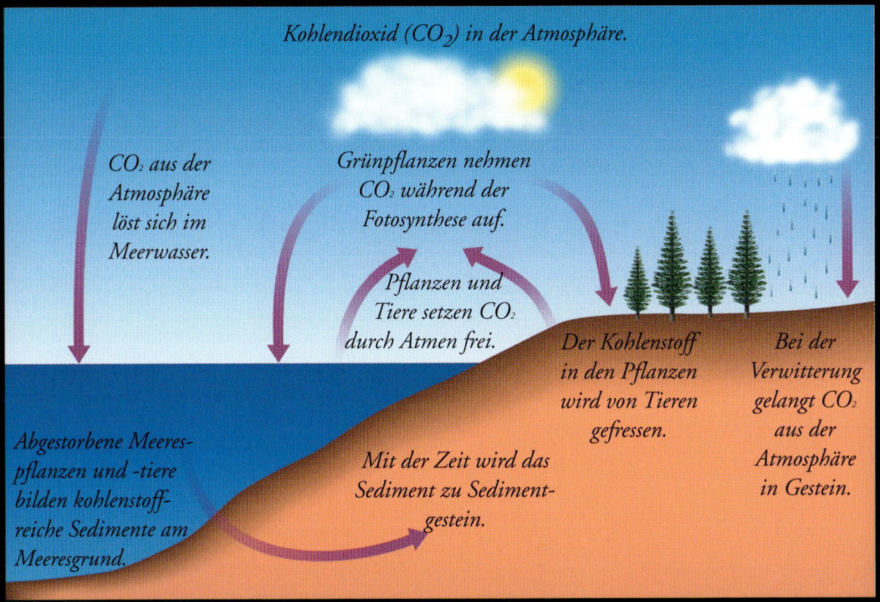

Der Kohlenstoffkreislauf

Alle Lebewesen bestehen aus Kohlenstoff. Die Erdatmosphäre enthält Kohlendioxid (CO_2), das über den Kohlenstoffkreislauf das Leben auf der Erde erhält. Innerhalb dieses Kreislaufes wird Kohlenstoff in unterschiedlichen Verbindungen verbraucht und freigesetzt. Grünpflanzen nehmen CO_2 während ihrer Fotosynthese aus der Atmosphäre auf. Tiere fressen diese Pflanzen und verbrauchen den Kohlenstoff. Pflanzen und Tiere geben beim Atmen und nach ihrem Tod beim Zerfall CO_2 in die Luft ab. CO_2 löst sich auch in den Meeren, wo es Fische aufnehmen, bevor sie sterben und auf dem Meeresboden zu Sediment versteinern.

Die Gaia-Hypothese
Der britische Biologe James Lovelock stellte vor ungefähr 30 Jahren die These auf, dass sich unser Planet und alles auf ihm wie ein einziger, riesiger Organismus verhält. Er reguliert seine Umwelt, um die richtigen Bedingungen für das Leben aufrechtzuerhalten. Der Kohlenstoffkreislauf ist nur ein Beispiel dieser These. Dieser Kreislauf erzeugt einen natürlichen »Treibhauseffekt«, der die Temperatur konstant hält. Doch z. B. das Verbrennen fossiler Brennstoffe kann dieses Gleichgewicht in Gefahr bringen.

Die vielen Schichten der schützenden Erdatmosphäre zeigt diese Aufnahme aus dem Weltall.

EXPERIMENT
Treibhauseffekt

Kohlendioxid ist zwar kein Hauptbestandteil der Erdatmosphäre, doch es ist ein lebensnotwendiges Gas . Es speichert die Wärme der Sonne und verhindert, dass sie ins Weltall entweicht. Wir zeigen, wie der Treibhauseffekt wirkt. **Das brauchst du:** 2 kleine Gläser, Wasser, große Glasschüssel, Sonne.

1 Du füllst beide Gläser halb voll mit Wasser und stellst sie an eine sonnige Stelle. Die Schüssel stülpst du verkehrt herum über ein Glas. Dann lässt du beide Gläser eine Stunde in der Sonne stehen.

2 Jetzt entfernst du die Schüssel und steckst in jedes Glas einen Finger, um die Temperaturen zu vergleichen. Das Wasser, das sich unter der Schüssel befand, ist wärmer. Die Schüssel wirkte wie unsere Atmosphäre – sie ließ Wärme hinein, doch sie verhinderte, dass Wärme entwich.

MONDE UND RINGE

MERKUR UND VENUS sind die einzigen Planeten im Sonnensystem, die allein um die Sonne kreisen. Alle anderen Planeten werden von Monden (Satelliten) begleitet. Monde können so groß wie kleine Planeten oder so klein wie Asteroiden sein. Die vier Riesenplaneten Jupiter, Saturn, Uranus und Neptun besitzen außerdem Ringsysteme. Diese bestehen aus Millionen kleiner Fels- und Eisbrocken, die auf eigenen Bahnen um ihren Elternplaneten kreisen. Zu den Ringsystemen zählen die beeindruckenden Saturnringe und die schwachen Bänder des Jupiter.

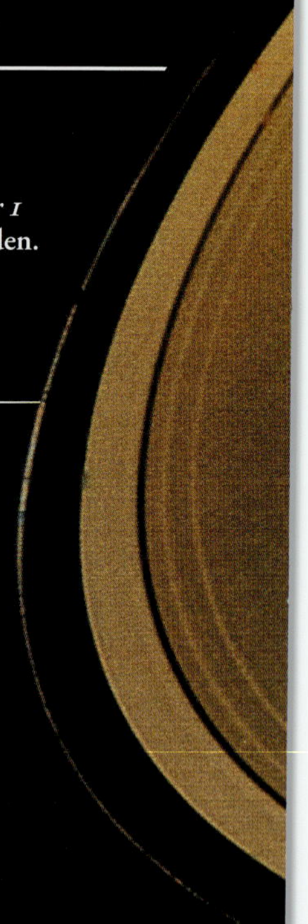

Saturn und seine Ringe, die von der Raumsonde *Voyager 1* aufgenommen wurden.

MONDFAMILIEN

Ein Mond ist eine kleine Welt, die ihren größeren Elternplaneten umkreist. Von Uranus (links) sind uns 17 Monde bekannt. Sein größter Mond ist Titania mit einem Durchmesser von 1578 km. Die Mondumlaufbahnen sind wie die Umlaufbahnen der Planeten um die Sonne (S. 38–39) elliptisch (oval). Die Schwerkraft der Elternplaneten ruft auf den Monden Gezeiten hervor. Sie bremsen die Eigendrehung der Monde ab, sodass immer dieselbe Seite zum Planeten zeigt. Auch wenn Monde kleiner als ihre Elternplaneten sind und deshalb eigentlich kalte, inaktive Welten sein sollten, können sie durch Gezeitenkräfte heiß und aktiv sein.

Natürliche Satelliten und eingefangene Monde
Satelliten sind nicht alle auf die gleiche Art entstanden. Phobos (oben) kann ein Asteroid sein, der vom Mars angezogen wurde. Asteroiden und Eiszwerge, die in eine Planetenumlaufbahn gezogen werden, nennt man eingefangene Monde. Einige Satelliten der Riesenplaneten bestehen aus Material, das bei der Entstehung der Planeten übrig blieb. Das sind natürliche Satelliten. Unser Mond könnte nach einem Zusammenstoß von der Erde abgebrochen sein (S. 72).

STERNGUCKER
RINGE ENTDECKEN

VON ALLEN Planetenringen sind nur die Ringe des Saturn hell genug, um von der Erde gesehen zu werden. Die ungewöhnliche Form des Planeten erkennst du auch durch schwache Ferngläser. Mit einem kleinen Fernrohr kannst du die Cassinische Teilung entdecken. Die Saturnringe und Einzelheiten wie die Cassinische Teilung siehst du aber nur dann von der Erde aus, wenn der Planet sich in einer bestimmten Stellung zur Erde befindet.

Ringsysteme

Saturn besitzt ein ausgedehntes helles Ringsystem. Die einzelnen Ringe erhielten Buchstaben und die großen Teilungen Namen. Die Spalte zwischen den Ringen A und B nennt man z. B. Cassinische Teilung. Die Ringe bestehen aus Millionen einzelner Eis- und Felsbrocken. Sie befinden sich in einem Bereich, in dem die Schwerkraft des Planeten ihre eigene übertrifft. Deshalb können sie sich nicht zu einem größeren Satelliten zusammenlagern. Sie stammen vermutlich von einem kleinen Satelliten, der in diesen Bereich, die Roche-Grenze, geriet und nach einem Zusammenstoß zerbrach.

Experiment
Licht streuende Ringe

Ringe aus Eis oder Staub reflektieren Licht kaum. Die Ringe von Jupiter und Neptun wurden erst durch Lichtstreuung entdeckt.
Das brauchst du: Papiertrinkhalm, Feuerzeug, klare Flasche mit Deckel, Taschenlampe, einen Erwachsenen.

1. Bitte einen Erwachsenen, dass er den Trinkhalm anzündet und damit Rauch in die Flasche füllt. Dann verschließt du die Flasche, verdunkelst den Raum und leuchtest mit der Lampe von vorne auf die Flasche. Du kannst keine Rauchteilchen sehen.

2. Jetzt leuchtest du von der Seite. Die Rauchteilchen streuen das Licht und werden sichtbar.

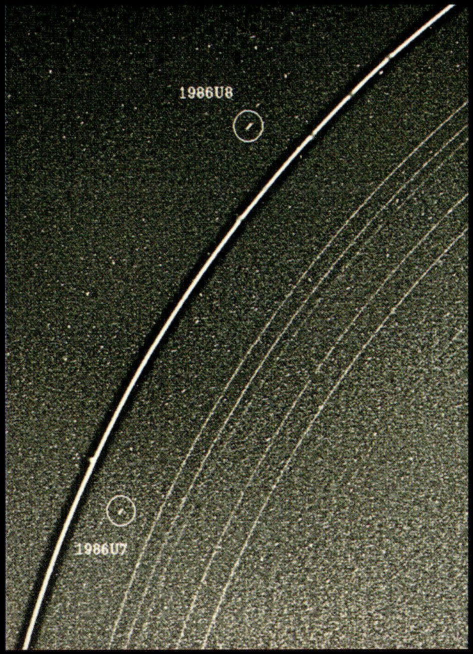

Schäferhundsatelliten
Einige Ringe besitzen sehr feingliedrige Strukturen wie Spalten, Speichen oder sogar Knicke. Diese Strukturen ändern sich ständig. Sie werden von der Schwerkraft kleiner Satelliten beeinflusst, die mit ihnen in den Ringen oder in ihrer Nähe kreisen. So genannte »Schäferhundsatelliten« halten auch die kleinsten Ringteilchen zusammen, wie diejenigen um Uranus (oben). Bruchstücke der Satelliten füllen die Ringe auf, denn sie verlieren auch Teilchen.

Asteroiden und Eiszwerge

Der Raum zwischen den Planeten ist nicht leer – unser Sonnensystem enthält viele Millionen kleinerer Welten. In Sonnennähe befinden sich Asteroiden und weiter außen Eiszwerge. Diese eng verwandten Objekte sind gegenüber den Planeten winzig klein – die meisten sind nicht einmal 100 km dick. Weil ihre eigene Schwerkraft zu gering ist, sind sie nicht kugelförmig, sondern zerklüftete Eis- und Felsbrocken. Asteroiden und Eiszwerge sind Überbleibsel vom Anfang des Sonnensystems – Weltraumtrümmer, die nie größere Objekte wurden, und Reststücke von Welten, die einmal existierten.

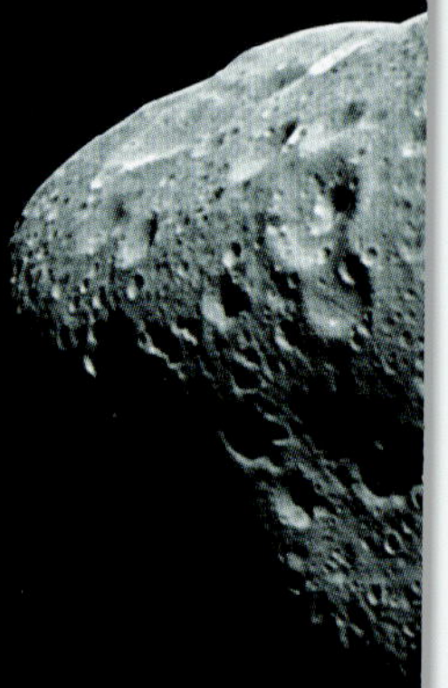

Ida ist mit einer dünnen Schicht Staub bedeckt, den man Regolith nennt.

Diese Grafik zeigt den Asteroidengürtel zwischen Mars und Jupiter.

Gürtel aus Eis und Gestein

Die meisten Kleinkörper des Sonnensystems befinden sich in zwei Gebieten – dem Asteroidengürtel zwischen Mars und Jupiter und dem Kuiper-Gürtel hinter Neptun. Die Schwerkräfte der Planeten halten sie in diesen Gebieten zusammen. Sie sind dort jedoch nicht dicht gedrängt, denn die meisten dieser Welten sind, astronomisch gesehen, winzig klein. Der größte Asteroid, Ceres, hat einen Durchmesser von 930 km, während Pluto wahrscheinlich der größte Eiszwerg ist (S. 88). Näher zur Sonne befinden sich die Erdartigen und weiter entfernt, bei viel kälteren Temperaturen, finden sich die Eiszwerge.

Experiment
Asteroidengürtel

Die meisten Asteroidenbahnen unterliegen dem Einfluss des Mars und besonders des Jupiter. Dieses Experiment zeigt dir, wie Asteroiden einen Gürtel bilden. **Das brauchst du:** große Schüssel, Wasser, Koriandersamen oder andere kleine, schwimmende Objekte, Löffel.

1 Du füllst Wasser in den Behälter und streust die Samen ein. Rühre mit dem Löffel langsam am Rand, um die Samen zu trennen. Dann führst du den Löffel zur Mitte und rührst schneller.

2 Sobald sich ein Strudel gebildet hat, nimmst du den Löffel heraus. Während der Strudel schwächer wird, schwimmen die Samen vom Rand zur Mitte und bilden einen runden Gürtel. In unserem Sonnensystem hält die Schwerkraft der Planeten die Asteroiden in einem Gürtel.

Kollisionen verändern die Form von Asteroiden, kommen aber selten vor.

Weltraum-Flipper
Die Körper im Asteroidengürtel gehorchen der Schwerkraft des Jupiter. Er kann sie zertrümmern oder verhindern, dass sie Planeten bilden. Manchmal schleudert er sie auf entferntere Bahnen. Einige Asteroiden, die man »Trojaner« nennt, landen in der Umlaufbahn des Jupiter. Manche Asteroiden werden von anderen Körpern getroffen und zerbrechen. Astronomen haben mehrere »Asteroidenfamilien« entdeckt – die Reste eines einzelnen Objektes, das nach einer Kollision auseinander brach.

Begegnungen mit Asteroiden

Auf ihrem Weg zum Jupiter fotografierte die Raumsonde *Galileo* den Asteroiden Ida (links). Weltraum-Missionen wie diese oder NEAR (engl.: Near Earth Asteroid Rendezvous, erdnahe Begegnung mit Asteroiden) lieferten neue Erkenntnisse über Asteroiden. Aufnahmen zeigten, dass die meisten unregelmäßige Steinklumpen sind. Viele tragen sichtbare Spuren von Kollisionen, wie Risse, die durch ihre schwache Schwerkraft wieder zusammengefügt wurden. Ida ist ein etwas festerer Körper, sie hat jedoch tiefe Furchen von früheren Zusammenstößen. Die Schwerkraft von Asteroiden ist so schwach, dass größere Einschläge leicht Bruchstücke herausschlagen.

Blauere Stellen sind herausgeschleudertes Gesteinsmaterial aus jungen Kratern.

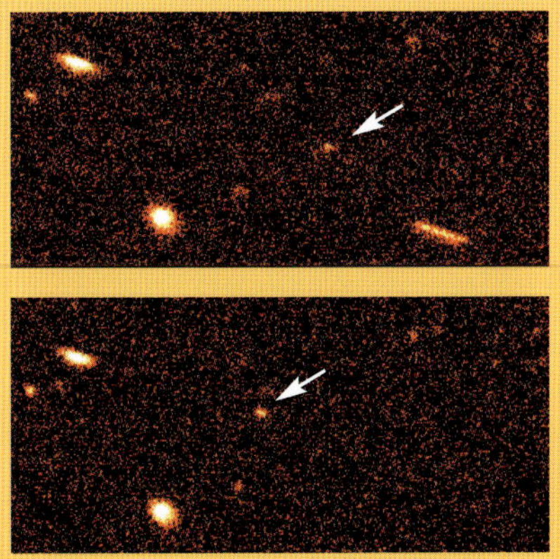

1992 wurde erstmals ein sich bewegender Eiszwerg aus dem Kuiper-Gürtel entdeckt.

Der Kuiper-Gürtel

Bereits 1940 vermutete man, dass der Kuiper-Gürtel existiert. Aus ihm sollten die kurzperiodischen Kometen kommen, deren Umlaufbahn in der Nähe von Neptun lag. Seit 1992 wurden zahlreiche Objekte aus diesem Gürtel entdeckt. Sie leuchten so schwach, dass sie nur gefunden werden, wenn man nach sich langsam bewegenden »Sternen« sucht. Die Bilder zeigen das erste entdeckte Objekt – der »Stern« ist in Wirklichkeit ein Eiszwerg.

Erdnahe Asteroiden

Einige Asteroiden wurden durch die Schwerkraft des Jupiter auf verlängerte Bahnen geschleudert, die der Erdumlaufbahn sehr nahe kommen oder sie sogar kreuzen. Diese erdnahen Asteroiden (NEAs, engl.: Near Earth Asteroids) bezeichnet man nach ihren Bahnen als Amor-, Apollo- oder Aten-Asteroiden. Sie zählen zu den am besten untersuchten Asteroiden, weil sie in unmittelbare Nähe der Erde kommen. Manche könnten in ferner Zukunft zu einer Gefahr für die Erde werden.

Bergbau auf Asteroiden

Asteroiden enthalten riesige Mengen Metall und andere wertvolle Elemente. Die meisten Elemente kommen im reinen, leicht zu gewinnenden Zustand vor, sie sind nicht in Erzen oder Mineralien gebunden wie auf der Erde. Fast die gesamte Nickelproduktion der Erde stammt aus einem Gebiet in Kanada, in das ein Meteorit eingeschlagen ist. Dieser Meteorit war nur ein Teil eines viel größeren, mineralienreichen Asteroiden. Einige Firmen planen, Satelliten zu erdnahen Asteroiden zu schicken, um nach Mineralien zum Abbau zu suchen.

Dieser Meteorit enthält Nickel und Eisen, zwei von vielen Elementen in Asteroiden.

KOMETEN

RASENDE BÄLLE AUS EIS und Staub erscheinen für kurze Zeit als Kometen am Himmel. Sie bestehen aus dem restlichen Material, aus dem die Sonne und die Planeten entstanden. Kometen kreisen meistens in den äußeren Bereichen des Sonnensystems, nur gelegentlich nähern sie sich der Sonne. Von der Erde aus sind sie gewöhnlich nur als schwache Lichtflecken zu sehen, doch manchmal erscheinen sie so hell wie ein Stern und ziehen einen beeindruckenden Schweif am Himmel hinter sich her.

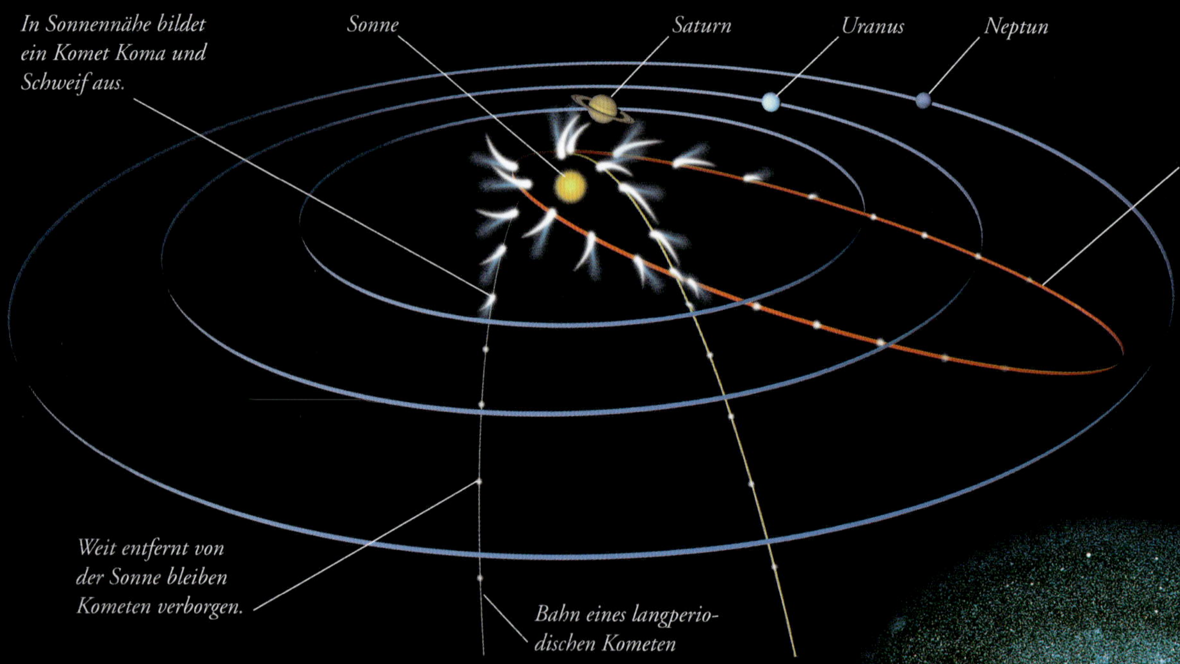

DIE BAHNEN DER KOMETEN

Kometen kreisen auf lang gestreckten, ovalen Bahnen. Kurzperiodische Kometen brauchen wenige Jahrzehnte bis zu 200 Jahren, um die Sonne zu umrunden. Ihre Bahnen reichen bis zum äußeren Ende des Kuiper-Gürtels hinter dem Neptun. Langperiodische Kometen kommen von der weiter entfernten Oortschen Kometenwolke. Sie brauchen Tausende oder Millionen Jahre für einen kompletten Umlauf. Kometen werden nur für kurze Zeit aktiv, wenn sie sich der Sonne nähern. Dann erwärmt sich ihr Kern und gibt Gas und Staub ab.

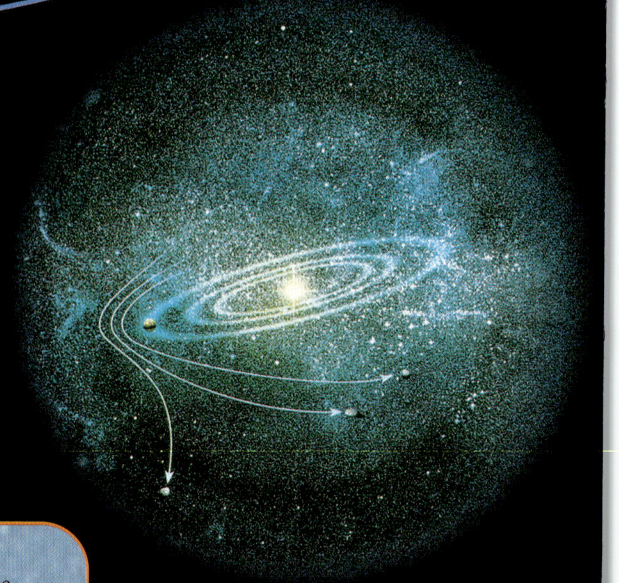

Die Oortsche Kometenwolke
Komenten kommen aus der Oortschen Wolke. Sie bildet einen Hof aus eisartigen Körpern um unser Sonnensystem, der sich über ein Lichtjahr weit ausdehnt. Einige Körper schießen nach Kollisionen oder dem Passieren von nahen Sternen als langperiodische Kometen auf das innere Sonnensystem zu. Manche von ihnen lenkt die Schwerkraft der Riesenplaneten auf eine kurzperiodische Bahn um. Die Oortsche Wolke enthält vermutlich Milliarden von Kometen.

Bei einem Vortrag erklärte Dr. Fred Whipple anhand eines 227 kg schweren schmutzigen Schneeballs den Kern eines Kometen.

Dr. Komet
1949 äußerte der amerikanische Astronom Fred Whipple seine Theorie über Kometen. Er behauptete, dass ein Komet ein »schmutziger Schneeball« sei, der aus Eis, Gas, Staub und einem festen Kern bestehe. Edmond Halley (1656–1742) hatte als Erster erkannt, dass Kometen in regelmäßigen Abständen wiederkehren. Doch erst 1986 wurde bekannt, woraus sie bestehen. Die Raumsonde *Giotto* bestätigte mit Aufnahmen des Halleyschen Kometen Whipples Theorie.

Kometenschweif

Wenn sich ein Komet der Sonne nähert, nimmt seine dunkle, staubige Oberfläche Licht auf und erwärmt das Eis darunter, bis es verdampft. Aus den Dampfschwaden bildet sich ein Hof aus Gas, den man Koma nennt. Gas und Staub, die der schwachen Schwerkraft entweichen, werden von der Sonne weggeblasen und bilden zwei Schweife. Der Gasschweif zeigt direkt von der Sonne weg und leuchtet mit der Energie, die durch Kollision mit dem Sonnenwind entsteht. Der Staubschweif ist häufig gekrümmt (da schwerere Teilchen hinter der Kometenbahn zurückbleiben) und leuchtet durch reflektiertes Sonnenlicht.

Bläuliches Gas oder Ionenschweif

Die Koma verhüllt den Kern vollständig.

Weißer, gekrümmter Staubschweif

Der Komet Hale-Bopp war einer der hellsten Kometen im 20. Jahrhundert.

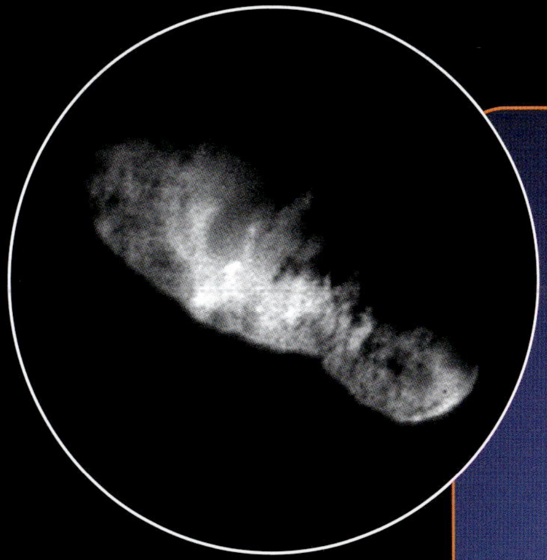

Gesteinskern
Ein verborgener Komet ähnelt einem erdartigen Asteroiden, wie diese Nahaufnahme des Kometen Borrelly zeigt. Er hat meist einen Durchmesser von wenigen Kilometern und ist unregelmäßig geformt. Die Sonnenstrahlen lösen eine chemische Reaktion aus, die seine Oberfläche mit einer kohlenstoffhaltigen Substanz bedeckt. Darunter befinden sich eisförmige Gase, die verdampfen und Koma und Schweif bilden. Bei jedem Sonnenumlauf werden flüchtige Gase verbraucht, sodass der Vorrat irgendwann erschöpft ist.

EXPERIMENT
Schmutzige Schneebälle

Wenn sich Kometen der Sonne nähern, erwärmen sie sich schnell, weil ihre Oberfläche mit schwarzem Ruß bedeckt ist. Bestünden sie lediglich aus Eis und Schnee, würden sie den größten Teil der Strahlen und Wärme reflektieren, wie dieses Experiment beweist. **Das brauchst du:** 2 Eiswürfel, Blech oder Platte, schwarze und weiße Pulverfarbe, Lampe.

1 Du legst die beiden Eiswürfel auf das Blech oder die Platte. Auf einen streust du weiße und auf den anderen schwarze Pulverfarbe, bis beide Eiswürfel vollständig bedeckt sind. Dann legst du beide unter eine Lampe und wartest einige Minuten ab.

2 Du kannst feststellen, dass der schwarze Eiswürfel schneller schmilzt als der weiße. Der schwarze Eiswürfel nimmt die Wärme der Lampe auf, während der weiße sie reflektiert.

Meteore und Meteoriten

Wahrscheinlich ist es dir noch nicht aufgefallen, dass die Erde ständig aus dem Weltraum attackiert wird. Täglich fallen schätzungsweise 200 Tonnen Material auf die Erde. Zum Glück sind die meisten Eindringlinge aus dem Weltraum nur einfache Staubkörner, die noch aus den Anfängen des Sonnensystems stammen. Einen Meteor (Sternschnuppe), der die Erde erreicht, nennt man Meteorit. Die meisten Meteoriten, die auf der Erde gefunden werden, stammen von Asteroiden, doch wenige kommen anscheinend vom Mond und vom Mars. Einige Trümmer stammen von vorbeifliegenden Kometen, doch diese Meteore verbrennen harmlos in der oberen Atmosphäre.

Meteorschauer

Ein Meteor entsteht durch ein winziges Staubkörnchen, das in die Erdatmosphäre fällt. In der oberen Atmosphärenschicht stößt es mit Gasmolekülen zusammen. Dabei verdunstet es und erwärmt die Luft, sodass es sichtbar wird. Die meisten Staubkörner stammen aus dem Schweif vorbeifliegender Kometen. Wenn sich die Umlaufbahn der Erde einer Kometenbahn nähert oder sie sogar kreuzt, gibt es Meteorschauer am Himmel. Da alle Meteore die gleiche Richtung haben, kommen sie scheinbar vom selben Punkt am Himmel, den man Radiationspunkt oder Radiant nennt.

Auf dieser Seite siehst du in einer Langzeitaufnahme den Leonidenstrom und die Spur eines Sterns.

Schreckliche Leoniden
Manchmal wird aus einem Meteorschauer ein beeindruckender Meteorstrom, bei dem pro Sekunde hunderte von Sternschnuppen herunterfallen. Solche Ströme ereignen sich, wenn die Erde eine Kometenbahn kreuzt, kurz nachdem der Komet vorbeiflog und eine Staubspur hinterließ. Die berühmteste Erscheinung ist der Leonidenstrom, der im November und besonders häufig alle 33 bis 34 Jahre auftritt (erst vor kurzer Zeit im Jahr 2000). Dieser Stich zeigt einen Leonidenstrom, der 1833 eine große Panik in den USA auslöste.

Ein Perseidenschauer über British Columbia in Kanada

STERNGUCKER
STERNSCHNUPPEN

STERNSCHNUPPEN KANNST DU am besten nach Mitternacht entdecken. In dieser Zeit treffen einfallende Meteore frontal auf unsere Seite der Erde und du kannst sehen, wie sie sich sehr schnell nähern und hell verglühen. Einige Meteorschauer wiederholen sich jährlich, sie werden nach den Sternbildern benannt, von denen sie scheinbar ausgehen. Die beständigsten Schauer sind die Perseiden Anfang August. Eine vollständige Liste der Meteorschauer findest du auf Seite 150.

Eisenmeteorit aus dem Kern eines Asteroiden

Steinmeteorit von der Kruste eines Asteroiden

STEINE VOM HIMMEL

Mehr als 500 Meteoriten erreichen wahrscheinlich jedes Jahr die Erde. Sie kommen nur selten in Schwärmen, da sie größere und festere Klumpen sind und meistens auf ihrer eigenen Bahn um die Sonne kreisen. Ein Meteorit kann als hell leuchtende, langsame Sternschnuppe fallen, die man eine Feuerkugel oder einen Bolid nennt. Meteoriten sind vermutlich Bruchstücke von Asteroiden, die nach einer Kollision auseinander brachen. Weil sie noch nicht den Einflüssen des Weltraums, die sich ständig ändern, ausgesetzt waren wie die erdartigen Planeten, sind Meteoriten Zeitzeugen des frühen Sonnensystems.

Steineisenmeteorit aus dem Gebiet zwischen Kern und Kruste

Chondrite haben eine sehr feinkörnige Struktur.

Meteoritenarten

Es gibt verschiedene Arten von Meteoriten. Eisen-, Steineisen- und Steinmeteoriten (Achondrite) stammen aus unterschiedlichen Schichten des Gesteins – vermutlich von großen Asteroiden. »Chondritische« Eisenmeteoriten sind vermutlich unverändertes Material vom ursprünglichen Sonnennebel.

Einschlag auf der Erde

Meteoriten oder Kometen treffen nur selten direkt auf der Erde auf. Der 800 m weite Barringer-Krater in Arizona entstand durch einen Körper, der vor ca. 50 000 Jahren einschlug. Meteore bringen wertvolle Metalle und Mineralien zur Erde – der größte Teil des weltweiten Nickels stammt von einer Einschlagstelle in Kanada. Größere Einschläge können aber katastrophale Folgen haben – wahrscheinlich starben die Dinosaurier vor 65 Millionen Jahren nach einem Meteoriteneinschlag aus.

Meteoritensuche

Sofern nicht irgendjemand einen Meteoriteneinschlag beobachtet, sind Steinbrocken vom Himmel nur schwer von normalen Steinen zu unterscheiden. Forscher suchen in den Gebieten der Welt nach Meteoriten, in denen normalerweise keine Steine vorkommen, wie z. B. in Wüsten oder in der Antarktis. Eisenmeteoriten heben sich von der natürlichen Umgebung meistens ab, man kann sie jedoch auch mit einem Metalldetektor aufspüren.

Der Forscher David Kring sucht in der Wüste mit einem Metalldetektor nach Meteoriten.

DAS LEBEN IM SONNENSYSTEM

LEBEN ALIENS IN UNSEREM Sonnensystem? Nach unserem Wissen ist die Erde der einzige Planet unseres Sonnensystems, auf dem Leben existiert. Bis vor kurzem erschienen die Bedingungen auf anderen Welten als äußerst unwirtlich. Doch neue Entdeckungen durch Raumsonden zeigen, dass mindestens ein Planet und ein Mond gastfreundlicher sind, als sie vorher erschienen. Auch auf der Erde weisen neue Ergebnisse darauf hin, dass Leben unter weitaus härteren Bedingungen existieren kann. Diese Entdeckungen werfen erneut die Frage auf, ob Leben auf unseren Nachbarplaneten und Monden möglich ist.

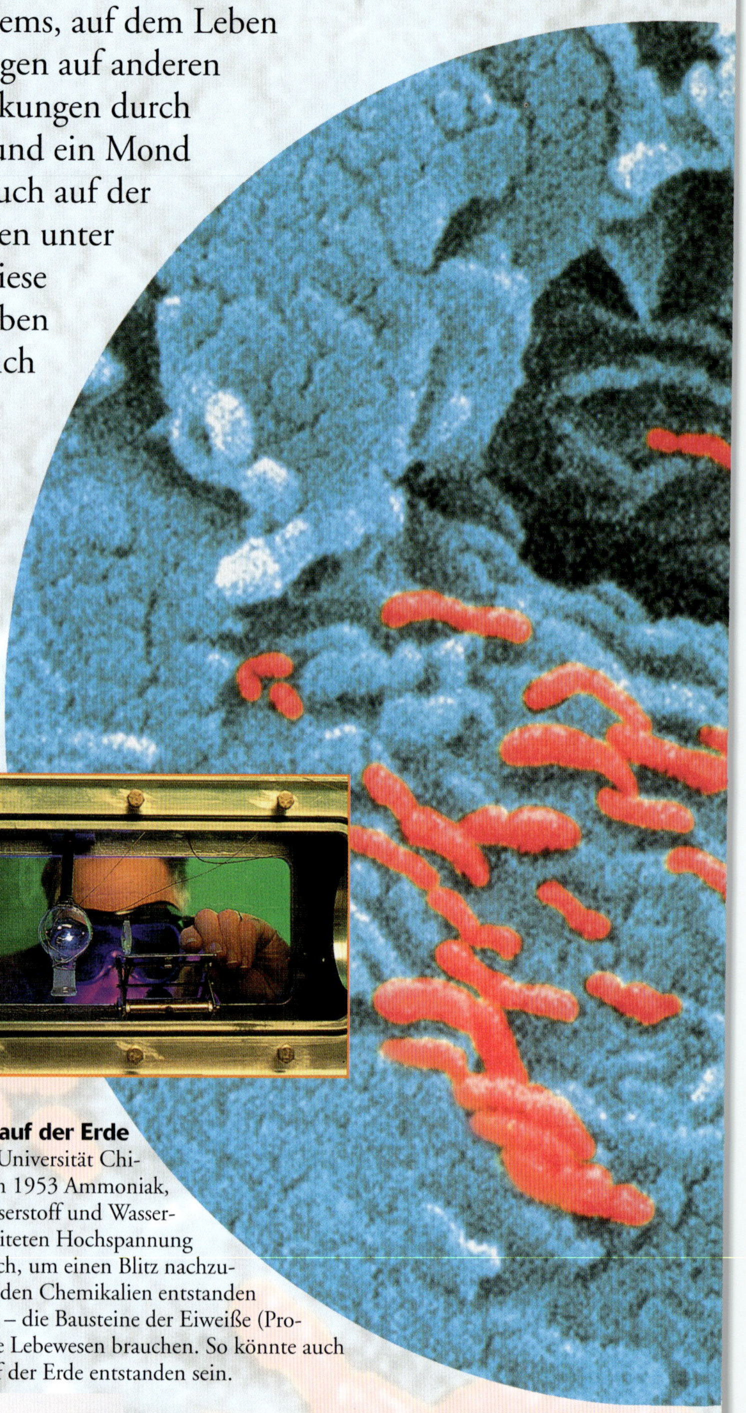

BEDINGUNGEN FÜR DAS LEBEN

Bestimmte Elemente sind für das Leben notwendig. Auf der Erde beruht alles Leben auf der Kohlenstoffchemie, was für andere Orte ebenso zutreffen könnte. Lebewesen brauchen flüssiges Wasser und bis vor kurzem wurde das Sonnenlicht als lebensnotwendiger Energiespender angesehen. Doch jetzt hat man Lebewesen entdeckt, die in absoluter Dunkelheit in Vulkanschloten auf dem Meeresboden existieren. Tiere wie dieser Krebs (oben) gedeihen in der Wärme einer untermeerischen Quelle, und in Gesteinsschichten tief in der Erdkruste leben Bakterien, die ohne Licht und ohne Wasser auskommen.

Das Leben auf der Erde
Forscher der Universität Chicago mischten 1953 Ammoniak, Methan, Wasserstoff und Wasserdampf und leiteten Hochspannung in das Gemisch, um einen Blitz nachzumachen. Aus den Chemikalien entstanden Aminosäuren – die Bausteine der Eiweiße (Proteine), die alle Lebewesen brauchen. So könnte auch das Leben auf der Erde entstanden sein.

Mögliche Ursprünge
Das Leben auf der Erde hat für seine Entwicklung Milliarden von Jahren gebraucht. Über einen langen Zeitraum war es nicht komplexer als diese Stromatolithen – Kalkkrusten aus versteinerten Algen (links), die in der Shark Bay in Australien entdeckt wurden. Sie zählen zu den ältesten organischen Überbleibseln der Erde und sind ungefähr 3,5 Milliarden Jahre alt. Das vielschichtige Leben begann wahrscheinlich in den Urmeeren, ausgelöst durch Blitze, oder in untermeerischen Warmwasserquellen. Die »Panspermielehre« vertritt die Meinung, dass einfache Organismen durch Kometen auf die Erde gelangten.

Das Leben anderswo

Die besten Aussichten, irgendwo im Sonnensystem Leben zu entdecken, findet man auf dem Mars und dem Jupitermond Europa. Der Mars befindet sich gerade an der Grenze des Sonnensystems, an der noch Leben möglich ist. Er war früher viel wärmer und feuchter. Europa besitzt einen tiefen Ozean unter der gefrorenen Kruste. Während sich Europa unserem Blick entzieht, haben bereits mehrere Raumsonden den Mars besucht. Das Marslandegerät *Viking* führte 1976 Experimente auf dem Mars durch, ohne jedoch Beweise zu finden.

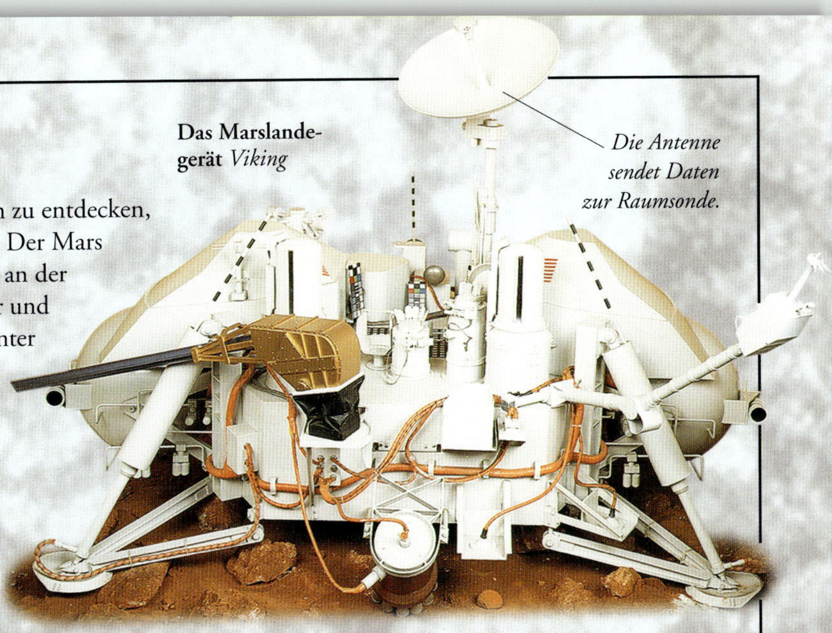

Das Marslandegerät *Viking*

Die Antenne sendet Daten zur Raumsonde.

Das Leben auf dem Mars

Forscher der NASA verkündeten 1996, dass sie in einem Meteoriten vom Mars Beweise für Leben gefunden hätten. Bis heute ist umstritten, ob der Meteorit wirklich Fossilien und Chemikalien von alten Bakterien enthält. Vor kurzem wurde bekannt, dass sich flüssiges Wasser unter der Marsoberfläche befindet. Vielleicht gibt es doch anderes Leben (S. 77).

Oben: Elektronenmikroskopische Aufnahme der so genannten »fossilen Bakterien« im Marsmeteoriten ALH 84001

Jupiters Monde

Unter ihrer Eiskruste wird Europa von den starken Gezeiten des Jupiter erwärmt, sodass dort ein flüssiger Ozean existieren könnte. Die NASA plant die Eiskruste mit einer Raumsonde zu durchbohren und den Ozean zu erkunden (links). Vielleicht entdeckt sie dort Leben um heiße Quellen wie auf der Erde. Nach den jüngsten Entdeckungen der Raumsonde *Galileo* besitzen auch zwei andere Monde, Ganymed und Kallisto, Meere unter ihren Oberflächen.

Experiment
Suche nach Leben

Das Landegerät *Viking* nahm auf dem Mars Proben und versetzte diese mit Nährstoffen. Dieses Experiment zeigt dir, wie diese Tests funktionieren und wie du zwischen chemischen und biologischen Reaktionen unterscheiden kannst.

Das brauchst du: 3 farbige Etiketten, 3 Gläser, sauberen Sand, Löffel, Salz, Backpulver, Hefe, Zucker, Kanne, warmes Wasser.

1 Fülle jedes Glas zu einem Drittel mit Sand und kennzeichne es mit einem Etikett. In das erste Glas gibst du 2 Löffel Salz, in das zweite 2 Löffel Backpulver und in das dritte 2 Löffel Hefe. Dann stellst du die Gläser für eine Nacht in den Kühlschrank.

2 Am nächsten Tag löst du in der Kanne eine Tasse Zucker in zwei Tassen warmem Wasser und füllst jedes Glas gleich voll. Manche Mineralien (Salz) reagieren nicht, doch andere (Backpulver) zeigen eine kurze chemische Reaktion. Biologische Reaktionen mit lebenden Zellen (Hefe) sind weniger heftig, aber dauern länger.

Salz — Backpulver — Hefe

DIE PLANETEN

Die fünf mit dem bloßen Auge erkennbaren Planeten – Merkur, Venus, Mars, Saturn und Jupiter – bildeten am 24. April 2002 eine seltene Linie.

Planetengruppen

Die neun Planeten und ihre Satelliten sind die größten Mitglieder des Sonnensystems. Jeder Planet ist einzigartig. Obwohl sie einige Gemeinsamkeiten aufweisen, besitzt jeder ganz spezifische Eigenschaften, die man nirgendwo sonst im Sonnensystem findet. Unser Verständnis von diesen Welten hat sich mit Beginn des Weltraumzeitalters gewandelt. Weltraumteleskope bieten beeindruckende Anblicke und unbemannte Raumsonden senden Aufnahmen und weitere Daten direkt von den Planeten und ihren Monden.

Merkur und Venus

Der Sonne am nächsten ist Merkur, ihm folgt die Venus. Beide Planeten kreisen schneller um die Sonne als die Erde. Merkur ist zu klein, man kann ihn nicht mit einem Teleskop beobachten. Er bewegt sich so schnell, dass ihn bislang nur eine Raumsonde besuchen und erst die Hälfte seiner Oberfläche erfassen konnte. Die Venus rotiert, anders als die meisten Planeten, entgegengesetzt zu ihrer Umlaufbahn. Ihre unwirtliche Oberfläche sorgt für einen anhaltenden Treibhauseffekt und ist viel zu heiß, um einfach erforscht zu werden. Die erfolgreichsten Raumsonden waren mit Radar und schwer geschützten Landefahrzeugen ausgestattet.

Erde und Mars

Unsere Welt, die Erde, ist der dritte Planet von der Sonne aus. Sie besitzt einen großen Satelliten, den Mond, der im Verhältnis zur Erde zu groß ist. Manche Astronomen betrachten die beiden sogar als Doppelplaneten. Sie sind sicherlich die am besten erforschten Welten im Sonnensystem. Hunderte von Satelliten untersuchten die Erde aus dem Weltraum. Dutzende Raumsonden erforschten den Mond und Astronauten waren auch schon dort.

Der Mars, der nächste Planet, ist der Erde am ähnlichsten. Er wird wegen seiner Farbe der rote Planet genannt. Der Mars ist besser erforscht als jeder andere Planet mit Ausnahme der Erde. Raumsonden erfassten alle Einzelheiten und Landefahrzeuge untersuchten seinen Boden auf Lebenszeichen. Unser Bild vom Mars hat sich drastisch verändert. Die kleinen grünen Marsmännchen gab es früher nur in Sciencefiction-Filmen. Doch der Mars ist eine aktive, sich ändernde Welt, die gefrorenes Wasser unter ihrer Oberfläche besitzt. Leben scheint auf dem Mars tatsächlich möglich zu sein.

Jupiter und Saturn

Jupiter und Saturn sind die größten Planeten im Sonnensystem. Sie haben viel gemeinsam. Beide Planeten besitzen Ringsysteme – die Ringe sind das sichtbarste Zeichen des Saturn – und beide rotieren sehr schnell, weshalb sich der Äquator dieser Planeten deutlich hervorwölbt. Jupiter und Saturn haben viele Monde und in ihren Atmosphären herrschen gefährliche Stürme – der Große Rote Fleck z. B. ist größer als die Erde.

Weil die Riesenplaneten so weit entfernt sind und zwischen ihnen riesige Abstände liegen, ist ihre Erforschung besonders schwierig. Die meisten Informationen stammen von Missionen, die eine einzigartige Anordnung ab 1970 bis Mitte der

Die neun Planeten des Sonnensystems in der Reihenfolge ihres Abstandes zur Sonne

Zeitleiste

- **1957** Start von *Sputnik*, dem ersten künstlichen Satelliten, und Beginn des Weltraumzeitalters.
- **1959** Die Raumsonde *Luna* fliegt zum Mond. *Luna 3* fliegt zur Mondrückseite.
- **1962** *Mariner 2* passiert die Venus.
- **1965** *Mariner 4* sendet erste Nahaufnahmen vom Mars.
- **1969** Mit der Raumfähre *Apollo* landen erstmals Astronauten auf dem Mond.
- **1970** Die Raumsonde *Venera 7* landet auf der Venus.
- **1973** *Pioneer 10* erreicht Jupiter.
- **1974** *Mariner 10* erreicht Merkur.
- **1976** Das Landegerät *Viking 1* landet auf dem Mars.

80er-Jahre des letzten Jahrhunderts nutzten. In dieser Zeit flogen zwei Raumsonden zu den äußeren Planeten. Mittels der Schwerkraft der Planeten wechselten sie Umlaufbahnen und erhöhten ihre Geschwindigkeit. Inzwischen haben sich die Planeten weiterbewegt und die meisten Missionen steuern nun einzelne Planeten an. Die Raumsonde *Galileo* untersuchte jüngst Jupiter und die Raumsonde *Cassini* wird 2004 Saturn erreichen.

Uranus und Neptun

Uranus und Neptun zählen auch zu den Riesenplaneten, sie sind jedoch viel kleiner als Jupiter und Saturn und noch weiter als diese von der Sonne entfernt. Man nennt sie auch Eisriesen. Die Atmosphären von Uranus und Neptun enthalten bestimmte Chemikalien, wodurch sie türkis erscheinen. Neptun besitzt einen bestimmten hellen, blaugrünen Farbton. Er ist auch stürmischer als der ruhige Uranus. Beide Planeten rotieren langsamer als die größeren Riesenplaneten. Wie diese besitzen sie jedoch Ringe und viele Monde. Der größte Neptunmond, Triton, kreist in entgegengesetzter Richtung zu den anderen Monden. Das macht ihn zu einem astronomischen Geheimnis.

Fast alles, was wir über Uranus und Neptun wissen, lieferte die Raumsonde *Voyager 2*. Sie war die einzige Mission, welche die ungewöhnliche Anordnung der Planeten voll ausnutzen konnte und nach ihrem Vorbeiflug am Saturn 1986 Uranus und 1989 Neptun besuchte.

Winziger Pluto

Hinter Neptun kreist Pluto auf einer ovalen, leicht geneigten Bahn. Er ist normalerweise am weitesten von der Sonne entfernt. Pluto ist auch der kleinste Planet – sogar unser Mond ist größer. Er zählt zu den größeren Mitgliedern des Kuiper-Gürtels, einer Gruppe eisartiger Körper, die um und hinter dem eisartigen Pluto kreisen. Manche Astronomen halten Pluto für zu klein und zu unbedeutend, um ihn zu den Planeten zu zählen. In wenigen Jahren soll eine Weltraummission Pluto, seinen Mond Charon und den Kuiper-Gürtel erforschen. In der Zwischenzeit erstellen Astronomen mit Aufnahmen, die das Hubble-Weltraumteleskop sendet, von seiner Oberfläche Karten.

Der einzige natürliche Satellit der Erde, der Mond

Saturn

Uranus

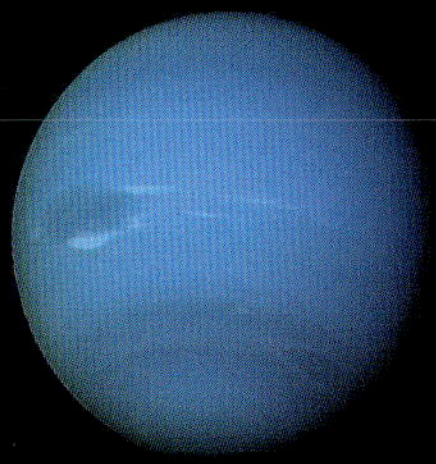

Neptun

Pluto

1977 *Voyager 1* und *2* starten zu den äußeren Planeten.

1979 *Pioneer 11* erreicht Saturn. Die Raumsonde *Voyager* entdeckt die Jupiterringe und aktive Vulkane auf dem Jupitermond Io.

1980 *Voyager 1* fliegt am Saturnmond Titan vorbei.

1986 *Voyager 2* passiert Uranus.

1989 *Voyager 2* erreicht Neptun.

1990 Die Raumsonde *Magellan* erstellt Karten von der Venus.

1995 Die Raumsonde *Galileo* ist auf der Umlaufbahn des Jupiter.

1997 *Pathfinder* landet mit einem Marsmobil auf dem Mars. Die Raumsonde *Cassini* startet ihren siebenjährigen Flug zum Saturn.

MERKUR

ALS SONNENNÄCHSTER PLANET wird der trockene, erdartige Merkur von Sonnenstrahlen geröstet. Diese kleine Welt – die zweitkleinste im Sonnensystem – rast schneller als jeder andere Planet um die Sonne, rotiert jedoch nur sehr langsam um ihre eigene Achse. Merkur besitzt einen dicken Eisenkern und ist daher für seine Größe ziemlich schwer. Weil er so klein ist, besitzt er keine Atmosphäre. Dadurch herrschen an seiner Oberfläche extreme Temperaturunterschiede zwischen Tag und Nacht und er ist gegen Einschläge ungeschützt. Seine Oberfläche ist mit Kratern stark gezeichnet.

SCHNELLER UMLAUF

Merkur braucht für einen Umlauf um die Sonne nur 88 Erdtage, er hat das kürzeste Jahr im Sonnensystem. Allerdings hat die Schwerkraft der Sonne seine Rotation so weit abgebremst, dass ein Tag auf Merkur 58 Erdtage lang ist – zwei Drittel seines Jahres. Der größte Teil seiner Oberfläche hat ein Jahr lang Sonne und liegt ein Jahr im Dunkeln. Der lange Tag und sein schneller elliptischer Umlauf haben einen seltsamen Effekt. Einige Teile erleben einen doppelten Sonnenaufgang: Sie geht bei Tagesanbruch auf, sinkt hinter den Horizont und geht erneut auf.

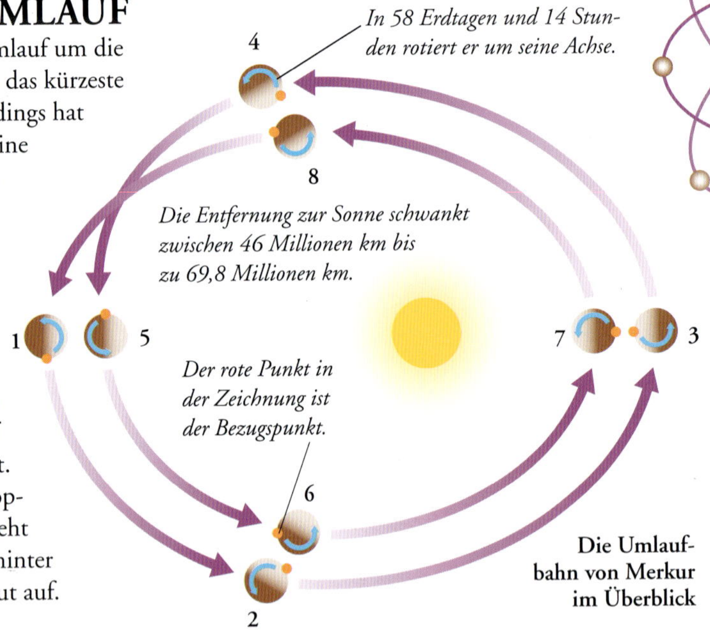

Die Umlaufbahn von Merkur im Überblick

Rätselhafte Bahn
Die Bahn von Merkur ist ungewöhnlich, weil sie sich ändert. Der äußerste Bahnpunkt beschreibt selbst einen Kreis um die Sonne. Bis auf einen kleinen Betrag wird diese Änderung hauptsächlich durch die Schwerkraft anderer Planeten verursacht. Diesen restlichen Betrag konnte der Physiker Albert Einstein erklären, der bewies, dass der Raum um Merkur durch die Schwerkraft der Sonne gekrümmt ist.

EXPERIMENT
EIN TAG AUF MERKUR

DIESES EXPERIMENT zeigt dir, wie Merkurs Rotation und seine Bahn zusammenwirken, sodass ein Tag zwei Jahre dauert. **Das brauchst du:** Styroporplatte, Schere, Gummiband, Styroporkugel, Pinnwandnadel, Leim, Glühbirne und Fassung, 9-Volt-Batterie, einen Erwachsenen.

1 Schneide drei Scheiben aus der Platte – mit 20 cm, 6 cm und 3 cm Durchmesser. In die Kanten der beiden kleineren Scheiben kratzt du mit einem stumpfen Gegenstand, z. B. einem Bleistift, je eine Nut. In sie muss das Gummiband hineinpassen.

2 In die Mitte der großen Scheibe bohrst du ein Loch für die Fassung, sodass sie frei drehbar ist. In die kleinste Scheibe bohrst du ein etwas kleineres Loch. Dann steckst du die Fassung durch die große Scheibe und klebst die kleine Scheibe daran fest.

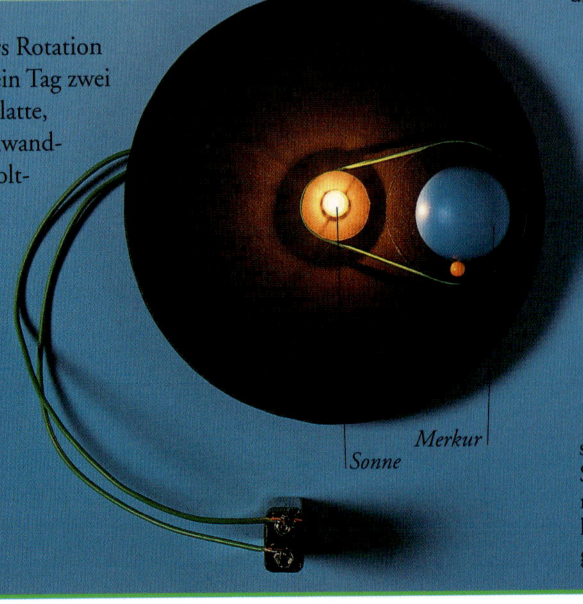

3 Von unten drückst du durch die große Scheibe, ca. 6 cm von der Mitte entfernt, eine Nadel und drückst sie dann durch die Mitte der mittleren Scheibe. Darauf setzt du die Styroporkugel – sie stellt Merkur dar.

4 Spanne das Gummiband um die beiden Scheiben, lasse einen Erwachsenen die Glühbirne an die Batterie (sie ist die Sonne) anschließen und verdunkele den Raum, sodass Merkur eine Tag- und eine Nachthälfte hat. Wenn du die große Scheibe drehst, rotiert Merkur, während er auf seiner Bahn kreist. Mit einer Stecknadel kannst du Merkur markieren und beobachten, wie lange er von einem Sonnenaufgang zum nächsten braucht.

Oberflächen-strukturen

Die Mehrzahl der Krater auf Merkur entstand durch Kometeneinschläge. In der Nähe der Pole liegen einige Kratergründe dauerhaft im Schatten. Sie enthalten vermutlich Eis. Einzigartig sind jedoch seine hoch aufragenden Bergrücken, die Böschungen. Sie winden sich durch die Landschaft und zerschneiden häufig sogar Krater in zwei Teile. Wahrscheinlich entstanden sie nach den Kratern, als sich Merkur erst ausdehnte und anschließend schrumpfte. Dabei riss die Kruste in einigen Gebieten zu Spalten auf und stürzte ein oder richtete sich auf.

Das Caloris-Becken
Die größte Struktur auf dem Merkur ist das enorme Caloris-Becken. Es entstand nach dem Einschlag eines gewaltigen Körpers, der ein 1340 km breites Becken hinterließ. Viele Gebirgszüge des Merkur liegen in Ringen um das Becken oder gehen strahlenförmig davon aus. Die Druckwelle des Einschlags breitete sich über den ganzen Planeten aus und führte sogar auf der gegenüberliegenden Merkurseite zu großen Zerstörungen.

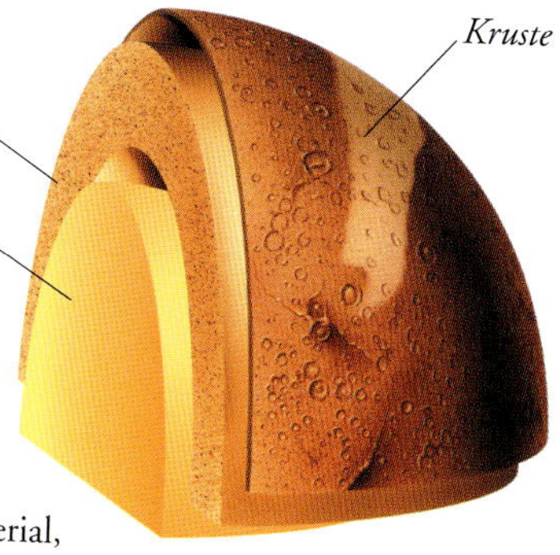

Der Aufbau des Merkur
Aus der Form der Krater auf dem Merkur kann man schließen, dass er eine starke Schwerkraft hat. Material, das nach einem Einschlag herausgeschleudert wurde, flog nicht viel weiter als das auf kleinen Welten wie dem Mond. Merkur besitzt die höchste Dichte im Sonnensystem. Astronomen vermuten, dass er einen großen Eisenkern hat und dass zu einem frühen Zeitpunkt ein Einschlag den größten Teil seiner Kruste und seines Mantels wegsprengte.

Sterngucker
Merkur erspähen

Von den fünf Planeten, die mit bloßem Auge sichtbar sind, ist Merkur am schwierigsten zu sehen, weil er dicht an der Sonne ist. Auch wenn er am weitesten von der Sonne entfernt ist (Elongation), geht er eine Stunde vor der Sonne auf oder eine Stunde nach ihr unter. Während der Elongation kannst du Merkur zu diesen Zeiten in fast dunkler Nacht erspähen.

Merkur (eingekreist) ist der schwächste der drei hellen Objekte in der Dämmerung.

VENUS

DIE VENUS IST FAST SO GROSS wie die Erde, sie liegt jedoch etwas näher zur Sonne. Diese Welt ist eine Hölle. Dicke, giftige Wolken bedecken ihre Oberfläche und die Temperatur ist so hoch, dass Blei sofort schmilzt. Ihr Atmosphärendruck ist 92-mal größer als auf der Erde, ein Mensch würde in Sekunden zermalmt werden. Die Venus rotiert sehr langsam in entgegengesetzter Richtung zu ihrer Umlaufbahn um die Sonne. Sie braucht 243 Erdtage für eine Umdrehung und kreist in nur 225 Erdtagen um die Sonne. Ein Tag ist also länger als ein Jahr.

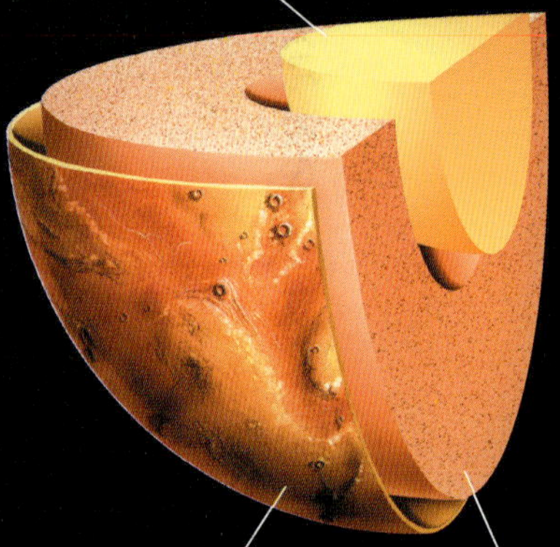

DER AUFBAU DER VENUS

Die Venus ist ähnlich wie die Erde aufgebaut. Die beiden Planeten haben ungefähr die gleiche Größe und sind so warm, dass sie geschmolzene Metallkerne und halb geschmolzene Gesteinsmäntel unter ihrer Kruste besitzen. Die Kruste der Venus erstarrte zu einem Stück im Gegensatz zur Erde, die bewegliche Platten bildete (S. 68). Die Venus speichert deshalb den größten Teil ihrer Wärme. Sie gleicht eher einem Schnellkochtopf, der zu heftigen Vulkanausbrüchen mit längeren Ruhepausen neigt.

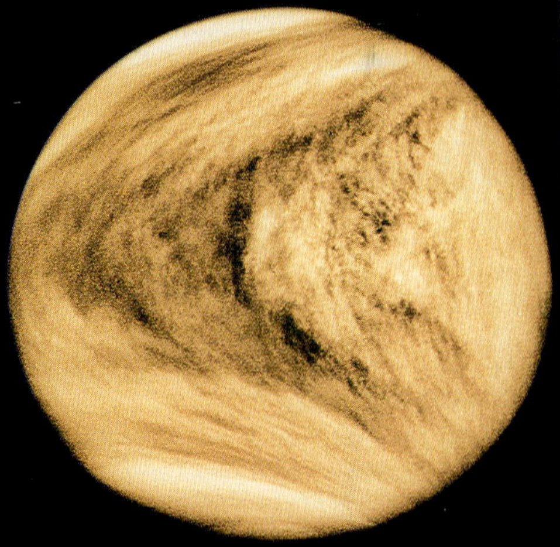

In diesem Bild ist ein Teil des Landegeräts Venera 13 *zu sehen.*

Landung auf der Oberfläche

Nur besonders geschützten Raumsonden ist es überhaupt möglich auf der Venusoberfläche zu landen. Weil die Bedingungen auf ihr so feindlich sind, können sie nur wenige Minuten Daten senden – die saure Venusatmosphäre zerfrisst sogar Panzer. Die Aufnahmen der russischen Sonde *Venera* zeigen eine Vulkanlandschaft mit zerbrochenen Steinplatten.

Saure Atmosphäre

Die glänzende Erscheinung der Venus verbirgt ein tödliches Geheimnis. Ihre Atmosphäre besteht zu 96 Prozent aus Kohlendioxid und dicken Wolken aus Schwefelsäure. Diese Gase erzeugen einen Treibhauseffekt und speichern die Wärme, die nicht mehr entweichen kann. Dadurch erhitzt sich ihre Oberfläche auf ca. 475 °C.

Falschfarbendarstellung einer Radaraufnahme der Venussonde *Magellan*

EXPERIMENT
DIE VENUSPHASEN

DIE FORM DER VENUS ändert sich wie die des Mondes scheinbar. Während sie um die Sonne kreist, sehen wir verschiedene Anteile ihrer Sonnenseite. Mit diesem Experiment kannst du die Venusphasen nachahmen. **Das brauchst du:** Zirkel, Bleistift, Styroporplatte, Schere, kleine Glühbirne mit Fassung, 2 Kabel mit Stecker, Schraubenzieher, Holzspieß, Styroporkugel, 9-Volt-Batterie, einen Erwachsenen.

1 Zeichne mit dem Zirkel einen Kreis auf die Styroporplatte, der einen Durchmesser von 15 cm hat. Dann schneidest du die Scheibe aus.

2 Bitte einen Erwachsenen, dass er die Kabel an die Fassung anschließt. In die Mitte der Scheibe bohrst du ein Loch und steckst die Fassung mit der Glühbirne hinein.

3 Den Holzspieß drückst du in die Kugel und steckst das andere Ende in den Rand der Scheibe, sodass die Kugel aufrecht steht.

4 Bitte einen Erwachsenen, dass er die Enden der Kabel an die Batterie anschließt und die Glühbirne einschaltet. Dann verdunkelst du den Raum und drehst an der Scheibe, sodass sich die Kugel (Venus) um die Glühbirne (Sonne) dreht. Beachte die Venusphasen unten auf dieser Seite.

UNTER DEM SCHLEIER

Die dichte Wolkenschicht auf der Venus kann man nur mit Radar durchdringen. Radiowellen kommen vom Planeten zur Raumsonde zurück und enthalten Informationen wie z. B. Höhe oder Beschaffenheit ihrer Oberfläche. Solche Radarkarten zeigen tiefe Gräben und hohe Vulkanberge. Auf der Venus sind nur wenige Krater vorhanden, sie ist jedoch mit erstarrter Lava überzogen. Wahrscheinlich haben heftige Vulkanausbrüche vor etwa 500 Millionen Jahren ihre Oberfläche verändert.

Vulkane auf der Venus

Die Venus ist übersät mit Vulkanbergen wie z. B. dem Gula Mons (rechts). Manche Vulkane, wie der Maxwell Montes, sind sogar höher als der Mount Everest auf der Erde. Niemand weiß, ob diese Vulkane auch heute noch aktiv sind. Raumsonden, die auf der Venus landeten, entdeckten über den Gipfeln heftige Gewitterstürme, die denen über aktiven Vulkanen auf der Erde ähneln. Pro Sekunde schlagen dort 25 Blitze ein.

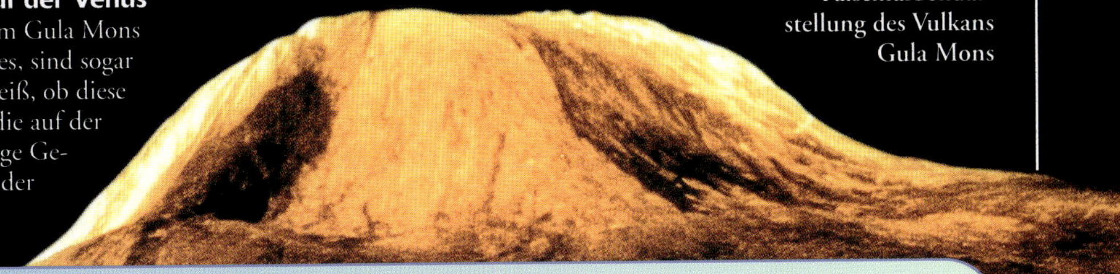

Falschfarbendarstellung des Vulkans Gula Mons

STERNGUCKER
DIE VENUS ENTDECKEN

Die Venus ist der hellste Planet.

WEIL IHRE ATMOSPHÄRE Licht sehr gut spiegelt, ist die Venus der Planet, den man am leichtesten am Nachthimmel erkennen kann. Sie ist nach dem Mond das hellste Objekt. Die Venus erscheint vor Sonnenaufgang im Osten oder nach Sonnenuntergang im Westen.

Zu verschiedenen Zeiten sieht man unterschiedlich viel von der Sonnenseite der Venus.

MIT EINEM FERNGLAS kannst du die Venusphasen beobachten. Ist sie schräg hinter der Sonne, der Erde fast gegenüber, siehst du den Großteil der Venusscheibe. Je näher die Venus der Erde kommt, umso schmaler wird ihre Sichel.

ERDE

UNSERE HEIMATWELT ist einzigartig im Sonnensystem. Die Erde ist der einzige Planet, auf dem Leben existiert. Sie ist nah genug an der Sonne und hat deshalb ein stabiles, mildes Klima – nicht zu heiß und nicht zu kalt. Durch die starke Schwerkraft besitzt sie eine schützende Atmosphäre. Der entscheidende Faktor aber ist, dass die Erde als einziger Planet ausreichend flüssiges Wasser auf ihrer Oberfläche und genügend Sauerstoff und Stickstoff in ihrer Atmosphäre besitzt. Erst durch diese Kombination entwickelten sich etwa 30 Millionen verschiedene Arten von Lebewesen.

Die Erde dreht sich in 23 Stunden 56 Minuten einmal um ihre Achse. Das ergibt gerundet einen 24-Stunden-Tag.

Die Erde kreist in 365,25 Tagen einmal um die Sonne. Diese Zeitspanne nennt man ein Jahr.

Die Erdachse ist um 23,5 Grad geneigt.

DIE ERDE AUF IHRER UMLAUFBAHN

Die Erde rotiert an einem Tag um ihre Achse und umrundet in einem Jahr die Sonne, die ungefähr 150 Millionen km entfernt ist. Von uns aus gesehen dreht sich der Himmel scheinbar einmal täglich um die Erde und die Sonne wandert anscheinend vor den Sternen im Hintergrund einmal jährlich um den Himmel. Die Umlaufbahn der Erde beschreibt keinen gleichförmigen Kreis, sondern ist elliptisch. Deshalb ist die Erde im Januar 5 Millionen km näher an der Sonne als im Juli.

Mittag zur Zeit der nördlichen Wintersonnenwende: Die Sonne steht tief am Himmel und wärmt nur wenig.

Mittag zur nördlichen Sommersonnenwende: Die Sonne steht hoch am Himmel, es ist warm.

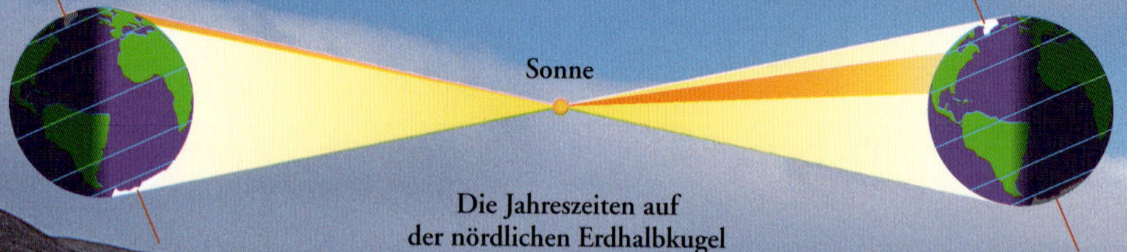

Die Jahreszeiten auf der nördlichen Erdhalbkugel

Die Jahreszeiten

Die Erdachse ist auf ihrer Umlaufbahn um 23,5 Grad gekippt. Somit ist jeder Pol einmal mehr zur Sonne geneigt und einmal weniger. Diese Neigung bestimmt, wie lange die Sonne an einem Ort scheint, wie hoch sie am Mittagshimmel steht und welche Menge an Energie und Wärme ein Ort erhält. Erst durch diese Unterschiede entstehen die vier Jahreszeiten.

Die bewohnbare Zone

Die Erdumlaufbahn verläuft in der Mitte der »bewohnbaren Zone« des Sonnensystems, in der flüssiges Wasser auf der Oberfläche eines geeigneten Planeten existieren kann. Wasser ist eine Grundlage für das Leben auf der Erde und es formt ihre Oberfläche. Die Temperatur ist ein ebenso wichtiger Faktor. Während Merkur viel zu heiß und Neptun viel zu kalt ist, herrscht bei uns genau die richtige Temperatur.

‹ ERDSATELLIT ›

Seit ungefähr 4,5 Milliarden Jahren kreist der Mond um die Erde. Seine Größe und seine Nähe zur Erde beeinflussen seinen Mutterplaneten stark. Der Mond verursacht starke Gezeiten in unseren Meeren und kann uns vielleicht sogar vor Einschlägen aus dem Weltall schützen. 70

Der Mond aus dem Weltall gesehen

Regulierendes Klima

Auf der Erde könnte kein Leben existieren, wenn sie keine Atmosphäre und keine Ozeane hätte. Sie speichern Wärme und sorgen dafür, dass der Planet tagsüber kühl und nachts warm bleibt. Sie verteilen auch die Wärme vom warmen Äquator, der das meiste Sonnenlicht erhält, zu den Polen, die am wenigsten bekommen. Diese warmen und kalten Gebiete sind in der Karte oben rot und blau markiert. Die Erdatmosphäre und die Ozeane sorgen dafür, dass die Temperaturen an keiner Stelle des Planeten um mehr als 100 °C schwanken. Auf dem Mond, der keine Atmosphäre besitzt, betragen diese Schwankungen bis zu 300 °C.

Atmosphäre zum Leben
Die Erdatmosphäre besteht aus Sauerstoff und Stickstoff und nur zum kleinen Teil aus Kohlendioxid. Menschen und Tiere brauchen Sauerstoff zum Atmen. Aus diesem Element besteht auch die Ozonschicht, die uns vor Strahlen aus dem Weltraum schützt. Pflanzen nehmen Kohlendioxid auf und verarbeiten es zu Sauerstoff. Wasser aus den Ozeanen verdampft in die Atmosphäre und bildet dort Wolken, die als Regen und Schnee wieder auf die Erde fallen. Das Gleichgewicht zwischen diesen Gasen ist sehr empfindlich.

Laborversuch
Rotierende Erde

Das Foucaultsche Pendel, das der französische Physiker Jean Foucault 1851 erfand, ist eine schlaue Methode, um zu überprüfen, ob sich die Erde dreht. Es ist ein einfaches Pendel, dessen Schwingung von der Erddrehung abhängt. **Das braucht der Vorführer:** große Plastikflasche mit Deckel, Handbohrer, 2 Hakenschrauben, Sand, Trichter, Seil, Holzbrett, Modelliermasse, kurzen Bleistift, Karton.

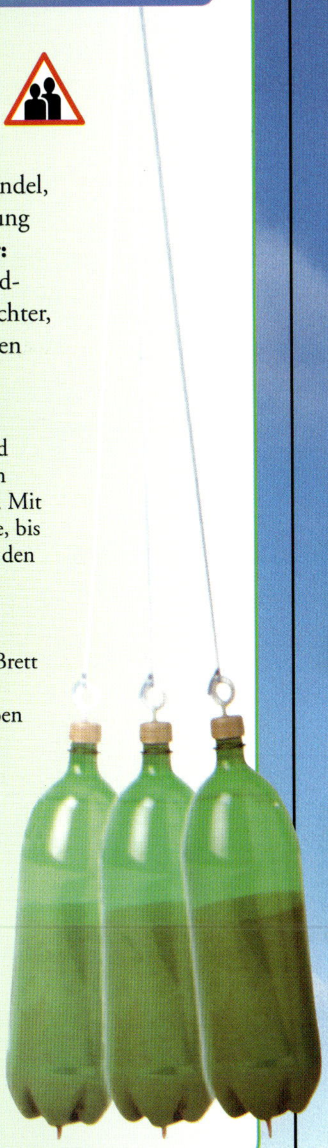

1 In den Deckel bohrst du ein Loch und drehst den Schraubhaken hinein. Zieh daran, um sicher zu sein, dass er fest sitzt. Mit dem Trichter füllst du Sand in die Flasche, bis sie dreiviertel voll ist. Dann schraubst du den Deckel fest und prüfst, ob der Haken das Gewicht hält

2 Schraube den anderen Haken in das Brett und befestige es an der Decke eines Raums, der über 5 m Höhe hat – z. B. oben in einem Treppenhaus. Zieh das Seil vorsichtig durch den Haken am Brett und befestige es unten an der Flasche. Den Bleistift klebst du mit Modelliermasse unter die Flasche, er dient als Zeiger.

3 Jetzt versetzt du das Pendel in einen weiten Schwung. Achte auf den Bleistift, der auf einem großen Karton unter der Flasche die Schwingungen aufzeichnet. Diese Markierung überprüfst du alle 20 Minuten. Die Richtung des Pendels sollte sich nach und nach ändern, weil die Erde rotiert.

Das Innere der Erde

Die Erde zählt zu den geologisch aktivsten Planeten im Sonnensystem. Wir leben auf einer rastlosen Welt – intensive Wärme, die im Erdkern erzeugt wird, steigt auf und drückt gegen die Kontinente. Diese Bewegung, die man Kontinentalverschiebung nennt, verändert beständig die Oberflächenstruktur der Erde. Die Stücke, aus denen Kontinente bestehen, nennt man tektonische Platten. Sie prallen aufeinander und türmen sich zu Gebirgen auf oder sie teilen sich und bilden tiefe Risse in der Kruste. Wasser und Wetter beeinflussen die Erde ebenso stark – sie unterspülen z. B. Küsten oder lassen Gestein verwittern, um Sedimente zu bilden.

Sedimentgestein

Erstarrungsgestein

Metamorphes Gestein

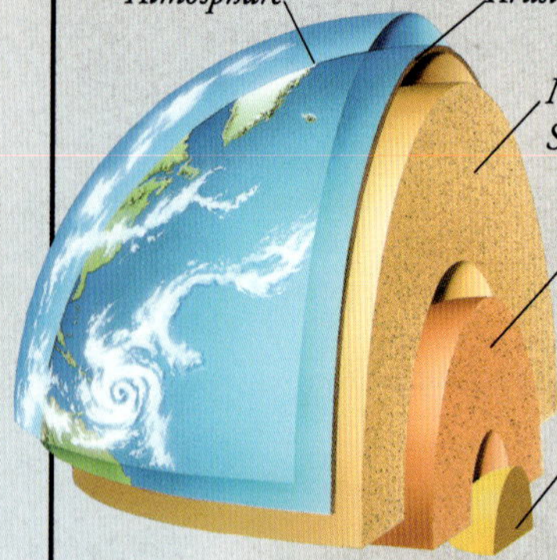

Der Aufbau der Erde

Unter einer festen Kruste aus erstarrtem Gestein liegen Schichten, welche durch Wärme, die bei der Entstehung der Erde gespeichert wurde, und durch Energie, die von radioaktiven Elementen abgegeben wird, flüssig sind. Direkt unter der Kruste befindet sich ein Mantel aus geschmolzenem Gestein. Er umhüllt den Kern, der hauptsächlich Eisen und Nickel enthält. Der äußere Kern besteht aus geschmolzenem Metall, das auf dem Kern fließt und ein Magnetfeld erzeugt. Der innere Kern ist vermutlich durch den enormen Druck erstarrt.

Gesteinskreislauf

Die Erdkruste enthält drei Gesteinsarten: Erstarrungs-, Sediment- und metamorphes Gestein. Erstarrungsgestein besteht aus geschmolzener Lava, die fest geworden ist. Wenn Lava von Luft oder Wasser erodiert wird, lagern sich kleine Teilchen schichtweise ab. Diese Schichten werden zu Sedimentgestein zusammengepresst. Metamorphes Gestein entsteht aus Sedimenten, die im Erdinnern erneut erhitzt wurden.

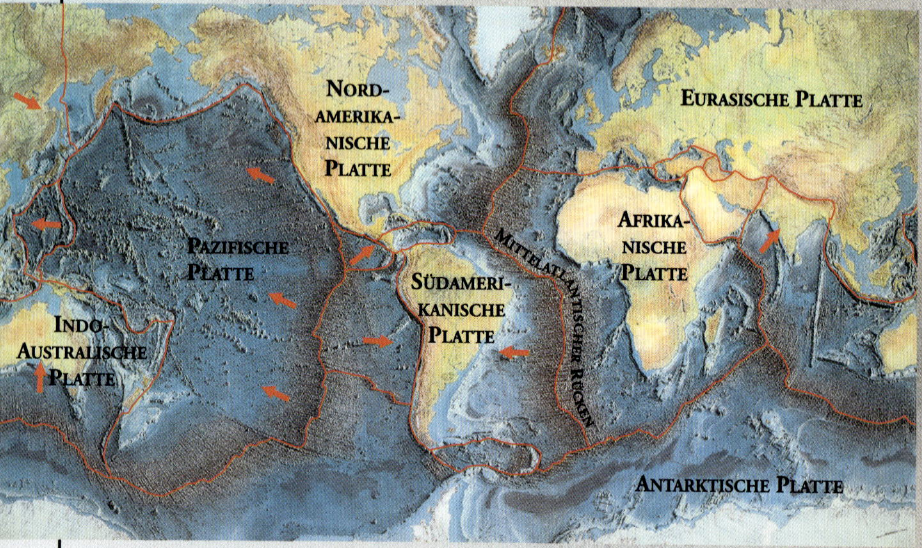

Kontinente in Bewegung

Die Erdkruste ist nicht wie bei der Venus eine einzige Platte – sie ist in große und viele kleine tektonische Platten geteilt. Die tiefen dünnen und jüngeren Platten liegen auf dem Meeresboden. Andere sind dicker und größer und tragen die Kontinente (oben). Sie schwimmen auf dem dickflüssigen Erdmantel. Dabei verschieben sich die Kontinente und verändern die Ozeane. Die Plattengrenzen sind häufig Gebiete mit starken vulkanischen und seismologischen Aktivitäten (Erdbeben), die durch tiefe Risse, aneinander gereihte Vulkane und lange, gewundene Bergrücken gekennzeichnet sind. Glücklicherweise bewegen sich die Platten nur sehr langsam – etwa 1 cm pro Jahr.

Alfred Wegener

Der deutsche Geophysiker Alfred Wegener (1880–1930) beschrieb 1915 erstmals die Kontinentalverschiebung. Er bemerkte, dass die Küstenlinien von weit auseinander liegenden Kontinenten – wie z. B. Afrika und Südamerika – scheinbar zusammenpassten. Vermutlich bildeten vor ungefähr 200 Millionen Jahren alle Kontinente zusammen einen Urkontinent, den man Pangäa nennt. Seine These wurde 1915 noch belächelt, doch inzwischen gibt es sichere Beweise, dass die Kontinente tatsächlich auseinander drifteten.

Rastlose Erde

Die Erde besitzt mehr als 1000 aktive Landvulkane und noch weitaus mehr in den Ozeanen. Vulkane sind Erdspalten (-schlote oder -löcher), durch die geschmolzenes Gestein aus dem Erdinnern zur Oberfläche gelangt. Wenn Platten auseinander treiben, bildet die nachströmende Lava eine neue Kruste. Stoßen Platten zusammen, so entstehen ausgedehnte Gürtel neuer Vulkane, nachdem eine Platte gesunken und geschmolzen ist. Reiben Platten aneinander, entstehen Erdbeben, die uns, wie die Vulkanausbrüche, daran erinnern, dass sich die Platten bewegen.

Plattengrenzen

Die meisten Gebiete, in denen Platten aneinander stoßen, liegen in den Ozeanen, doch einige Plattengrenzen verlaufen auch über Land. Das kann man in Thingvellir auf Island (oben) sehr gut beobachten, wo der mittelatlantische Rücken verläuft. Hier zeigt sich der drastische Spalt zwischen der Nordamerikanischen Platte links und der Eurasischen Platte rechts. An der Plattengrenze hat sich die Kruste gesenkt und bildet eine Tiefebene. Die Region ist vulkanisch sehr aktiv.

Gebirgsbildung

Platten, die zusammenstoßen, türmen Gebirge auf oder bilden Vulkane. Der Himalaja (links, aus dem Weltraum gesehen) entstand vor 50 Millionen Jahren, als sich die Indische Platte auf Asien schob. In anderen Gebieten schieben sich Platten unter höher liegende Kontinente (Subduktionszone). Schmilzt dann die untere Platte, strömt Lava aus Vulkanen entlang der Kante der oberen Platte.

Experiment
Konvektionsströme

Tektonische Platten schwimmen auf dem Erdmantel, der Wärme vom geschmolzenen Kern nach außen zu der kühleren Kruste leitet. Die Aufwärtsbewegung der Flüssigkeit, die Wärme transportiert, nennt man Konvektionsstrom. Dieses Experiment macht den Konvektionsstrom sichtbar. **Das brauchst du:** 2 Holzklötze, Teelicht, feuerfeste Glasschüssel, Pflanzenöl, Pipette, Lebensmittelfarbe, einen Erwachsenen.

1 Das Teelicht stellst du zwischen die Holzklötze, sodass auf jeder Seite eine kleine Lücke bleibt. Bitte einen Erwachsenen, dir das Teelicht anzuzünden. Fülle die Schüssel zur Hälfte mit dem Öl und stelle sie vorsichtig auf die Blöcke. Mit der Pipette tropfst du etwas Farbe in das Öl.

2 Wenn sich das Öl am Boden erwärmt, wird seine Dichte geringer. Es steigt zu den kühleren, schwereren Schichten auf und transportiert die Farbe nach oben. An der Oberfläche kühlt es ab, wird durch neues Öl von unten verdrängt und sinkt. Auf ähnliche Art bewegt Konvektion die Platten.

DER MOND

AUF IHRER BAHN UM DIE SONNE begleitet die Erde nur ein Satellit, der Mond. Von allen Satelliten im Sonnensystem nimmt der Mond eine besondere Stellung ein, weil er im Vergleich zu seinem Planeten sehr groß ist. Sein Durchmesser beträgt 3475 km, das ist mehr als ein Viertel der Erde, und er beherrscht unseren Nachthimmel. Die Schwerkraft der Erde hat über Milliarden Jahre die Rotation des Mondes so stark abgebremst, dass nur noch eine Seite zur Erde zeigt. Seine Größe und seine Nähe beeinflussen unseren Planeten sehr stark.

Die Sonnenkorona ist während einer totalen Finsternis sichtbar.

UMLAUFBAHN UND PHASEN

Der Mond kreist alle 27,3 Tage einmal um die Erde. Seine durchschnittliche Entfernung zur Erde beträgt etwa 384 000 km. Der Mond leuchtet selbst nicht, sondern reflektiert das Licht der Sonne. Von der Erde aus gesehen scheint es, als ändere sich die Mondscheibe während des Umlaufs. Diese Änderungen nennt man Mondphasen, sie wiederholen sich alle 29,5 Tage. Bei Neumond steht der Mond zwischen der Erde und der Sonne – das Sonnenlicht fällt auf seine Rückseite, sodass wir ihn nicht sehen können. Bei Vollmond steht er der Sonne genau gegenüber und alles Licht fällt auf die Seite, die der Erde zugewandt ist.

Flut

Einfluss des Mondes

Die Schwerkraft des Mondes wirkt auch auf die Erde und zieht Wasser in den Meeren auf der Seite an, die dem Mond gegenüberliegt. Auf der anderen Erdseite wölbt sich das Wasser ebenfalls, obwohl hier die Schwerkraft des Mondes schwächer ist. Diese Auswölbungen bleiben dem Mond gegenüber erhalten, während sich die Erde dreht. Auf der Erde steigt durch die Auswölbung der Meeresspiegel (Flut) und fällt dazwischen (Ebbe) wieder. In dieser Bucht (links und rechts) steigt das Meer bei Flut erheblich an.

Ebbe

Finsternis

Für uns scheinen Mond und Sonne die gleiche Größe zu haben. Tatsächlich aber ist der Mond 400-mal kleiner als die Sonne, er ist jedoch auch 400-mal näher an der Erde. Bei einer Sonnenfinsternis kreuzt der Mond die Bahn der Erde und kann die Sonne vollständig verdecken, sodass nur die äußere Sonnenatmosphäre sichtbar bleibt. Andererseits kann die Erde ihren Schatten auf den Mond werfen. Solche Mondfinsternisse ereignen sich aber nicht monatlich, weil die Bahn des Mondes gegenüber der Erdbahn geneigt ist. Normalerweise bewegt er sich ober- oder unterhalb der Sonne.

Das Sonnenlicht scheint auf die Erde.

Der Mond setzt sich zwischen die Erde und die Sonne.

Der Kernschatten des Mondes verursacht eine totale Sonnenfinsternis.

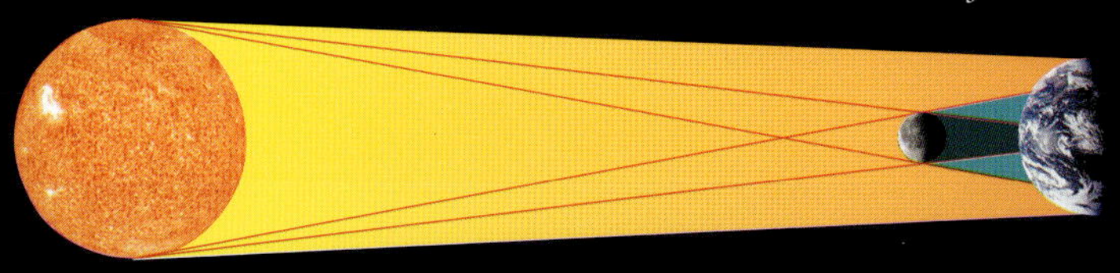

Sonnenfinsternis

Wenn der Mond die Sonne verdeckt, verursacht er eine totale oder partielle Sonnenfinsternis. Bei einer totalen Finsternis verdeckt der Mond die Sonne vollständig. Sein Schatten bedeckt jedoch nur einen kleinen Teil der Erde (rechts). Die Gebiete, in denen der Mond nicht direkt vor der Sonne steht, erleben eine partielle Finsternis.

Das Sonnenlicht scheint auf die Erde.

Eine Erdhälfte hat Tageslicht. Die andere Erdhälfte befindet sich im Schatten.

Der Mond kommt in den Schatten der Erde, es entsteht eine Mondfinsternis.

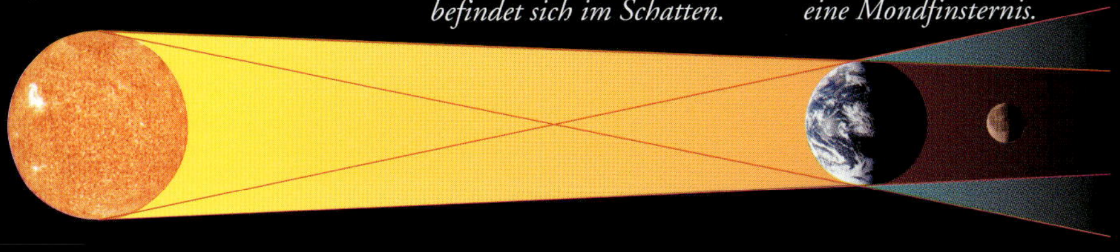

Mondfinsternis

Bei einer Mondfinsternis tritt der Mond in den Schatten der Erde ein. Eine Mondfinsternis kann man auf der Erdhalbkugel erleben, wo der Vollmond am Horizont erscheint. Der Mond ist häufig nicht vollständig verdunkelt, weil die Erdatmosphäre das Sonnenlicht wie eine Linse beugt, was den Mond rötlich leuchten lässt.

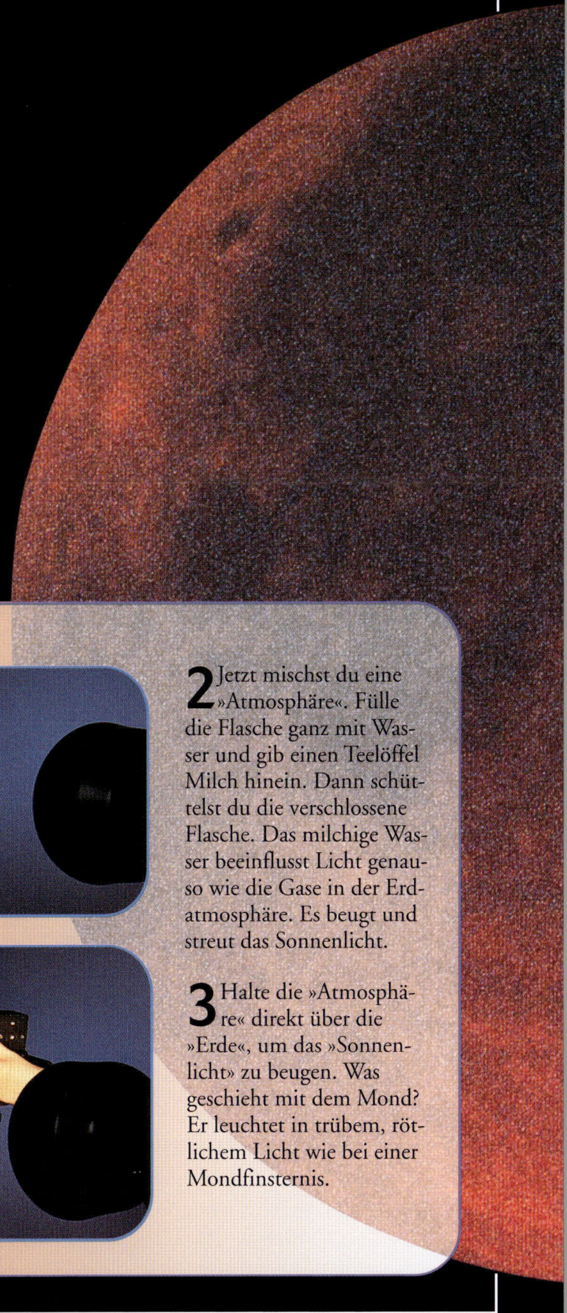

Der Mond leuchtet während einer Mondfinsternis rötlich.

Experiment
Mondfinsternis

Bei einer Mondfinsternis leuchtet der Mond rötlich, weil durch Beugung und Streuung in der Erdatmosphäre langwelliges rotes Licht in den Bereich des Kernschattens fällt. **Das brauchst du:** zwei unterschiedlich große Kugeln, Schreibtischlampe, durchsichtige Plastikflasche, Wasser, einen Teelöffel Milch.

1 Stelle die beiden Kugeln und die Lampe in einer Linie in gleichen Abständen auf, sodass sich die größere Kugel (sie ist die Erde) zwischen der kleinen (sie ist der Mond) und der Lampe (sie ist die Sonne) befindet. Dann verdunkelst du den Raum und schaltest die Lampe ein. Das »Sonnenlicht« scheint auf die »Erde«. Der »Mond« liegt nun in ihrem Schatten.

2 Jetzt mischst du eine »Atmosphäre«. Fülle die Flasche ganz mit Wasser und gib einen Teelöffel Milch hinein. Dann schüttelst du die verschlossene Flasche. Das milchige Wasser beeinflusst Licht genauso wie die Gase in der Erdatmosphäre. Es beugt und streut das Sonnenlicht.

3 Halte die »Atmosphäre« direkt über die »Erde«, um das »Sonnenlicht« zu beugen. Was geschieht mit dem Mond? Er leuchtet in trübem, rötlichem Licht wie bei einer Mondfinsternis.

DIE MONDWELT

UNSER MOND NIMMT EINE SONDERSTELLUNG EIN – er ist größer als Pluto und fast genauso groß wie Merkur. Er kreist so nahe an der Erde, dass wir sogar mit bloßem Auge die dunklen und hellen Gebiete erkennen können. Bis heute ist er auch der einzige Himmelskörper, den Astronauten betreten haben. Die Welt, die sie dort sahen, ist unfruchtbar und mit Kratern übersät, sie besitzt keine Atmosphäre und kein Wasser. Stark vernarbte Gebirgszüge schließen weite »Meere« ein, die mit Gestein und grauem Staub bedeckt sind. Die verschiedenen Grautöne und die zahlreichen Krater verraten sehr viel aus seiner Geschichte.

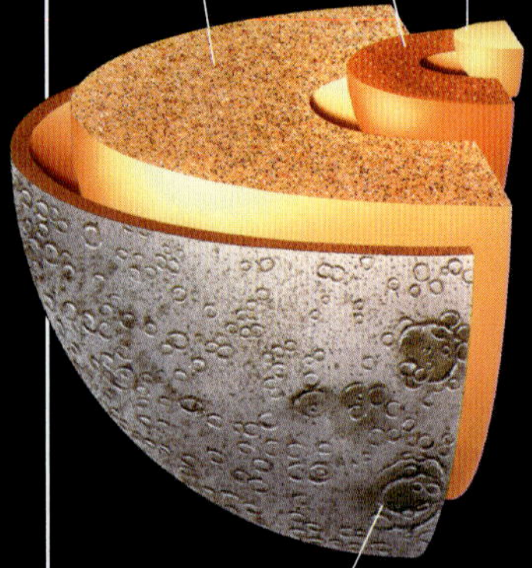

AUFBAU DES MONDES

Der Mond ist wie die Erde eine feste, erdartige Welt. Er kühlte jedoch schneller ab, weil er viel kleiner ist. Kruste und Mantel sind deshalb viel dicker, während der Kern kleiner und möglicherweise erstarrt ist – sofern überhaupt einer existiert. Die Erdanziehungskraft hat Kern und Mantel stärker auf die Seite gezogen, die der Erde zugewandt ist. Auf dieser Seite sind mehr aktive Vulkane als auf der gegenüberliegenden.

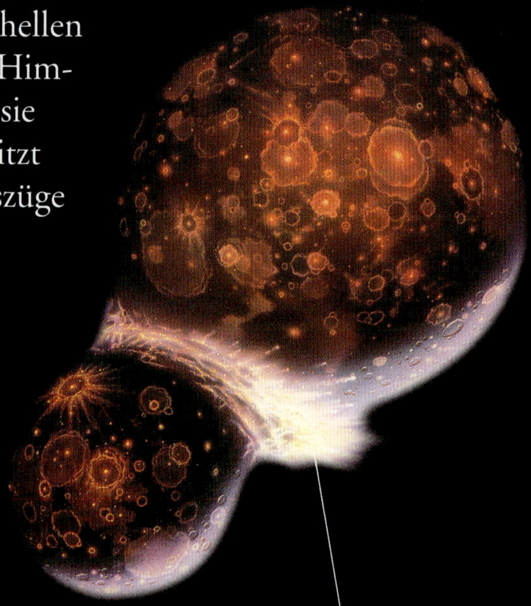

Der Ursprung des Mondes
Die meisten Theorien, wie Satelliten entstanden sind, treffen auf den Mond nicht zu. Seine Größe schließt aus, dass er sich aus Trümmern nach der Erdentstehung gebildet hat oder als vorbeifliegender Körper von der Schwerkraft der Erde angezogen worden ist. Das Mondgestein enthält einen Hinweis auf seine Herkunft. Es besitzt offenbar Teile von unserer und einer anderen Welt. Der Mond könnte nach einer Kollision eines sich schnell bewegenden Körpers von der Größe des Mars mit der jungen Urerde entstanden sein (Grafik oben). Dabei spritzte geschmolzenes Material aus beiden Welten ins Weltall, verklumpte und bildete den Mond.

STERNGUCKER
MERKMALE DES MONDES

UM DEN MOND zu beobachten, benutzt du am besten ein Fernglas oder ein Teleskop. Damit kannst du einzelne Gebirge und Krater erkennen. Die Strukturen der Mondoberfläche sind besonders gut zu sehen, wenn sie Schatten werfen. Solche Schatten findest du in den frühen oder späten Mondphasen – bei abnehmendem oder zunehmendem Mond (S. 70). Zu diesen Zeiten zeigt die Grenze zwischen dem beleuchteten und dem im Schatten liegenden Teil, Terminator genannt, die Mondlandschaft am deutlichsten.

REGOLITH

Ohne Atmosphäre ist der Mond den Einschlägen selbst kleinster Teilchen aus dem Weltraum ungeschützt ausgesetzt. Sie überziehen ihn mit Kratern. Im Verlauf von Milliarden Jahren haben Einschläge die gesamte Mondoberfläche in loses Trümmergestein, das man Regolith nennt, verwandelt. Diese Schicht kann bis zu 100 m tief sein. Darunter liegt eine Schicht aus zerbrochenen Steinen von früheren Einschlägen. Die Mondoberfläche ist aber dennoch fest genug, um sie zu betreten. Das haben die *Apollo*-Astronauten entdeckt, die diese Aufnahme machten.

Hochländer und Meere

Den Mond beherrschen zwei Geländeformen: helle Hochländer und dunkelgraue Ebenen, die Maria (vom lateinischen Wort für Meer). Die Maria liegen in den tiefsten Becken auf der erdnahen Seite. Sie bestehen aus Basalt, einem eisenhaltigen Vulkangestein, und sind häufig von Bergen umgeben. Die Hochländer sind die ältesten Teile der Mondkruste. Sie sind von Kratern überzogen, die zu Beginn des Sonnensystems entstanden. Die glatten Maria müssen sich erst danach gebildet haben. An einigen Stellen bedecken sie alte Krater, was zeigt, dass sie jünger als die Hochländer sind.

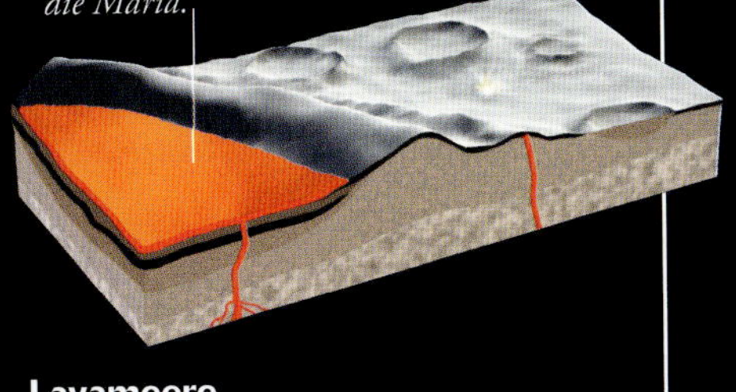

Lavameere
Vor mehr als drei Milliarden Jahren, als sich gewaltige vulkanische Spalten öffneten, entstanden die Maria. Lava flutete die Becken, die durch Meteoriteneinschläge entstanden waren, und diese erstarrten zu dunklen, flachen Oberflächen. An einigen Stellen, an denen sich Lava auftürmte, zeigen die Maria »Falten«.

Wertvolle Ablagerungen
Diese Falschfarbendarstellung der Raumsonde *Galileo* zeigt chemische und mineralische Ablagerungen auf dem Mond. Vorkommen aus wertvollen Metallen wie z. B. Titan könnten tatsächlich eines Tages abgebaut werden. Mit gefrorenem Wasser (das vermutlich unter schattigen Kratern in Nähe der Mondpole liegt) könnte man sogar eine ständige Mondbasis einrichten.

Mondbeben
Auch heute ist der Mond noch keine völlig leblose Welt, weil die Gezeitenkraft der Erde Beben unter seiner Oberfläche auslöst. Einige Astronomen haben orangefarbene und gelbe Flecken entdeckt – das könnten Gase sein, die nach einem Beben entwichen sind. Auch Astronauten hatten Versuche durchgeführt, um die seismologische Aktivität zu messen (oben).

Mars – der rote Planet

Der Mars, unser kleiner Nachbarplanet, fasziniert Astronomen seit langer Zeit. Er ist ein charakteristisches rotes Objekt am Nachthimmel. Seine beeindruckende Landschaft aus roten Sandflächen und weißen, gefrorenen Polen ist gut erkennbar. Obwohl er trocken und kalt ist, ähnelt dieser Planet der Erde am meisten und besitzt vielleicht einfache Lebensformen wie Mikroben. Der Mars hat einen 25-Stunden-Tag, Jahreszeiten und Eiskappen, und seine Achse ist um 25 Grad geneigt.

Der Riss durch die Mitte des Planeten ist eine breite Schlucht, das Valles Marineris.

Diese dunklen Kreise sind massive Vulkane.

Die Bewegung des Mars

Der Mars kreist auf einer elliptischen Bahn und sein Abstand zur Sonne ändert sich im Laufe eines Marsjahres. Da die Erde näher an der Sonne ist, bewegt sie sich schneller als der Mars. Wenn beide Planeten in einer Linie auf derselben Sonnenseite in »Opposition« stehen, verfolgt der Mars für einige Wochen scheinbar einen merkwürdigen Weg. Zunächst kommt es uns so vor, als würde er sich am Himmel rückwärts bewegen wie der Läufer unten. Das nennt man retrograde (rückläufige) Bewegung. Während die Erde ihrer Umlaufbahn folgt, bewegt sich anscheinend auch der Mars wieder vorwärts.

Für den schnelleren Läufer innen bewegt sich der Läufer außen rückwärts.

Der Läufer innen überholt den Läufer außen.

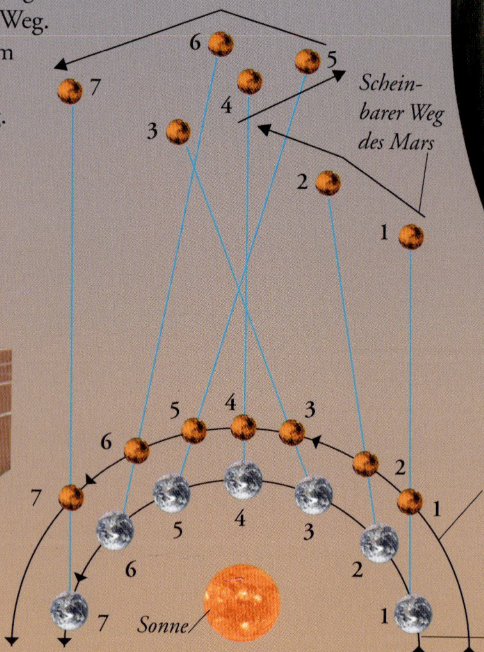

Sterngucker
Der Mars

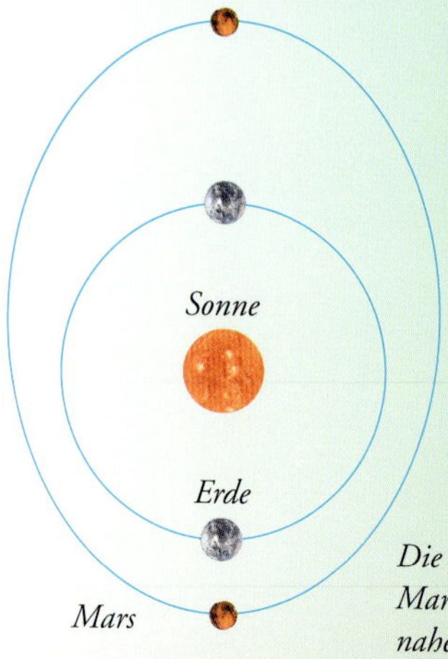

Die Erde und der Mars stehen in entfernter Opposition.

Die Erde und der Mars stehen in naher Opposition.

Den Mars kannst du an seiner Farbe leicht erkennen. Seine Helligkeit ändert sich häufiger als die anderer Planeten. Steht er auf der gegenüberliegenden Seite der Sonne, so leuchtet er sehr schwach. Wenn sich die Erde und der Mars alle zwei Jahre nähern, ist er einer der hellsten Planeten. Da die ovale Marsbahn länger ist als die der Erde ist der Abstand zwischen entfernter und naher Opposition sehr groß (Zeichnung links). Der geringste Abstand von 56 Millionen km kommt jedoch nur selten vor.

An einigen Tagen ist der Mars heller als Jupiter wie hier in der Dämmerung (Mars links und Jupiter rechts).

Rote Landschaft

Durch ein Teleskop sieht der Mars wie eine rote Scheibe mit dunklen und hellen Flecken aus. Manche Flecken bleiben bestehen, während andere sich verändern. Astronomen hielten sie früher für Zeichen von Vegetation oder Wasser. Aufnahmen von Marssonden zeigen, dass sich auf seiner nördlichen Halbkugel tiefe, flache Ebenen befinden, während die südliche Halbkugel ein mit Kratern übersätes Hochland wie auf dem Mond aufweist. Im Norden erhebt sich ein gewaltiger Berg, der Tharsis Montes. Er ist von erloschenen Vulkanen bedeckt und von einem weiten Grabensystem umgeben, das viele Male größer ist als alle Gräben auf der Erde.

Eiskappen
Am leichtesten kann man die Eiskappen auf dem Mars erkennen, die mit den Jahreszeiten wachsen und schrumpfen. Die Kappe am Nordpol besteht hauptsächlich aus gefrorenem Wasser, während die am Südpol größtenteils gefrorenes Kohlendioxid enthält.

Deimos

Phobos

Marsmonde
Zwei winzige Monde, Deimos und Phobos, begleiten den Mars. Diese seltsam geformten Satelliten sind nur wenige Kilometer dick und wahrscheinlich eingefangene Asteroiden. Phobos kreist in nur 6000 km Höhe über dem Mars. Er nähert sich ständig, sodass er vermutlich auf ihn stürzen wird.

Die Karte von Schiaparelli zeigt Marskanäle, welche die dunklen Ebenen verbinden.

Marskanäle
Ende des 19. Jahrhunderts entdeckten Astronomen dunkle Linien auf dem Mars. Der Italiener Giovanni Schiaparelli nannte sie »canali«, Furchen, was mit Kanäle falsch übersetzt wurde. Viele glaubten damals, dass sie von Marsmenschen gebaut wurden. Sie sind jedoch eine optische Täuschung, weil unser Auge Punkte zu einer Linie »verbindet«.

Experiment Marsstaub

Marsstaub
Die auffallende Farbe des Mars wird von derselben Substanz hervorgerufen wie beim Rost – Eisenoxid. Eventuell besaß der Planet reichhaltige Wasservorkommen, die Eisen rosten ließen. Mit diesem Experiment kannst du aus Sand Marsstaub herstellen.
Das brauchst du: Backblech, Sand, Haushaltshandschuhe, Schere, Stahlwolle, Glas Wasser.

1 Das Backblech füllst du zur Hälfte mit Sand. Ziehe die Haushaltshandschuhe an und schneide die Stahlwolle in 2–5 cm lange Stücke, die du unter den Sand mischst. Gieße dann so viel Wasser dazu, dass der Sand und die Stahlwolle bedeckt sind. Stelle das Blech an einen sicheren Ort.

Die Stahlwolle wurde zu rotem Staub.

2 Eisen braucht Feuchtigkeit und Sauerstoff zum Rosten. Weil das Wasser verdampft, musst du immer etwas nachgießen, um die Mischung feucht zu halten. Nach drei Tagen siehst du, dass der Sand rot geworden ist.

DIE MARSOBERFLÄCHE

WELTRAUMMISSIONEN ZEIGEN den Mars als eiskalten, unfruchtbaren Ort, der weder flüssiges Wasser noch Vegetation besitzt. Vielleicht war er früher einmal ein feuchter und warmer Planet, auf dem sogar einfache Lebensformen existierten. Auch heute wissen Forscher nicht, warum er zu dieser kalten Wüste wurde. Der Mars ist trotzdem eine verblüffend vielschichtige Welt und hat die eindrucksvollsten »Touristenattraktionen« im Sonnensystem: die größten Vulkane und Gräben und polare Eiskappen, die im Frühling »dampfen«, wenn das Kohlendioxid schmilzt.

Die Flusstäler an der Grabenwand sind der Beweis, dass es früher flüssiges Wasser gab.

DER AUFBAU DES MARS

Der Mars hat eine einfache innere Struktur. Um einen kleinen Eisenkern befindet sich ein Mantel aus Silikatgestein. Weil der Mars kleiner als die Erde ist, kühlte er schneller ab. Heute fließt deshalb keine Lava mehr und sein Kern ist vermutlich fest. Als der Mars noch aktiv war, wurden Vulkane und Täler, in die Lava strömte, enorm groß, weil er keine bewegliche Kruste besitzt, deren Bewegungen die Lava stoppte.

Der Grand Canyon des Mars

Ein ausgedehntes Grabensystem, das Valles Marineris, schneidet eine tiefe Kerbe in die Marsoberfläche. Das System ist so lang, dass es sich vollständig über die Vereinigten Staaten erstrecken würde, und ist im Durchschnitt 6 km tief. Die Aufnahme oben zeigt einen Ausschnitt, die Ophir-Schlucht, die durch eine Spaltung der Marskruste entstanden ist.

DIE MARSLANDSCHAFT

Die Marsoberfläche wurde vor langer Zeit durch Meteoriteneinschläge, Beben, Vulkanausbrüche und Fluten geprägt. Heute formen nur Sand und Wind die Landschaft durch Verwitterung und Erosion. Diese Panorama-Aufnahme der Marssonde *Pathfinder* zeigt eine typische Marslandschaft. In einer roten Sandwüste finden sich zertrümmerte Steine, die vermutlich durch eine Riesenflut angeschwemmt wurden.

Sanddünen auf dem Mars

Olympus Mons im Vergleich zum Mount Everest auf der Erde

Mächtiger Olympus

Olympus Mons ist der größte Vulkan im Sonnensystem. Er ist breiter als England und erhebt sich 27 km über das mittlere Marsniveau. Über die Jahre verteilte sich die Lava und schichtete den Berg langsam zu dieser imposanten Größe auf. Der Vulkan ist längst erloschen.

Einfache Lebensformen konnten in diesen warmen Seen entstanden sein.

Die staubige Luft bildet einen rötlichen Schleier.

Roter Himmel

Der Mars besitzt eine dünne Atmosphäre, die hauptsächlich aus Kohlendioxid besteht. Sie enthält keinen Sauerstoff und keine Ozonschicht, sodass der Planet der gefährlichen ultravioletten Strahlung ausgesetzt ist. Aus Kohlendioxid und Wasserdampf bilden sich regelmäßig Wolken. Stürme wirbeln wie bei einem Tornado auf der Erde Staubsäulen auf. Durch den Staub in seiner Atmosphäre hat der Marshimmel eine rötliche Farbe.

Ozeane auf dem Mars

Ausgetrocknete Überflutungsgebiete zeigen, dass der Mars früher reichlich flüssiges Wasser besaß. Heute befinden sich große Mengen gefrorenes Wasser unter der Oberfläche. Vielleicht war der Mars einmal von Ozeanen bedeckt. Diese Aufnahme zeigt, wie er vermutlich aussah, als er trockener und kälter war.

Perfekter Sturm

Wenn sich der Mars der Sonne nähert, kann sich sein Wetter dramatisch ändern. Heftige Stürme wirbeln den Staub auf, sodass eine rötliche Wolke den Planeten verhüllt. Der feine Marsstaub kann wochenlang in der Luft schweben.

Der Mars vor dem Sturm

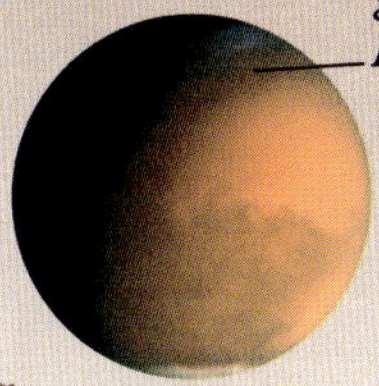

Der Sturm verhüllt den gesamten Planeten.

Der Sand ist sehr feinkörnig, so wie Puder.

Zwei niedrige Berge, die Zwillingsspitzen

Die Marsmission *Pathfinder*

Nachdem die Marssonde *Viking* 1976 erfolgreich auf dem Mars landete, übertraf die Marsmission *Pathfinder* der NASA 1997 alle Erwartungen. Die Marssonde *Pathfinder* setzte das 60 cm lange Marsmobil *Sojourner* (links) ab, das den Marsboden untersuchte. Angetrieben wurde es mit Solarzellen. *Sojourner* war mit einem Röntgenspektrometer ausgestattet – einer »Nase«, mit der es den Boden absuchte und die Substanzen, die dort enthalten waren, identifizierte. Es war die erste Mission, deren Ergebnisse die NASA direkt im Internet veröffentlichte.

JUPITER

JUPITER, DER GRÖSSTE PLANET im Sonnensystem, ist von farbigen Stürmen gezeichnet, die so groß sind, dass sie die Erde verschlucken könnten. Der Asteroidengürtel trennt ihn von den inneren Planeten. Seine Umlaufbahn ist dreimal so groß wie die des Mars. Jupiter ist der Planet, der am schnellsten rotiert – für eine vollständige Drehung um seine Achse braucht er weniger als zehn Stunden. Dadurch wölbt sich sein Äquator hervor und seine Wolken bilden wirbelnde Bänder, die ihm sein unverwechselbares Aussehen verleihen.

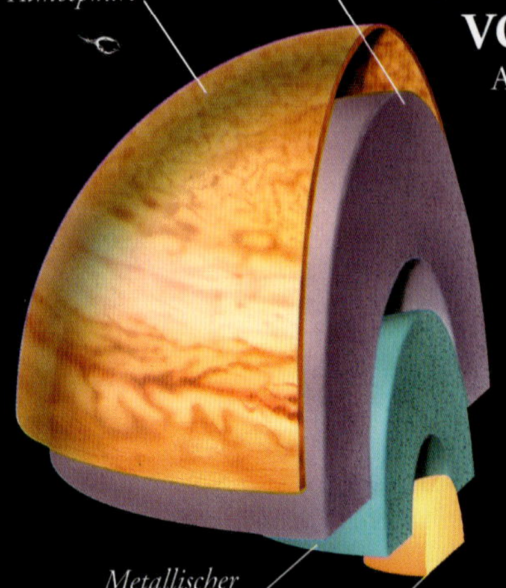

DER AUFBAU VON JUPITER

Auch wenn Jupiter zu den Gasriesen zählt, sind nur die äußeren 1000 km gasförmig. Tief im Innern des Planeten macht hoher Druck das Gas flüssig. Jupiter besteht hauptsächlich aus Wasserstoff, das Planeteninnere aus flüssigem Helium, Wasserstoff und einem seltenen Zustand des Elements, das sich wie flüssiges Metall verhält. In der Mitte sitzt ein Gesteinskern, der so groß wie die Erde ist.

Der Jupitermond Europa wirft seinen Schatten auf den Planeten.

STERNGUCKER
JUPITER UND SEINE MONDE

JUPITER ERKENNST DU ziemlich leicht, weil er sehr groß und hell ist. Durch Ferngläser erscheint er als schmale Scheibe. Vielleicht erkennst du auch seine vier hellsten Monde. Im Bild siehst du Europa (Jupiter am nächsten), Io (über Europa) und Ganymed (unten links). Mit einem Teleskop kannst du seine Bänder und den Großen Roten Fleck beobachten.

Polarlichter an den magnetischen Polen des Jupiter

Jupiters Magnetismus

Der metallische Wasserstoff, der im Innern des Jupiter fließt, erzeugt ein starkes Magnetfeld. Das Feld strömt von der Sonne weg wie die Magnetosphäre der Erde (S. 98–99) und kann noch hinter dem Saturn gemessen werden. Dieses Feld reißt Teilchen aus dem Sonnenwind mit und zieht sie zu den Polen. Wenn die Teilchen mit dem Atmosphärengas kollidieren, erzeugen sie ringförmige Polarlichter (links).

Stürmische Welt

Die äußere Atmosphäre des Jupiter ist ein Wirbel aus kolossalen Stürmen. Die Wolken besitzen je nach ihrer Höhe verschiedene Farben. Sie entstehen durch Substanzen, die bei unterschiedlichen Temperaturen Eiskristalle bilden. Blaue Wolken machen die tiefsten Schichten aus, darüber liegen dunkelbraune »Gürtel« aus Ammoniumhydrogensulfid. Die cremefarbenen Wolkenbänder oder »Zonen« aus Ammoniakkristallen befinden sich oberhalb der Gürtel. Am höchsten sind rote Strukturen wie der Große Rote Fleck, ihre Farbe stammt vermutlich von Phosphorverbindungen.

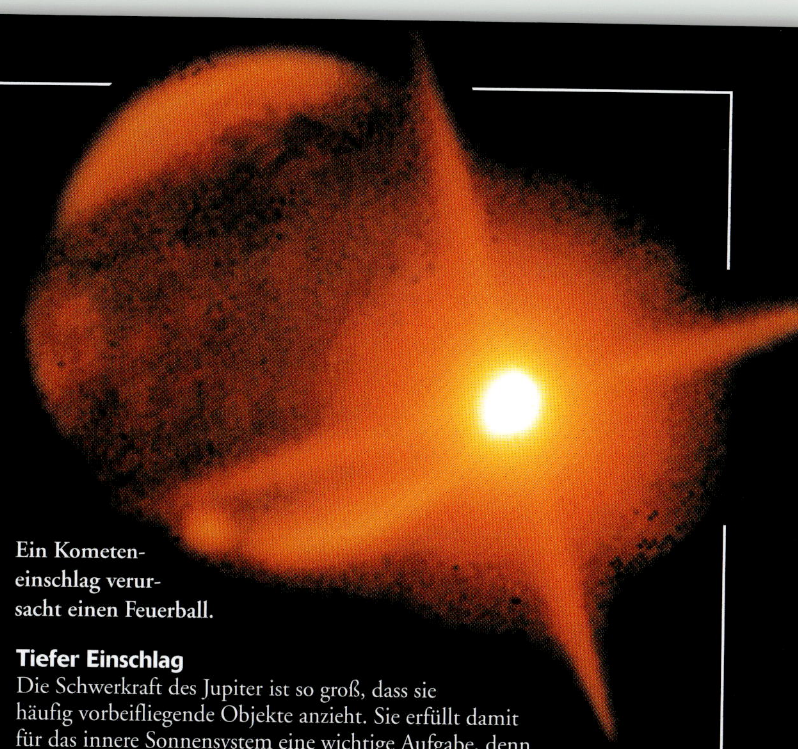

Ein Kometeneinschlag verursacht einen Feuerball.

Tiefer Einschlag

Die Schwerkraft des Jupiter ist so groß, dass sie häufig vorbeifliegende Objekte anzieht. Sie erfüllt damit für das innere Sonnensystem eine wichtige Aufgabe, denn sie schützt uns vor Einschlägen. Der Komet Shoemaker-Levy 9 prallte 1994 gegen den Jupiter. Durch den Einschlag wurden Substanzen aus dem Planeteninnern aufgerührt, sodass Astronomen erkennen konnten, was unter den Wolken liegt.

Der Große Rote Fleck

Das beeindruckendste Merkmal des Jupiter ist der Große Rote Fleck – ein gewaltiger Sturm, der seit etwa 200 Jahren wütet. Seine Farbe erhält er von Substanzen, die sich nur in der oberen Atmosphäre bilden. Stürme auf dem Jupiter sind wie auf der Erde Tiefdruckgebiete, in denen die Atmosphäre leicht nach außen drückt. Der Große Rote Fleck liegt etwa 8 km über den Wolken.

Experiment
Einen Sturm erzeugen

Die Stürme auf dem Jupiter sind wie andere Wettererscheinungen nur schwer zu verstehen. Sie ändern sich beständig, weil sie von Turbulenzen in seiner Atmosphäre beeinflusst werden. Manchmal lösen sich die Stürme auf, ein anderes Mal ziehen sie andere Stürme aus ihrer Umgebung an. Mit diesem Experiment kannst du Jupiters Stürme nachahmen. **Das brauchst du:** Schüssel, Vollmilch, gelbe und rote Lebensmittelfarbe, Spülmittel.

1 In die Schüssel gibst du eine Tasse Milch und fügst je einen Tropfen der Lebensmittelfarbe hinzu. Dreh die Schüssel vorsichtig, um die Bewegung von Jupiters Atmosphäre zu imitieren.

2 Dann tropfst du je einen Tropfen Spülmittel auf die Farbpunkte. Dreh die Schüssel nochmals und beobachte, wie sich der Sturm zusammenbraut.

JUPITERMONDE

MINDESTENS 39 MONDE begleiten Jupiter. Die meisten äußeren Monde sind dunkel, winzig klein und kreisen auf irregulären Bahnen – ein sicheres Zeichen, dass sie eingefangene Asteroiden sind. Nur die acht innersten Monde entstanden zur selben Zeit wie Jupiter. Nahe am Jupiter kreisen die winzigen Monde Metis, Adrastea, Amalthea und Thebe und weiter außen die größeren Europa, Io, Ganymed und Kallisto. Die letzten vier Satelliten wurden von Galileo Galilei entdeckt. Sie sind genauso groß oder größer als unser Mond. Jeder dieser vier »Galileischen« Monde ist eine einzigartige Welt.

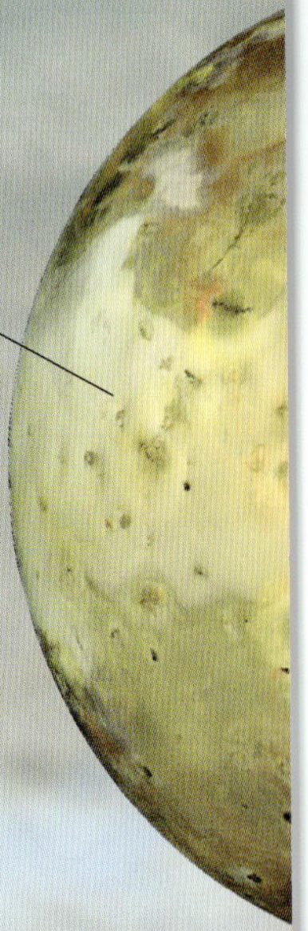

Io ist die Welt im Sonnensystem mit der größten vulkanischen Aktivität.

GANYMED UND KALLISTO

Die äußeren Galileischen Monde, Ganymed und Kallisto, sind die größten Satelliten – Ganymed ist auch der größte Mond im Sonnensystem. Beide bestehen aus Eis und Gestein. Kallisto ist mit Kratern übersät, aus denen das helle Eis unter der dunklen Oberfläche hervorscheint. Die helleren Stellen auf Ganymed zeigen eine jüngere Schicht, die geschmolzen ist, wieder gefror und sich in dunklerem Material festsetzte. Beide Monde besitzen starke Magnetfelder, was vermuten lässt, dass sie flüssige Ozeane aus Salzwasser unter ihrer Oberfläche beherbergen.

Kallistos dunkle Oberfläche ist mit hellen Eiskratern übersät.

Ganymed, der größte Jupitermond, ist fast so groß wie Merkur.

EXPERIMENT
KRATER AUF KALLISTO

DIE DUNKLE OBERFLÄCHE von Kallisto ist mit hellen, ausstrahlenden Kratern übersät. Sie entstanden durch Metoriteneinschläge, die das helle Eis aus unteren Schichten auswarfen. Das folgende Experiment zeigt dir diesen Vorgang. **Das brauchst du:** alte Zeitung, Sieb, Mehl, Kakaopulver, Steine oder Murmeln.

1 Die alten Zeitungen legst du auf dem Boden aus. Dann siebst du das Mehl zu einem Hügel auf die alten Zeitungen. Auf den Hügel siebst du eine dünne Schicht aus Kakaopulver, sodass der gesamte Hügel bedeckt ist.

2 Dann beugst du dich über den Hügel und lässt eine Murmel in seine Mitte fallen. Der Einschlag deines »Meteoriten« bildet einen Krater und schleudert das Mehl strahlenförmig über den Kakao.

Europa und Io

Die beiden inneren Galileischen Monde, Europa und Io, sind der Schwerkraft des Jupiter völlig ausgesetzt. Diese zerrt an verschiedenen Gebieten, verformt und erwärmt sie. Das Ergebnis dieser Kraft sind zwei völlig verschiedene Welten. Io, der innere Satellit, besteht aus feurigen Vulkanen. Europa dagegen besitzt eine fast glatte Oberfläche aus leuchtendem Eis. Sie ist von dunklen Spalten durchzogen, die durch geschmolzenes und wieder gefrorenes Eis entstanden sind. Europa hat vermutlich trotzdem viel mit Io gemeinsam. Beide zählen zu den erdartige Welten und nicht zu den eisartigen wie Ganymed und Kallisto.

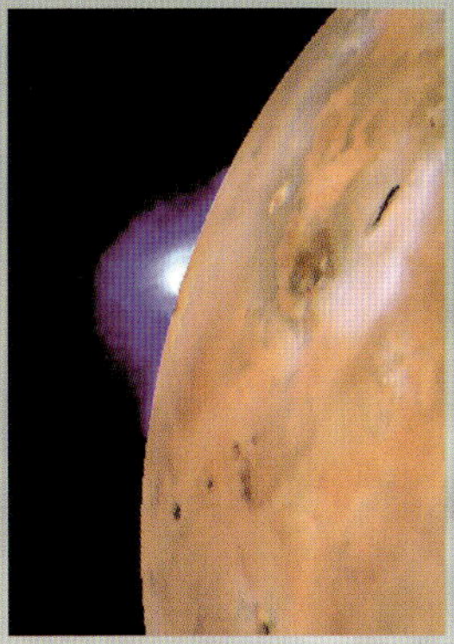

Loki ist ein aktiver Vulkan auf der Oberfläche von Io.

Vulkanwelt

Die Vulkane auf Io sind so aktiv, dass Io ihre gesamte Oberfläche innerhalb weniger Jahrzehnte erneuern kann. Diese Aktivität wurde von *Voyager 2* entdeckt, die 1979 an Jupiter vorbeiflog. Io besitzt keine Einschlagskrater und daher muss ihre Oberfläche sehr jung sein. Auf weiteren Aufnahmen sind Geysire zu sehen, die geschmolzenen Schwefel hoch in die Luft schleudern. Der Schwefel, der in verschiedenen Formen oder »Allotropen« vorkommt, verleiht Io ihre kräftige Farbe.

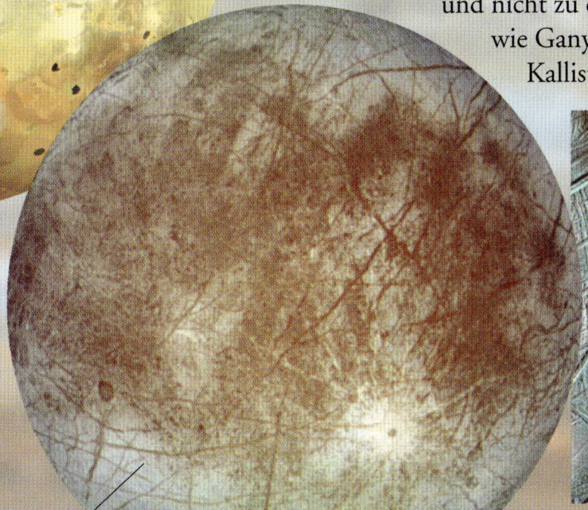

Europa besitzt vermutlich einen flüssigen Ozean unter ihrer Oberfläche.

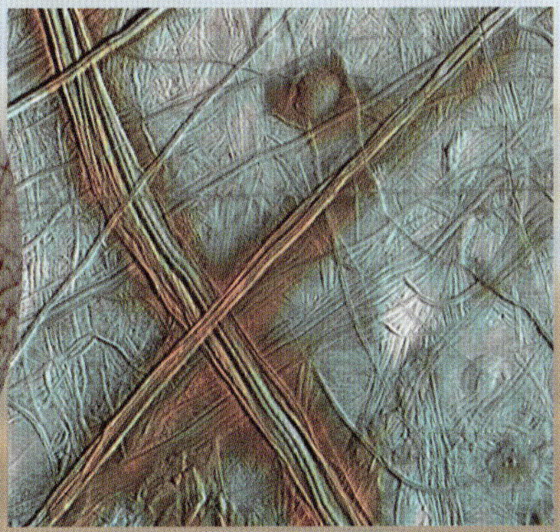

Die Spalten in Europas Eisoberfläche können durch Wärmeaktivität darunter entstehen.

Meereswelt?

Europa ist ein glatter Körper, der mit rosafarbenem Eis bedeckt ist. Doch die Streifen, die seine Oberfläche durchziehen, zeigen, dass er aktiv ist. Wahrscheinlich liegen flüssige Ozeane aus Wasser unter der eisigen Oberfläche, die von den Gezeiten auf dem Jupiter erwärmt werden. Durch diese Einwirkungen bricht die Kruste von Europa. Aus den Spalten schießt Wasser empor und überzieht den Mond mit neuem Eis. Manche Astronomen vermuten, dass Europa ähnlich wie die Erde Unterwasservulkane besitzt.

Experiment
Eisplatten auf Ganymed

Die Oberfläche von Ganymed besteht aus alten Gebieten, die von jüngeren Eisflächen umgeben sind. Vermutlich schlugen große Asteroiden durch die alte Oberfläche. Durch die Risse und Spalten sickerten Eisklumpen nach oben, bevor die Oberfläche erneut zufror. Dieses Experiment zeigt dir, wie die Oberfläche heute aussieht. **Das brauchst du:** Wasser, flaches Blech, Gefriergerät, Lebensmittelfarbe, feuerfestes Glas, Holzlöffel.

1 Gieße auf das Blech Wasser und stelle es über Nacht ins Gefriergerät. Am nächsten Tag füllst du eine Schüssel halb voll mit Wasser, mischst die Farbe unter und stellst sie für 10 Minuten ins Gefriergerät.

2 Nimm das Blech aus dem Gefriergerät und zerstoße das Eis mit dem Holzlöffel. Die Eisstücke legst du in das farbige Wasser und frierst es eine Stunde ein. Was du nun siehst, ähnelt der Oberfläche von Ganymed.

Galileo Galilei (1564 – 1642)

Der italienische Wissenschaftler Galileo Galilei entdeckte die vier hellsten Jupitermonde. Er gehörte zu den ersten Menschen, die den Himmel mit einem Teleskop beobachteten. Durch seine vielen Entdeckungen erkannte er, dass die Planeten die Sonne umrunden. Diese Folgerung stand im Konflikt mit der Lehre der katholischen Kirche, nach der alle Himmelskörper um die Erde kreisten.

SATURN

DER ZWEITGRÖSSTE PLANET im Sonnensystem, Saturn, ist eine beeindruckende gasförmige Welt. Sein bekanntestes Merkmal ist das Ringsystem, das mehr als doppelt so breit wie der Planet selbst ist. Die Hauptringe sind sehr dünn und hell, man kann sie von der Erde bereits mit einem kleinen Fernrohr sehen. Saturn ist der entfernteste Planet, den wir mit bloßem Auge erkennen können. Die alten Astronomen kannten ihn schon lange, bevor es Teleskope gab. Mindestens 30 bekannte Satelliten begleiten den Planeten auf seinem Weg um die Sonne.

Die Saturnringe sind 100 000 km breit und nur 1 km dick.

DER RINGPLANET

Das Aussehen der Saturnringe wechselt beständig, während der Planet in 30 Jahren einmal um die Sonne kreist. Die Saturnachse ist wie die Erdachse geneigt, sodass unser Blick auf den Saturn von der Stellung der Achse abhängt. Zu bestimmten Zeiten öffnen sich die Ringe uns gegenüber und wir können sie von oben bzw. von unten sehen. Dann wieder fällt unser Blick auf die Kanten, sodass die Ringe scheinbar verschwinden. Durch die 27-Grad-Achsenneigung hat Saturn wie die Erde Jahreszeiten (S. 66).

Durch die kurze Rotationszeit von weniger als 11 Stunden hat der Saturn einen bauchigen Äquator.

Aufnahmen des Hubble-Weltraumteleskops zwischen 1996 und 2000

Atmosphärischer Planet
Der hohe Anteil an leichten Gasen macht Saturn zu dem Planeten im Sonnensystem, der die niedrigste Dichte besitzt. Obwohl Saturn die gleichen Substanzen wie Jupiter enthält, ist er nicht so farbenprächtig. Cremefarbene Wolkenbänder in vielen Schattierungen, die von Windböen angetrieben werden, winden sich um den Planeten. Tatsächlich verhüllen Schleier aus gefrorenem Ammoniak seine kräftigen Farben. Solche Wolken können sich nur auf Saturn bilden, weil seine obere Atmosphäre viel kälter als die des Jupiters ist.

Verblüffende Ringe
Die leuchtendsten Saturnringe (oben, in einer Falschfarbenda stellung) bestehen aus Eisbrocken, die 1 cm bis zu 10 m dick sind. Nahe am Planeten befindet sich der matte C-Ring oder Kreppring und weiter außen die hellen A- und B-Ringe, die durch die Cassinische Teilung getrennt sind (S. 49). Innerhal und außerhalb dieser drei Ringe befinden sich noch weitere Ringe aus viel kleineren Teilchen, die schwerer zu erkennen si

Zu unterschiedlichen Jahreszeiten kann man die Saturnringe aus verschiedenen Winkeln beobachten.

EXPERIMENT
Bauchiger Äquator

Der Saturnäquator wölbt sich stärker als der anderer Planeten, weil Saturn sich schnell dreht und nur wenig Schwerkraft besitzt. Hier siehst du, warum er sich wölbt. **Das brauchst du:** Schere, Lineal, farbiges Papier, Strohhalm, Klebeband, Holzstab, Modelliermasse, Gummiband, Bleistift.

1 Schneide aus dem Papier 20 Streifen, die jeweils 5x300 mm groß sind, und aus dem Strohhalm zwei 25 mm lange Stücke. Die beiden Halmstücke schiebst du oben und unten auf den Holzstab. Von jedem Streifen klebst du je ein Ende an die Halmstücke.

2 Klebe einen Papierstreifen quer über die Klebestreifen an den Halmen. Prüfe, ob sich die Strohhalme am Stab hoch- und runterbewegen lassen. Befestige etwas Modelliermasse am untere Ende des Stabs. Oben machst du das Gummiband fest, mit dem Bleistift als Griff.

3 Halte dein Modell am Stift fest und drehe den Stab ein Dutzend Male oder mehr herum, sodass sich das Band aufwickelt. Dann lässt du den Stab los und beobachtest, wie sich dein »Planet« dreht und der Äquator sich wölbt, weil die lose befestigten Papierstreifen nach außen fliehen wollen.

Titan

Der größte Saturnmond ist Titan, eine der geheimnisvollsten Welten im Sonnensystem. Er unterscheidet sich offenbar von allen anderen Saturnmonden. Titan ist so groß wie ein kleiner Planet und in einen orangefarbenen Nebel gehüllt. Seine Atmosphäre enthält Stickstoff und Methangas. Unter dem Nebel liegt vermutlich eine Eiswelt, die mit öligen Kohlenwasserstoffen bedeckt ist. Zu Beginn war sein Kern heiß und schmolz, sodass Vulkane und Geysire Gase freisetzten. Dadurch bildete sich eine einfache Atmosphäre, die an die Uratmosphäre der Erde erinnert. Die ersten echten Bilder seiner Oberfläche soll die Raumsonde *Huygens* (oben) liefern, die 2005 in der Titanatmosphäre abgesetzt wird.

Christiaan Huygens (1629–95)
Der holländische Astronom Christiaan Huygens entdeckte 1655 den riesigen Saturnmond Titan. Er war auch der Erste, der die Natur der Ringe erkannte. Bis zu seiner Entdeckung hielt man die Ringe für geheimnisvolle Wölbungen oder »Henkel« des Planeten. Huygens baute die besten Teleskope seiner Zeit und interessierte sich auch für andere Wissenschaftszweige. Er erfand z. B. die Pendeluhr.

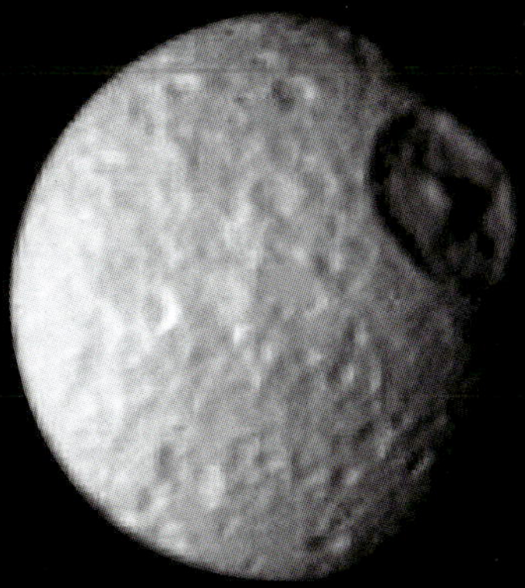

Kosmisches Bullauge
Saturn besitzt mindestens 30 Monde. Neben vielen eingefangenen Asteroiden gibt es auch 17 natürliche Monde, die mit Saturn entstanden sind. Die meisten sind eisige Welten, manche zeigen Spuren alter Aktivität, verursacht durch die Gezeiten ihres riesigen Elternplaneten. Der innerste Mond, Mimas, wurde bereits früh von einem Einschlag getroffen. Diese Narbe trägt er immer noch – einen enormen Krater, der fast ein Drittel seines Durchmessers bedeckt (oben).

URANUS

URANUS IST DER SIEBTE PLANET im Sonnensystem. Sein Abstand zur Sonne ist etwa doppelt so groß wie der von Saturn, weshalb Uranus extrem kalt ist. Ein Umlauf dauert 84 Erdjahre. Er wurde erst 1781 von dem deutschen Astronomen William Herschel entdeckt, der eines der besten Teleskope seiner Zeit nutzte. Uranus ist einer der zwei kleinen äußeren Gasriesen. Methangase in seiner Atmosphäre verleihen ihm die typische blaugrüne Farbe. Im Gegensatz zu den anderen Gasriesen ist Uranus eine ziemlich ruhige Welt mit nur wenigen Stürmen.

EINE WELT IN SEITENLAGE

Die Uranus-Achse ist gegen seine Umlaufbahn um 98 Grad gekippt – er rollt buchstäblich um die Sonne. Dieser kuriose Winkel, der vermutlich von einer Kollision mit einem anderen Körper in der frühen Entstehungsphase des Sonnensystems stammt, wirkt sich seltsam auf sein Wetter aus. Obwohl die Nächte in einigen Gebieten 40 Jahre andauern, ist die Temperatur auf seiner Oberfläche gleichmäßig. Vermutlich verhindert eine Wärmebewegung um den Planeten, dass wechselndes Wetter entsteht.

Das Magnetfeld des Uranus ist fünfzigmal stärker als das der Erde.

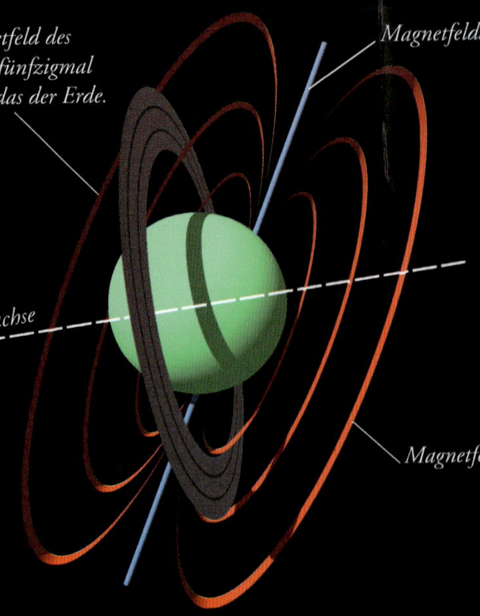

Das Magnetfeld des Uranus
Schon die Neigung der Uranus-Achse erscheint seltsam, doch sein Magnetfeld ist noch eigenwilliger. Die Magnetfeldachse ist um 60 Grad gegen die Rotationsachse gekippt und die Feldlinien verlaufen nicht durch das Zentrum des Planeten. Unter einer Atmosphäre aus Helium, Wasserstoff und etwas Methan besitzt Uranus einen Mantel aus flüssigen und gefrorenen schwereren Substanzen, der einen Gesteinskern umgibt. Dieser Mantel scheint das Magnetfeld zu erzeugen.

Ein Umlauf dauert 84 Erdjahre.

Für eine Rotation um die Achse benötigt er 17,24 Stunden.

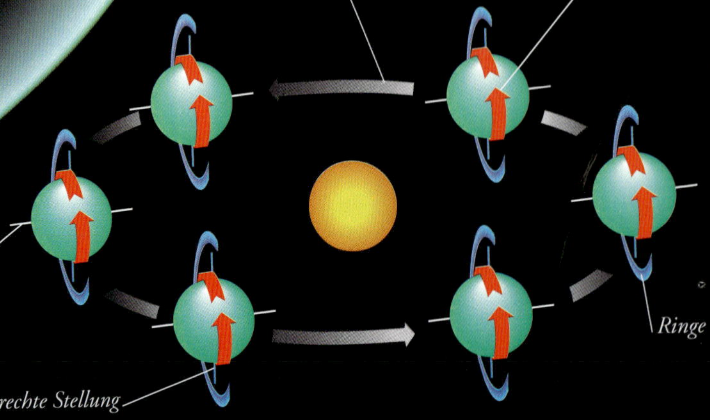

Die Achse ist um 98 Grad aus der Senkrechten gekippt.

Senkrechte Stellung

Verrückte Tage
Ein Umlauf dauert 84 Jahre. Ungefähr die Hälfte der Zeit weist der Nordpol direkt zur Sonne, doch 42 Jahre später zeigt er von ihr weg. Deshalb hat Uranus unterschiedlich lange Tage. In den Polargebieten dauert ein Tag 42 Jahre, dagegen ist ein Tag am Äquator nur 17 Stunden lang.

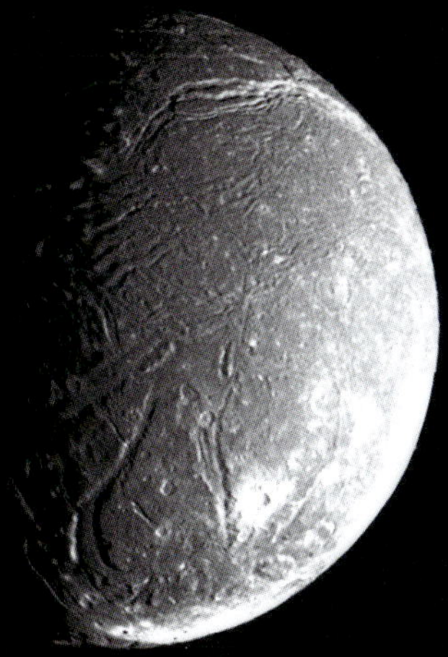

Ein Bild von Ariel, das *Voyager 2* 1999 aufnahm

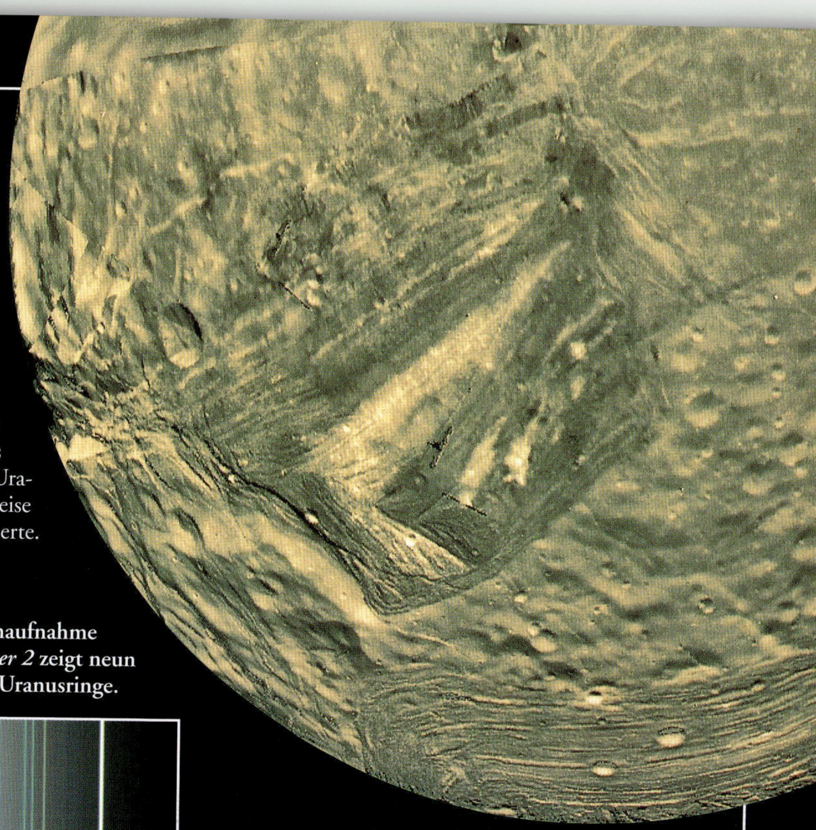

Geheimnisvolle Miranda
Der Uranusmond Miranda hat einen Durchmesser von 480 km. Seine Oberfläche ist ein sonderbarer Flickenteppich aus verschiedenen Landschaften. Früher dachte man, dass Miranda auseinander gebrochen ist und sich selbst wieder zusammengesetzt hat. Heute wird vermutet, dass sie durch die Schwerkraft des Uranus und größerer Monde teilweise schmolz und sich wieder erneuerte.

Monde und Ringe

Uranus besitzt 21 Monde und zahlreiche dunkle Ringe, deren Bahnen wie die des Planeten ebenfalls gekippt sind. Die fünf größten Monde heißen Miranda, Ariel, Umbriel, Titania und Oberon. Sie alle waren in sehr frühen Zeiten aktive Welten. Bei den beiden kleinsten Monden, Miranda und Ariel, die dem Planeten am nächsten sind, hielt diese Aktivität vermutlich länger an. Unter den kleineren Satelliten befinden sich auch eingefangene Asteroiden und Schäferhundmonde (S. 49).

Diese Falschfarbenaufnahme (unten) von *Voyager 2* zeigt neun der elf bekannten Uranusringe.

Die Uranusringe
Die Uranusringe unterscheiden sich völlig von den Saturnringen – sie sind schmal und aus dem dunkelsten Material des Sonnensystems. Entdeckt wurden sie erst 1977, als sie sich vor einen entfernten Stern schoben, sodass dessen Licht flimmerte. Vermutlich werden die feinen Strukturen von zwei winzigen Schäferhundmonden in ihrer Bahn gehalten. Ihre dunkle Farbe erhalten die Ringe wahrscheinlich durch eine Schicht Methan oder eine andere Kohlenstoffverbindung.

Experiment
Ringe entdecken

Durch die ungewöhnliche Neigung der Uranus-Achse konnten seine Ringe entdeckt werden. Wenn sich der Planet vor einen entfernten Stern schiebt, blockieren seine Ringe das Licht des Sterns, sodass es flimmert. Diese Wirkung kannst du mit diesem Experiment selber beobachten. **Das brauchst du:** schwarze Styroporplatte, 11 schwarze Bleistifte, Taschenlampe, einen Erwachsenen.

Wenn ein Objekt im Weltraum die Sicht auf ein anderes blockiert, nennt man das »Bedeckung«.

1 Stecke die elf Bleistifte mit ihrer Spitze in die Styroporplatte, sodass sie aufrecht stehen (links). Die Stifte stellen die Ringe dar. Die Taschenlampe legst du etwa 1 m entfernt hinter die Ringe, sie ist deine Sonne.

2 Der Raum soll dunkel sein, wenn du nun die Taschenlampe einschaltest und durch die Ringe in Richtung des Lichtes schaust. Wenn du die Ringe nach beiden Seiten verschiebst, kannst du beobachten, wie sie das Licht blockieren.

NEPTUN

WEIT HINTER DER SONNE liegt als achter Planet eine bitterkalte und dunkle Welt. Neptun hat in etwa die gleiche Größe und Farbe wie Uranus. Er ist allerdings wesentlich aktiver und besitzt das gefährlichste Wetter im gesamten Sonnensystem. Seine innere Struktur ähnelt der des Uranus, er ist jedoch weniger stark geneigt (28,3 Grad im Gegensatz zu 98 Grad von Uranus). Neptun ist der erste Planet, der nicht zufällig, sondern durch Berechnungen entdeckt wurde. Man wusste, dass er existiert, weil seine Schwerkraft die Bahn des Uranus beeinflusste. 1846 wurde er an der vorhergesagten Stelle gefunden.

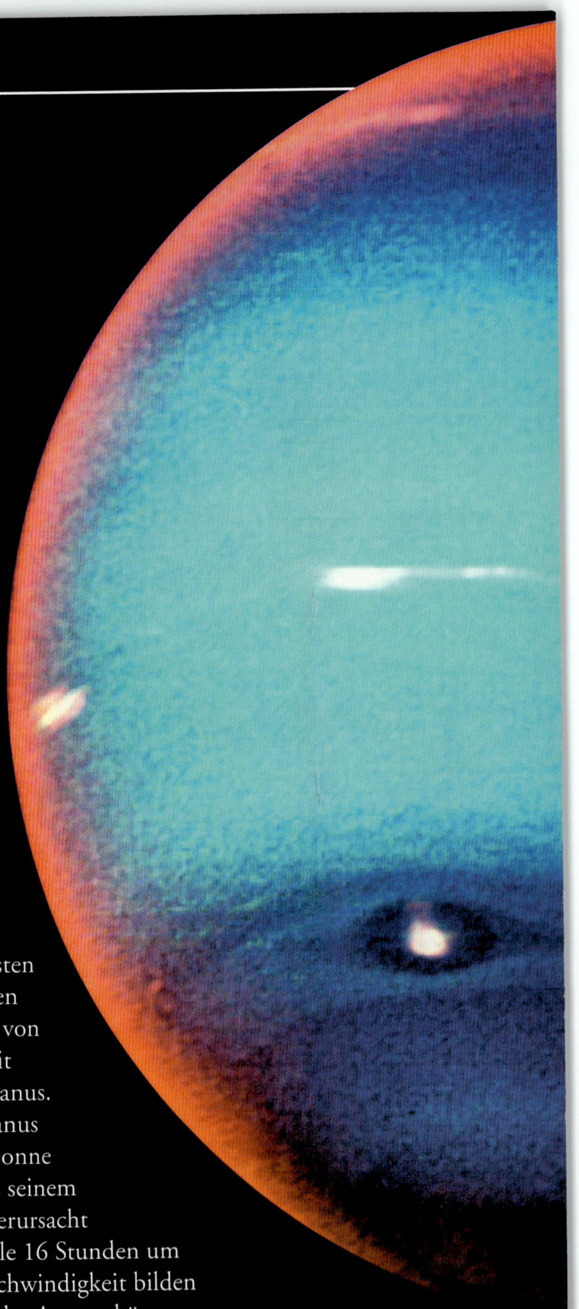

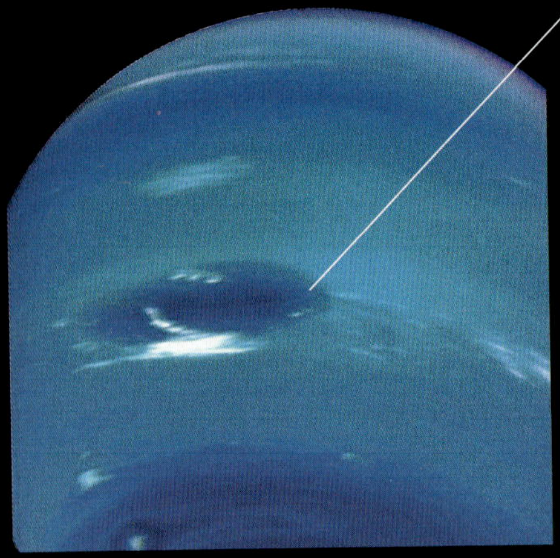

Der Große Dunkle Fleck, wie er 1989 aussah, und Zirruswolken im Süden

Dunkle Flecken und Zirruswolken
Die Wolken auf dem Neptun bewegen sich unterschiedlich schnell in verschiedene Richtungen. Die Bewegung hängt von ihrer Höhe in der Atmosphäre ab. Dunkle Flecken liegen in tieferen Schichten. Ihre Wirbel bewegen sich gegen die Rotationsrichtung des Planeten. Hohe weiße »Zirren«, die ihren Schatten auf die blauen Wolken darunter werfen, bläst Rückenwind um den Planeten.

STÜRMISCHES WETTER

Auf Neptun herrschen die stürmischsten Winde im Sonnensystem, sie erreichen bis zu 2000 km/h. Obwohl er weiter von der Sonne entfernt liegt, besitzt er mit −214°C dieselbe Temperatur wie Uranus. Neptun erzeugt im Gegensatz zu Uranus mehr eigene Energie, als er von der Sonne empfängt. Die Wärme entweicht aus seinem Innern, beeinflusst das Wetter und verursacht Stürme. Neptun dreht sich einmal alle 16 Stunden um seine Achse. Durch die Rotationsgeschwindigkeit bilden seine Wolken verwirbelte Bänder in der Atmosphäre.

SELTSAME RINGE

Viele Jahre wussten die Astronomen nicht, ob Neptun ein Ringsystem besitzt. Manchmal, wenn sich Neptun vor entferntere Sterne schob, dämpften seine Ringe das Sternlicht, doch zu anderen Zeiten geschah das nicht. Daher vermuteten einige Astronomen, dass er nur von Ringsegmenten umgeben sei – kleinen Ringstücken, die auf unabhängigen Bahnen kreisen. Die Raumsonde *Voyager 2* löste 1989 dieses Rätsel mit einer Aufnahme der Silhouette von Neptun und seinen Ringen. Diese Aufnahme zeigt, dass Neptun tatsächlich Ringe besitzt. Sie sind jedoch auf der einen Seite des Planeten dicker als auf der anderen.

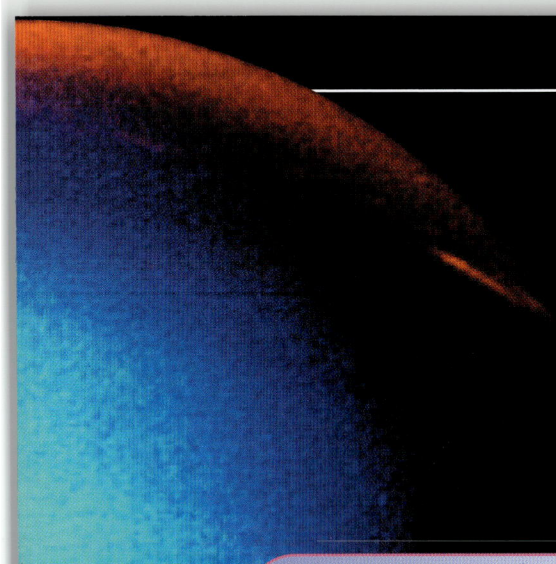

TRITON

Neptun besitzt mindestens acht Monde, doch gegenüber Triton erscheinen die sieben anderen wie Zwerge, denn er ist fast so groß ist wie unser Mond. Triton kreist auf einer runden Bahn, er bewegt sich jedoch in die »falsche« Richtung. Möglicherweise ähnelt er Pluto und wurde von Neptuns Schwerkraft auf eine rückläufige Bahn gezogen. Triton schleuderte die meisten ursprünglichen Neptunmonde aus dem Sonnensystem hinaus.

Die Vertiefungen in der Oberfläche von Triton sind vermutlich Stellen, an denen geschmolzenes Material an die Oberfläche floss.

William Lassell (1799–1880)

Die Entdeckung von Triton

Der Amateurastronom William Lassell entdeckte den Neptunmond Triton 1846, nur wenige Wochen, nachdem Neptun zum ersten Mal beobachtet worden war. Lassell war ein englischer Bierbrauer, der großes Interesse an der Astronomie zeigte. Er baute zu einer Zeit sein eigenes Spiegelteleskop, als die meisten noch Linsenteleskope benutzten. Mit seinen Metallspiegeln entdeckte er auch den Saturnmond Hyperion sowie hunderte neuer Nebel.

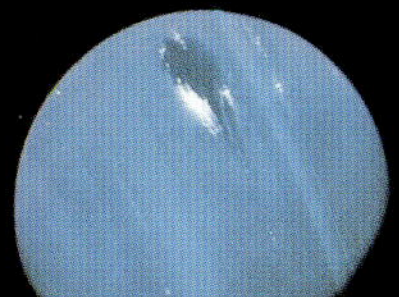

EXPERIMENT
KONDENSIERTE ATMOSPHÄRE

TRITON IST SO KALT, dass seine dünne Atmosphäre aus Stickstoff als feste Eisdecke auf der Oberfläche liegt. In diesem Experiment lässt du Dampf kondensieren. **Das brauchst du:** Modelliermasse, Bindfaden, Stab, Schüssel mit heißem Wasser, einen Erwachsenen.

1 Aus Modelliermasse formst du eine Kugel, sie ist Triton. Die Kugel befestigst du an einem Ende des Bindfadens und bindest diesen an den Stab. Dann legst du »Triton« für einige Stunden ins Gefrierfach.

2 Bitte einen Erwachsenen das Wasser zu erhitzen. Hole deinen Modellmond aus dem Gefrierfach und halte ihn am Stab wenige Sekunden über den aufsteigenden Dampf. Der Dampf kondensiert auf der Kugel zu einer dünnen Eisschicht.

Eisgeysire auf Triton

Triton ist eine sehr eisige Welt mit unterschiedlichen Landschaften. Die dunklen, rußigen Flecken stammen von Eisgeysiren (oben). Obwohl er einer der kältesten Orte ist, besitzt Triton aktive Vulkane. Wahrscheinlich halten die Gezeitenkräfte, die durch seine rückläufige Bahn entstehen, seine Oberfläche aktiv.

PLUTO UND CHARON

DER WINZIGE PLUTO hat nur zwei Drittel der Größe unseres Mondes. Manche Astronomen bezweifeln sogar, dass er überhaupt ein Planet ist. Pluto ist nicht immer der entfernteste Planet von der Sonne, weil er auf einer exzentrischen Bahn kreist. Während seines Umlaufs, der 248 Erdjahre dauert, kommt er der Sonne 20 Jahre lang näher als Neptun. Im Gegensatz zu den anderen äußeren Planeten, den Gasriesen, besteht er aus Eis und Gestein. Pluto ist auch deshalb einzigartig, weil er, zusammen mit seinem Mond Charon, ein »Doppelplanet« ist.

DOPPELPLANET

Charon ist fast halb so groß wie Pluto. Im Vergleich zu seinem Planeten ist er der größte Mond im Sonnensystem. Er ist sehr nahe an Pluto und kreist im Abstand von nur 18 500 Kilometern über seiner Oberfläche. Wie bei allen anderen natürlichen Monden weist immer nur eine Seite zu Pluto. Seine Schwerkraft hat die Rotation des Pluto so stark abgebremst, dass sich Pluto mit der gleichen Geschwindigkeit um seine Achse dreht, wie Charon um ihn kreist – eine Drehung alle 6,4 Tage. Von einer Seite des Pluto ist Charon deshalb immer zu sehen, von der anderen nie.

Pluto und Charon sind wie diese Hantel: Sie sind aneinander gebunden und es stehen sich immer die gleichen Seiten gegenüber.

Tombaugh verglich Aufnahmen, die er am 23. und 29. Januar 1930 machte.

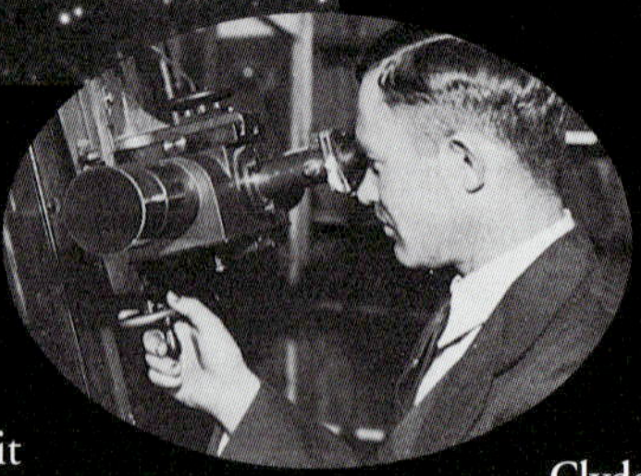

Clyde Tombaugh, der Entdecker des Pluto, betrachtet Bilder an einem Blinkkomparator.

ENTDECKUNG

Pluto wurde 1930 als Ergebnis einer gezielten Suche entdeckt. Zu dieser Zeit glaubten Astronomen Unregelmäßigkeiten der Neptunbahn zu beobachten und vermuteten, dass ein weiterer Planet die Ursache dafür war. Der amerikanische Astronom Clyde Tombaugh (1906–97) fotografierte in unterschiedlichen Nächten eine Stelle am Nachthimmel, an der er den Planeten vermutete. Auf den Aufnahmen suchte er nach Objekten, die sich bewegt hatten. Er fand Pluto innerhalb weniger Monate.

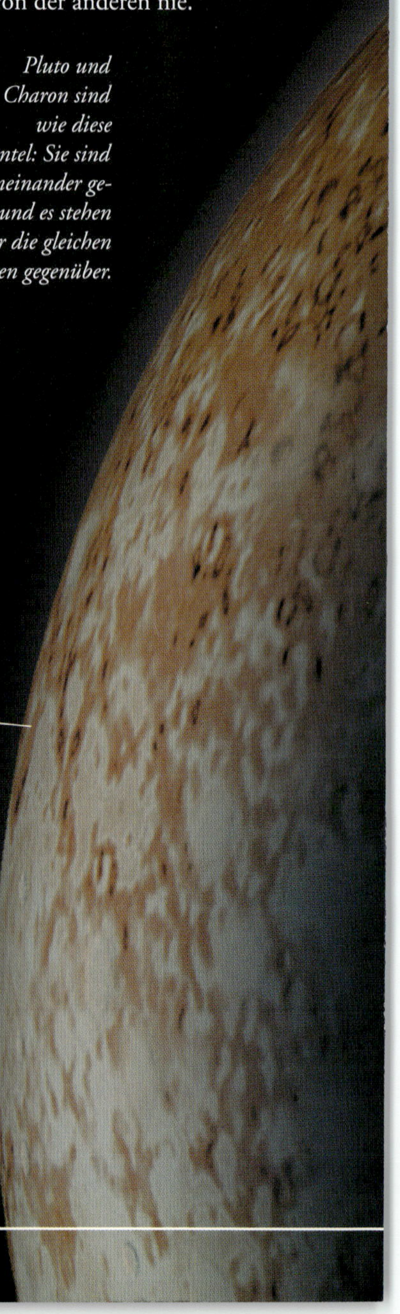

Die Bahn des Pluto unterscheidet sich erheblich von allen anderen im Sonnensystem.

Die Umlaufbahn des Pluto

Pluto hat die längste Umlaufbahn aller Planeten. Sein Abstand zur Sonne schwankt zwischen 4,5 und 7,4 Milliarden Kilometern. Gelegentlich verläuft sie innerhalb der Neptunbahn, doch zu diesen Zeitpunkten ist Neptun weit entfernt, sodass keine Gefahr einer Kollision besteht. Plutos Bahn ist außerdem gegenüber den Bahnen der anderen Planeten extrem gekippt – in einem Winkel von 17 Grad gegen die Ekliptik.

Gefrorene Atmosphäre

Zurzeit herrscht auf Pluto Sommer, insgesamt 50 Jahre lang. Pluto kreist nahe genug an der Sonne, sodass ihre Wärme sein Oberflächeneis verdampft – hauptsächlich bestehend aus Methan, Stickstoff und Kohlenmonoxid, die eine dünne Atmosphäre bilden. In einigen Jahren wird sich Pluto wieder von der Sonne entfernen. Er kühlt dann ab, seine Atmosphäre gefriert und bleibt für die nächsten 200 Jahre fest. Die NASA hofft, eine Mission zu Pluto zu starten, bevor die Atmosphäre einfriert.

Nebelschwaden steigen von diesem zugefrorenen See auf der Erde wie die Gase von Plutos eisiger Oberfläche auf.

EXPERIMENT
DOPPELPLANET

DIESES EXPERIMENT zeigt dir, wie Pluto und Charon um einen unsichtbaren Punkt kreisen, das Baryzentrum. Sie stehen sich immer mit den gleichen Seiten gegenüber, sodass Charon von einigen Gebieten auf Pluto aus nicht sichtbar ist. **Das brauchst du:** Modelliermasse (zwei Farben), Holzstab, Schere, Bindfaden.

1 Aus den Modelliermassen formst du zwei verschiedenfarbige Kugeln mit 50 mm und mit 25 mm Durchmesser. Die Kugeln steckst du auf die Enden des Holzstabs. Schneide ein Stück Bindfaden ab und wickele es um den Stab. Dann hängst du das Modell auf, sodass es frei schwebt.

2 Jetzt schiebst du den Bindfaden so lange hin und her, bis du das Baryzentrum gefunden hast und beide Kugeln ausbalanciert sind (wie bei einer Wippe). Dann stößt du die kleine Kugel an, sodass sich deine Doppelplaneten drehen. Beobachte die verschiedenen Bahnen, auf denen Pluto und Charon kreisen.

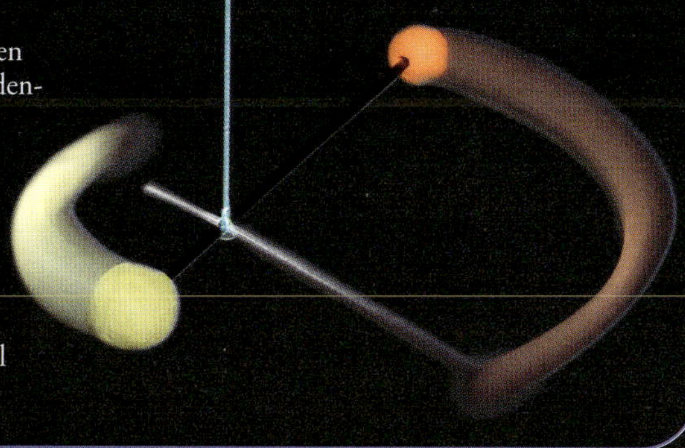

Varuna, das größte Objekt aus dem Kuiper-Gürtel, ist fast halb so groß wie Pluto.

Pluto ist der kleinste Planet im Sonnensystem.

Merkur ist der zweitkleinste Planet, er hat aber einen mehr als doppelt so großen Durchmesser wie Pluto.

Ist Pluto ein Planet?

Jahrzehntelang zerbrachen sich Astronomen den Kopf wegen Plutos Lage am Rande des Sonnensystems. Heute wissen sie, dass er nur einer von vielen ähnlichen Objekten im Kuiper-Gürtel ist. Manche Astronomen glauben, dass Pluto kein Planet ist, sondern eines dieser Objekte. Doch momentan zählt er zu beiden Gruppen. Im Bild oben sind die Größenverhältnisse zwischen Pluto, Merkur und Varuna, einem Objekt aus dem Kuiper-Gürtel, dargestellt.

Die ersten Karten

Pluto wurde noch nicht von einer Raumsonde besucht, weil er so weit entfernt ist. Astronomen haben dennoch eine Karte von seiner Oberfläche angefertigt. Zweimal in einem Plutojahr (das entspricht 248 Erdjahren), schiebt sich Charon vor oder hinter Pluto. In den 80er-Jahren des letzten Jahrhunderts beobachteten sie die Änderungen des gemeinsamen Lichts beider Körper während einer Finsternis und erhielten so erste Angaben. Inzwischen wurden die Karten durch das Hubble-Weltraumteleskop verbessert.

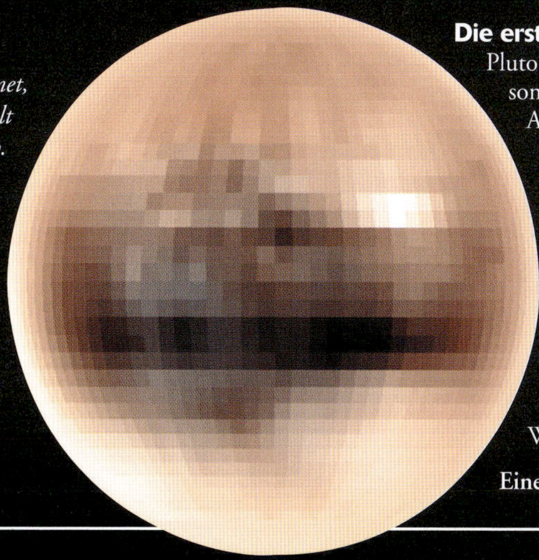

Eine zweifarbige Karte der Pluto-Oberfläche

DIE STERNE

Hell scheinen die jungen, weißlich heißen Sterne im Offenen Sternhaufen der Plejaden (Siebengestirn).

Entfernte und nahe Sterne

Jeden Abend, wenn es dunkel wird, erscheinen die Sterne zu Tausenden am Himmel. Sie scheinen uns winzig klein und sie sind so weit entfernt. Könnten wir die vielen Millionen Kilometer zu ihnen reisen, würden wir entdecken, dass sie unserer Sonne sehr ähnlich sind. Unsere Sonne ist ebenfalls ein Stern, sie ist uns jedoch viel näher. Durch die Untersuchung des Lichts und anderer Strahlen der Sterne wissen Astronomen heute, wie groß und wie heiß sie sind, wie schnell sie sich bewegen, wie sie entstehen und wie sie vergehen.

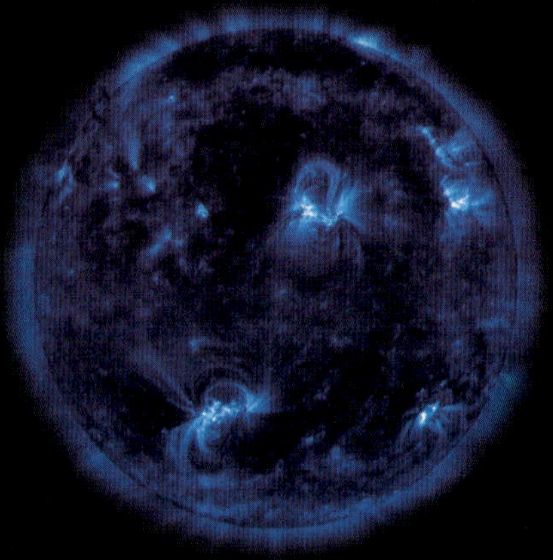

Diese ultraviolette Aufnahme macht die sehr heiße Oberfläche der Sonne sichtbar.

Was ist ein Stern?

Sterne sind wie die Sonne riesige Kugeln aus brennenden, heißen Gasen. Manche sind kleiner als die Sonne, andere sind jedoch viel größer. Die Temperaturen im Innern eines Sterns erreichen mehrere Millionen Grad Celsius.

Sterne bestehen hauptsächlich aus Wasserstoff, dem leichtesten Gas, er ist ihr Brennstoff. In Kernreaktionen erzeugen sie ungeheure Energiemengen. Diese geben sie zum größten Teil als Licht und Wärme ab. Sie setzen aber auch andere Strahlen wie ultraviolette oder Röntgenstrahlen frei.

Sterne am Himmel

Am Himmel erscheinen Sterne so, als wären sie alle gleich weit von uns entfernt – als würden sie an einer dunklen Kugel, die sich um die Erde wölbt, kleben. (Das glaubten die alten Astronomen.) In Wirklichkeit sind jedoch alle Sterne unterschiedlich weit entfernt – und die Entfernungen sind so groß, dass man sie sich nicht vorstellen kann. Wenn wir mit Lichtgeschwindigkeit reisen könnten, würden wir den nächsten Stern erst in vier Jahren erreichen! Astronomen bezeichnen die Entfernung zu den Sternen deshalb als Lichtjahre. Die entferntesten Sterne am Himmel sind sogar viele tausend Lichtjahre weit weg.

Alle Sterne bewegen sich mit enormer Geschwindigkeit durch den Weltraum. Ihre Bewegung können wir nicht sehen, weil sie so weit entfernt sind. Für uns stehen sie an einer Stelle und bilden immer die gleichen Muster, die wir erkennen können. Mithilfe dieser Muster, den Sternbildern, können wir uns am Himmel orientieren.

Das Leben der Sterne

Die Sterne am Himmel scheinen sich nie zu ändern. Wir sehen heute die gleichen Sterne, die alte Astronomen bereits vor tausenden von Jahren sahen und die auch in tausend Jahren noch scheinen werden. Doch auch Sterne ändern sich. Sie werden geboren, wachsen und sterben eines Tages. Im Gegensatz zu Lebewesen jedoch leben Sterne viele Millionen oder sogar Milliarden Jahre.

Sterne entstehen in Nebeln. Das sind Wolken aus Gas und Staub, die es überall im Weltall gibt. Fällt ein verdichtetes Gebiet in einem solchen Nebel durch seine eigene Schwerkraft in sich zusammen, erwärmt es sich. Sobald die Gaskugel heiß genug ist, starten in ihrem Innern Kernreaktionen. Sie erzeugen so viel Energie, dass sie leuchtet – ein neuer Stern ist geboren.

In den dunklen Wolken aus Gas und Staub im Adlernebel entstehen neue Sterne.

Zeitleiste

um 150 v. Chr. Hipparch stellt den ersten Sternkatalog auf und entwirft eine Skala der Helligkeiten.

1054 Chinesische Astronomen beobachten eine Supernova. Aus ihr entsteht der Krebsnebel.

1610 Galileo Galilei sieht als Erster durch ein selbst gebautes Teleskop Sonnenflecken.

1814 Joseph von Fraunhofer entdeckt die dunklen Linien im Sonnenspektrum, die später als Fraunhofer-Linien bekannt werden.

1838 Friedrich Bessel bestimmt mithilfe der Parallaxe die erste sichere Sternentfernung (61 Cygni).

1906 Ejnar Hertzsprung entdeckt die Beziehung zwischen Farbe und Helligkeit eines Sterns.

Sternhaufen

In den ausgedehnten Nebeln bilden sich häufig mehrere Sterne gleichzeitig. Einige Sterne liegen dabei so dicht nebeneinander, dass sie sich gegenseitig anziehen. Diese Zwei-Stern-Systeme sind recht häufig – wir nennen sie Doppelsterne.

Manchmal entstehen in einem weiten Gebiet viele hundert Sterne zur gleichen Zeit. Wir können viele dieser Gruppen aus jungen Sternen, so genannte Offene Sternhaufen, sehen. Die einzelnen Sterne ziehen sich nicht an, sondern treiben langsam voneinander weg.

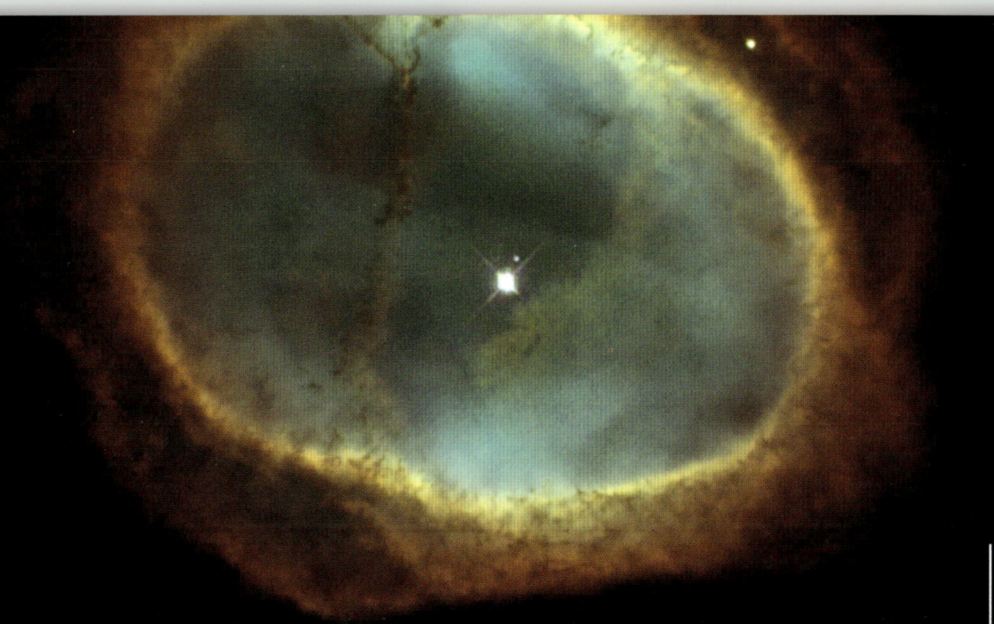

Der gewaltige Ring um diesen planetarischen Nebel besteht aus Gas, das sich ausdehnt. Es wurde von dem kleineren Stern in der Mitte abgestoßen, der gerade stirbt.

Ein Offener Sternhaufen aus jungen Sternen

Das Ende eines Sterns

Die meisten Sterne leben sehr lange. Sie leuchten so lange, bis sie ihren Wasserstoff verbraucht haben. Anschließend sterben sie.

Zunächst schwellen sie auf das Vielfache ihrer ursprünglichen Größe an, dabei leuchten sie immer röter und werden zu Roten Riesen. Ein Roter Riese stößt Wolken aus Gas und Staub von seiner äußeren Hülle ab, sodass bald nur noch sein winziger heißer Kern übrig bleibt. Aus dem Stern ist ein Weißer Zwerg geworden, dessen Strahlung die abgestoßenen Wolken aus Materie erleuchtet. Diese Wolken nennt man planetarische Nebel.

Ein Ende mit Knall

Sterne, die viel größer als die Sonne sind, erleben ein ganz anderes Schicksal. Anstatt ruhig wie ein Weißer Zwerg zu verschwinden, enden sie in einem Knall. Sie schwellen ebenso wie andere Sterne an und werden zu Roten Riesen, doch sie nehmen weiter an Größe zu und werden zu Überriesen.

Diese Überriesen sind so instabil, dass sie als Supernova explodieren. Der Kern eines solchen Sterns zieht sich immer weiter zusammen und bildet, je nach seiner Masse, einen winzigen Neutronenstern oder ein Schwarzes Loch. Ein Schwarzes Loch besitzt eine unvorstellbar große Schwerkraft, die alles anzieht und verschluckt – sogar Licht.

Auferstehung

Der Untergang eines Sterns ist aber noch nicht sein Ende, sondern bedeutet auch einen Neuanfang. Denn die Materie, die ein sterbender Stern abstößt, kommt als neue Materie zu bereits bestehenden Wolken, die überall im Weltraum vorhanden sind. Und aus diesen Wolken entsteht irgendwann ein neuer Stern.

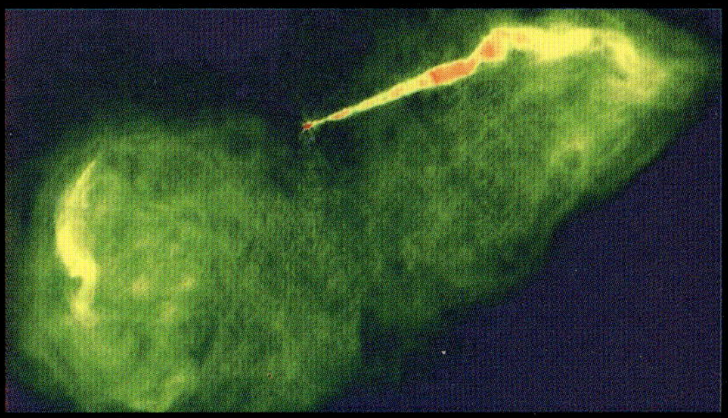

Ein Teilchenstrom bildet sich neben einem massiven Schwarzen Loch.

1912 Henrietta Leavitt entdeckt den Zusammenhang zwischen der Zeit, in der die Cepheiden in ihrer Helligkeit schwanken, und ihrer absoluten Helligkeit.

1937 Hans Bethe entwickelt eine Theorie, wie Sterne ihre Energie aus Wasserstoff durch Kernfusion erzeugen.

1963 Radioastronomen finden das erste interstellare Molekül, die Hydroxylgruppe (-OH).

1967 Jocelyn Bell und Antony Hewish entdecken an der Radiosternwarte Cambridge den ersten Pulsar.

1987 Eine Supernova, die mit bloßem Auge erkennbar ist, explodiert in der Großen Magellanschen Wolke.

1991 Radioastronomen finden den ersten extrasolaren Planeten, der um einen winzigen Pulsar kreist.

UNSER LOKALER STERN

DIE SONNE IST DER nächste Stern der Erde. Mit einem Abstand von 150 Millionen Kilometern liegt sie hunderttausendmal näher zur Erde als der nächstfolgende Stern. Wie andere Sterne ist die Sonne eine große Kugel aus extrem heißem Gas. Ihr Durchmesser beträgt 1,4 Millionen Kilometer und sie ist 109-mal größer als die Erde. Sie besitzt 750-mal so viel Materie wie alle anderen Körper im Sonnensystem zusammen. Die Sonne besteht aus Helium und Wasserstoff. Außerdem enthält sie kleine Mengen von 70 anderen Elementen.

DER KERNOFEN

Im Sonnenkern erreichen die Temperaturen bis zu 15 Millionen Grad Celsius und der Druck steigt auf mehrere Millionen Atmosphärendrücke. Dabei verschmelzen die Kerne von Wasserstoffatomen und bilden Helium. Ohne diese enorme Energiemenge, die in Kernreaktionen erzeugt wird, würde die Sonne nicht scheinen. Die Energie gelangt nach außen in die Fotosphäre (Oberfläche) der Sonne. Von dort entweicht sie als Licht-, Infrarot- und ultraviolette Strahlung ins Weltall .

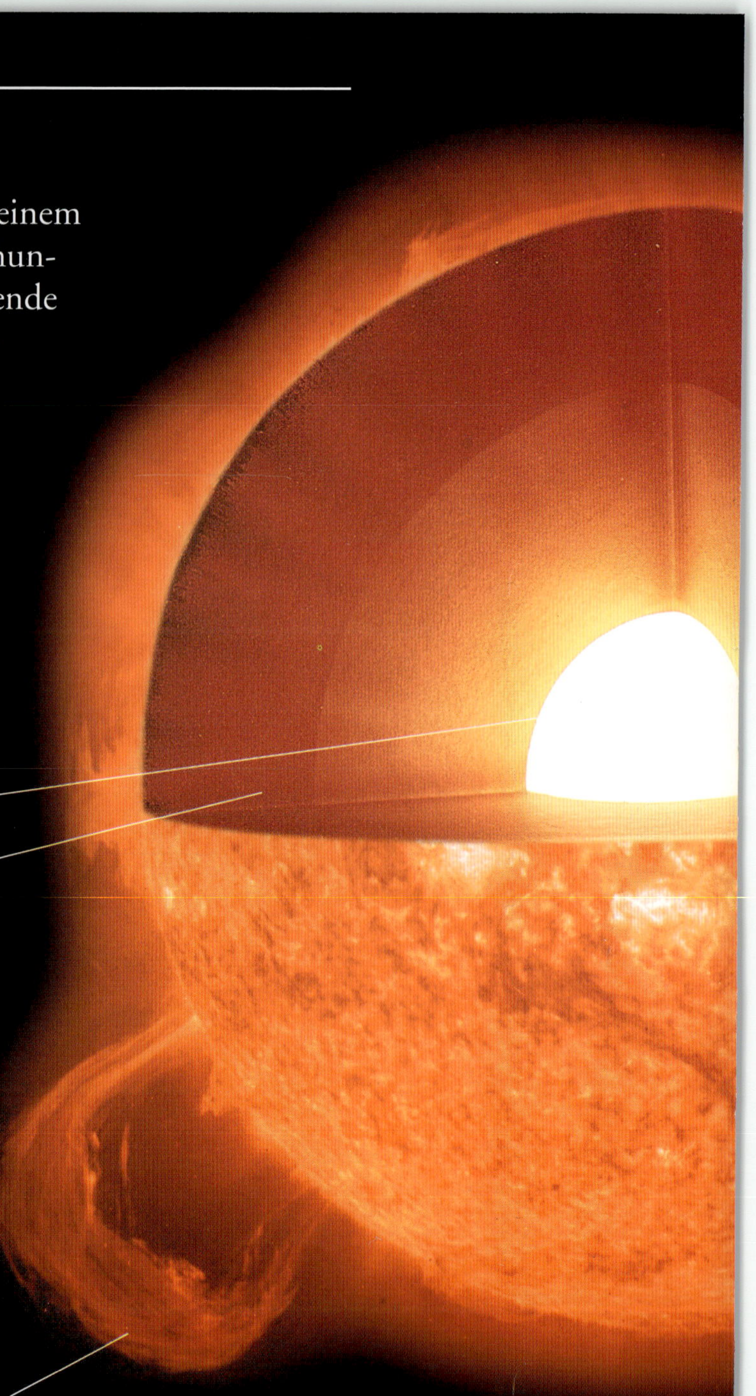

In diese Aufnahme von SOHO (engl.: Solar and Heliospheric Observatory) wurde ein Querschnitt eingezeichnet.

Kernfusion von Wasserstoff

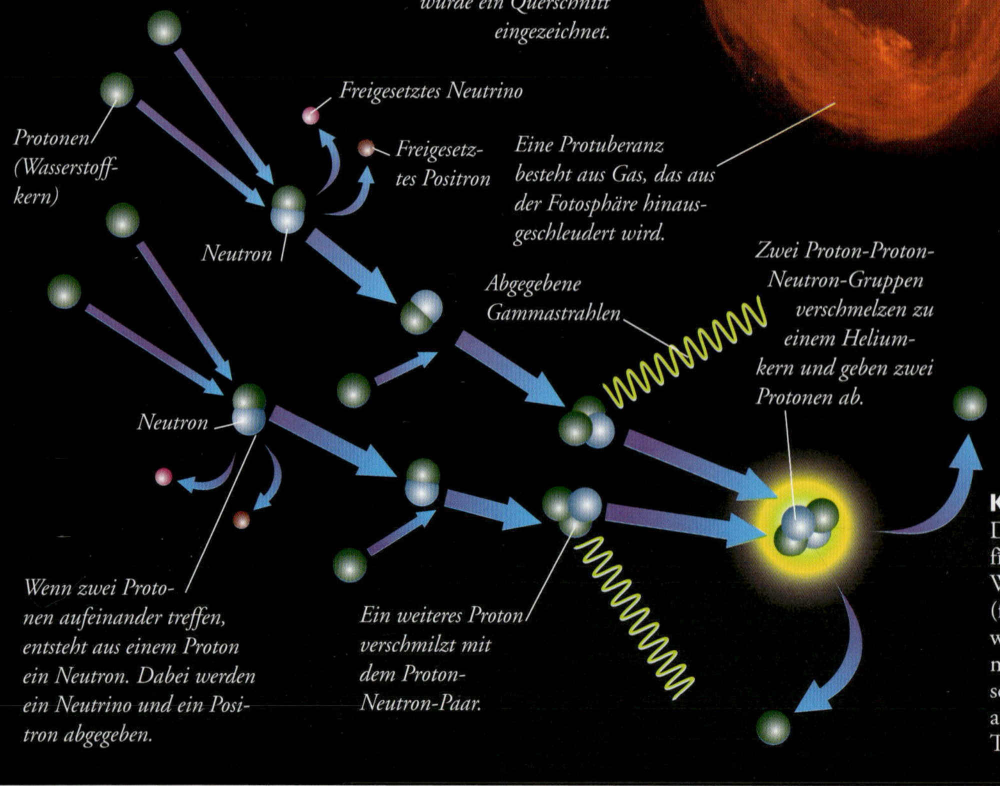

ACHTUNG!
Schau niemals direkt in die Sonne, besonders nicht durch Ferngläser. Du kannst durch ihren Schein erblinden.

Kernfusion
Die Kernreaktion, die im Sonnenkern stattfindet, nennt man auch Kernfusion, weil Wasserstoffkerne zu Helium verschmelzen (fusionieren). Die Abbildung links zeigt die wichtigsten Vorgänge. Helium entsteht in mehreren Schritten aus Protonen bzw. Wasserstoffkernen. Bei dieser Reaktion werden aus einigen Protonen Neutronen, andere Teilchen und Strahlen werden freigesetzt.

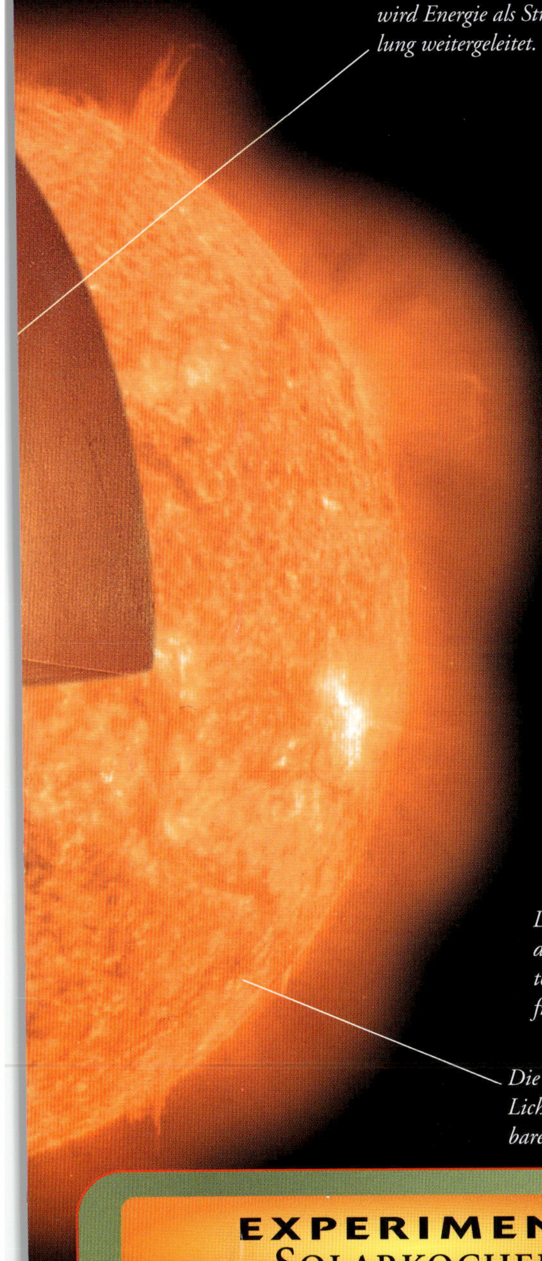

‹ DAS LEBEN AUF DER ERDE ›

Fast alles Leben auf der Erde hängt letzten Endes von der Sonne ab. Aus Sonnenlicht erzeugen Pflanzen durch Fotosynthese ihre Nährstoffe. Von diesen Pflanzen ernähren sich Tiere – oder von Tieren, die Pflanzen fressen. Die Sonnenenergie schafft auf der Erde eine behagliche Umgebung, in der sich Lebewesen entwickeln können. 66

KORONA

Die Sonne besitzt wie die Erde eine Atmosphäre aus dünnen Gasen. Diese Schicht können wir normalerweise nicht sehen, weil uns der Schein der Fotosphäre blendet. Doch während einer totalen Sonnenfinsternis, wenn die Fotosphäre durch den Mond verdeckt ist, können wir die Atmosphäre sehen. Sie erscheint als perlenförmiger weißer Hof, den man Korona (Krone) nennt, und reicht viele Millionen Kilometer ins Weltall. Ihre Temperatur erreicht bis zu 3 Millionen Grad Celsius.

Die Korona kannst du während einer totalen Sonnenfinsternis sehen.

Die Chromosphäre
Die unterste und dichteste Schicht der Sonnenatmosphäre, die Chromosphäre, leuchtet rosa. Sie ist etwa 5000 Kilometer dick. Auch diese Schicht kann man nur während einer totalen Sonnenfinsternis sehen. Ströme aus Gas, die man Spiculum (lat.: Spitze) nennt, schießen aus der Chromosphäre in die dünnere Korona.

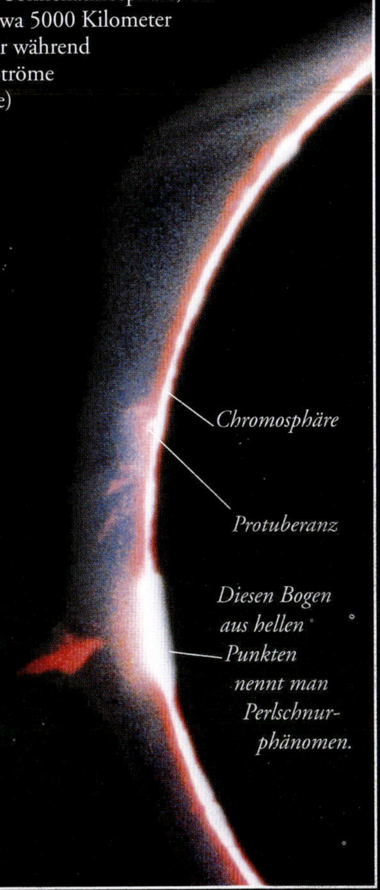

EXPERIMENT
SOLARKOCHER

AN KLAREN UND trockenen Tagen kann die Infrarotstrahlung der Sonne sehr intensiv sein. Dieses Experiment zeigt dir, wie du mit ihrer Energie Brot toasten kannst. **Das brauchst du:** Metalldeckel, Aluminiumfolie, Grillgabel, Brot, einen Erwachsenen.

1 Die Innenseite des Deckels legst du glatt mit Aluminiumfolie aus. Drücke sie sanft in die Wölbung, sodass der Deckel wie eine Schüssel aussieht. Dann legst du den Deckel in die Sonne und hältst mit der Grillgabel eine Scheibe Brot über seine Mitte, wo Licht und Wärme der Sonne gebündelt sind.

Die gebündelte Sonnenenergie röstet das Brot.

2 Die gewölbte Aluminiumfläche wirkt wie ein konkaver Spiegel. Sie bündelt die Sonnenenergie in einem Brennpunkt und röstet die Brotscheibe.

DIE STÜRMISCHE SONNE

VON DER ERDE AUS GESEHEN erscheint die Sonne ruhig und unverändert. Doch dieses Bild täuscht. Die Sonne ist in ständigem Aufruhr und ihre Oberfläche kocht wie eine stürmische See. Überall explodieren Blasen aus heißem, brennendem Gas, die bis zu 1000 Kilometer breit sind, und erschüttern die Oberfläche. Glühende Ströme aus leuchtendem Gas wölben sich aus der Oberfläche hervor. Einer der Gründe für ihre turbulente Natur ist der ungewöhnliche Magnetismus der Sonne, der bis zu tausendmal stärker sein kann als der der Erde.

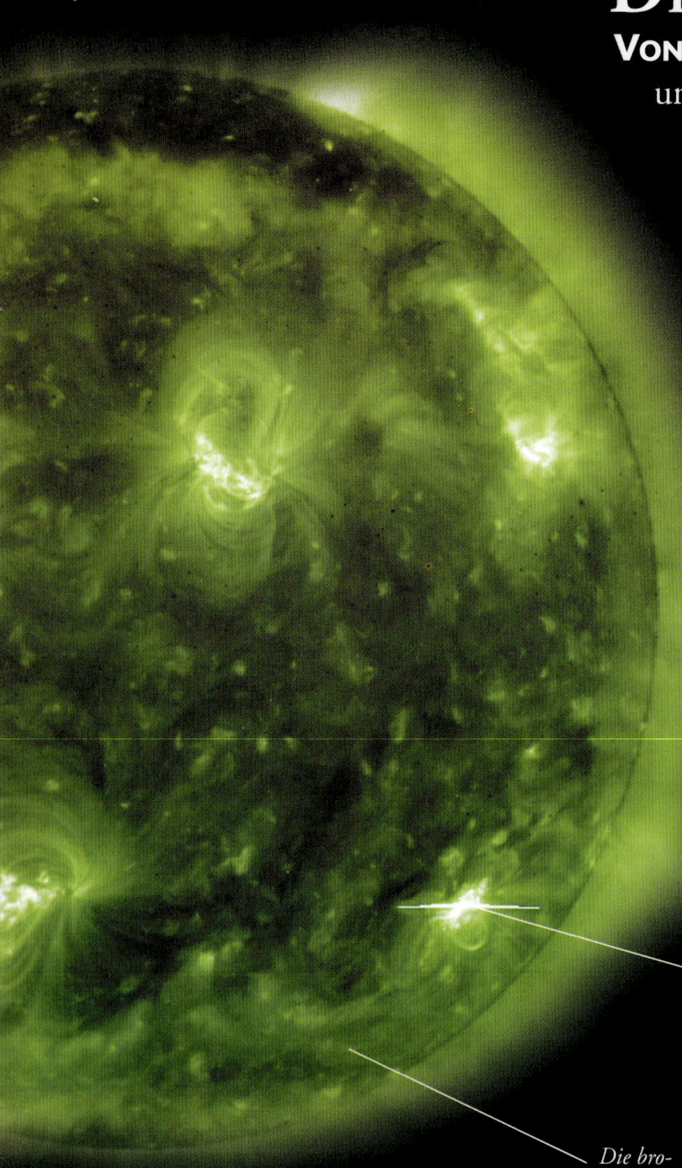

Sonneneruption

Die brodelnde Oberfläche der Sonne ist in dieser ultravioletten Aufnahme von SOHO deutlich zu erkennen.

Fotosphäre

AUFFLACKERN

Untersucht man die Sonnenoberfläche genauer, so stellt man fest, dass sie nicht einheitlich hell ist. Gelegentlich gibt es besonders helle Flecken. Die hellsten Stellen sind ungeheure Explosionen in der unteren Atmosphäre – Sonneneruptionen. Sie werden durch aufgestaute magnetische Energie ausgelöst, die plötzlich aufsteigt. Sonneneruptionen schleudern Ströme aus elektrisch geladenen Teilchen in den Weltraum, die mehrere Millionen Stundenkilometer schnell sind.

Körnige Oberfläche
In Nahaufnahmen zeigt die Sonnenoberfläche eine körnige Struktur – als wäre sie mit Weizenkörnern bedeckt. Dieses Aussehen wird durch Granulen erzeugt, Konvektionszellen, in denen heißes Gas von unten aufsteigt und nach Abkühlung absinkt.

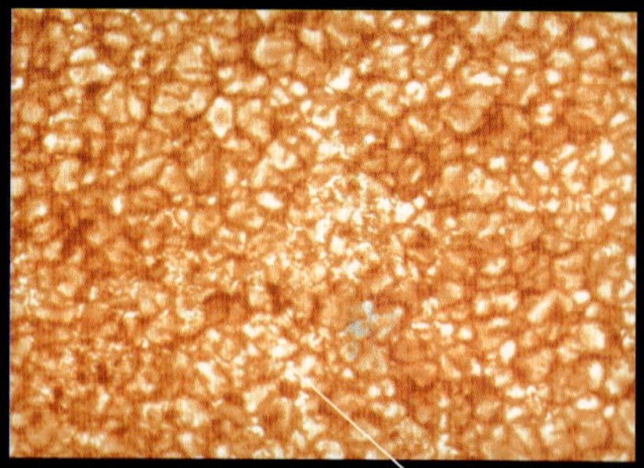

Granulen auf der Sonnenoberfläche

SONNENFLECKEN

Dunkle Stellen auf der Sonnenoberfläche sind so genannte Sonnenflecken. Kleinere Flecken, Poren, sind weniger als 1000 Kilometer breit. Die größeren erreichen bis zu 100 000 Kilometer. Sonnenflecken sind bis zu 1500 °C kälter als die übrige Oberfläche. Sie entstehen durch intensive magnetische Aktivität.

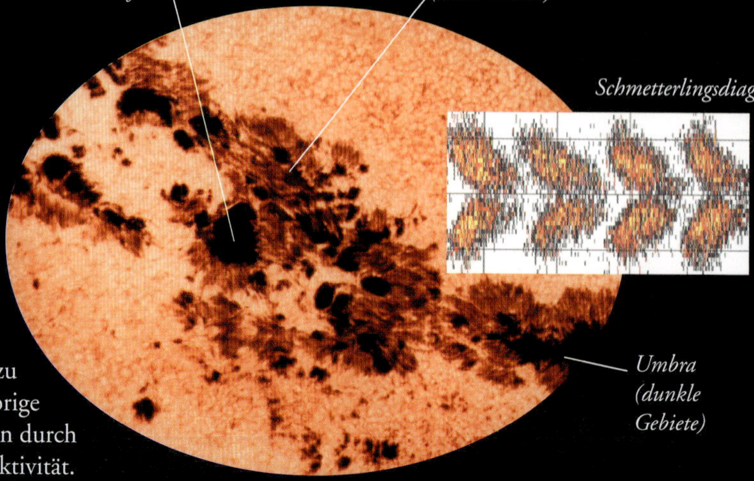

Sonnenfleck

Penumbra (helles Gebiet)

Umbra (dunkle Gebiete)

Schmetterlingsdiagramm

Sonnenschmetterlinge
Sonnenflecken entstehen und verschwinden in einem Zeitraum von elf Jahren, den man Fleckenzyklus nennt. Zu Beginn des Zyklus entstehen Flecken nördlich und südlich des Äquators. Im weiteren Verlauf nähern sie sich dem Äquator. Wenn man ihre Positionen in einem Diagramm gegen die Zeit aufträgt, erhält man ein charakteristisches Muster aus einer Reihe von Schmetterlingen. Das Diagramm heißt deshalb Schmetterlingsdiagramm.

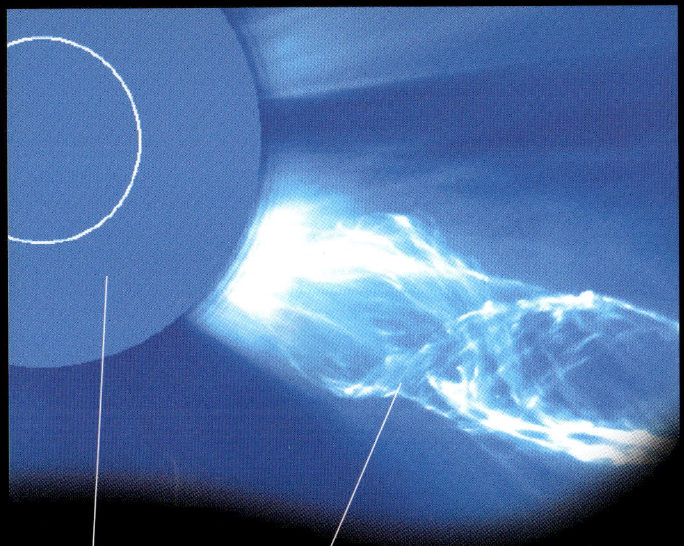

Ausbrechen und Auswerfen

Zu den beeindruckendsten Schauspielen auf der stürmischen Sonne zählen die riesigen Gasfontänen, die sich hoch über ihrer Oberfläche auftürmen. Man bezeichnet sie als Protuberanzen (S. 94). Sie ragen bis zu hunderttausend Kilometer aus der Atmosphäre hervor und bestehen oft über mehrere Wochen. Manchmal schleudert die Sonne auch große Mengen geladener Teilchen oder Plasma aus der Korona in den Weltraum. Dieses Auswerfen nennt man Materie- oder Plasmastrahl, der den Sonnenwind (S. 98) verstärken kann.

Experiment
Konvektionszellen

Die Oberfläche der Sonne ist mit zahlreichen brodelnden Gassäulen bedeckt, die man Konvektionszellen nennt. In diesem Experiment erfährst du, wie einfach sich solche Zellen in einer kochenden Flüssigkeit bilden. **Das brauchst du:** eine Dose Tomatensuppe (oder eine andere cremige Suppe), Kochtopf, Heizplatte, einen Erwachsenen.

1 Den Kochtopf mit der Suppe stellst du auf den Herd und erhitzt sie. Wenn die Suppe kocht, drehst du die Hitze herunter, sodass sie köchelt.

2 Betrachte die köchelnde Oberfläche. Du siehst Blasen, die vom Boden durch die Hitze aufsteigen. Das sind Konvektionselemente wie bei der Sonne.

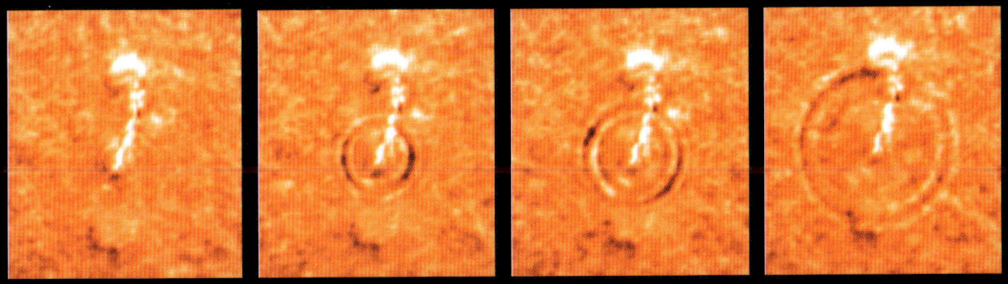

Eine Sonnenfackel breitet sich schnell über die Sonnenoberfläche aus.

Sonnenfackeln

Gewaltige Sonneneruptionen können auf der Sonnenoberfläche enorme Wellen auslösen. Sie gleichen den Wellen, die nach einem Erdbeben entstehen. Diese Störungen nennt man Sonnenfackeln. Die Wellen breiten sich genauso aus wie die Kräuselwellen auf einem Teich, nachdem du einen Stein hineingeworfen hast.

Bogenförmige Gasströme in der Sonnenkorona in einer Aufnahme der NASA-Raumsonde TRACE

Bögen in der Korona

Normale Aufnahmen verraten nur wenig über die perlenartige Sonnenkorona (ihre äußere Atmosphäre). Im ultravioletten Licht sieht man jedoch Millionen von Bögen und Schleifen aus heißen Gasströmen. Diese Bögen, die Koronastrahlen, bilden sich entlang der unsichtbaren Linien des Magnetfelds der Sonne. Einige Bögen sind bis zu 500 000 Kilometer hoch und erstrecken sich über eine Entfernung, die 30-mal so groß ist wie der Durchmesser der Erde.

Weltraumwetter

Die Bedingungen im Weltraum um die Erde herum ändern sich ständig. Astronomen sprechen deshalb auch von »Weltraumwetter«. Am meisten beeinflusst der Sonnenwind das Weltraumwetter. Das ist ein ständiger Teilchenstrom, der mit 500 Kilometern pro Sekunde aus der Korona in den Weltraum entweicht. Die Teilchen – hauptsächlich Elektronen und Protonen – sind elektrisch geladen und bilden Plasma. Durch die Rotation der Sonne dreht sich der Strom spiralförmig von der Korona weg. Nach vier bis fünf Tagen erreicht er die Erde und wirkt auf deren Magnetfeld ein.

Der Sonnenwind wirkt auf die Magnetosphäre.

Magnetischer Kokon

Das Magnetfeld der Erde erstreckt sich weit in den Weltraum, wo es eine magnetische Hülle, die Magnetosphäre, bildet. Der Druck des Sonnenwinds presst die Magnetosphäre auf der sonnenzugewandten Seite zusammen und zieht sie auf der abgewandten Seite zu einem Schweif (Magnetosphärenschweif) in die Länge. Die Kraftlinien der Magnetosphäre lenken die meisten Teilchen um die Erde herum. Einige gelangen jedoch in ringförmige Gebiete, die man Van-Allen-Gürtel nennt.

Polarlichter können bis zu 120 km Höhe erreichen.

Südlichter
Am Himmel über dem Südpol kann man ebenfalls Lichterscheinungen, die *Aurora australis*, beobachten. Diese ungewöhnliche Aufnahme des südlichen Polarlichts (oben) haben Astronauten des Spaceshuttle gemacht.

Nordlichter

Am Himmel über dem Nordpol kann man farbenprächtige Lichterscheinungen, die nördlichen Polarlichter oder *Aurora borealis*, beobachten. Auch am Südpol gibt es Polarlichter. Sie entstehen durch Störungen in der Erdmagnetosphäre, die von Elektronen der Sonnenwinde verursacht werden. Die Elektronen werden trichterförmig von den Polen angezogen und stoßen mit Luftmolekülen zusammen, die dadurch zusätzlich Energie erhalten und diese Energie als Licht ausstrahlen.

Hintergrundbild: ein leuchtend grünes Polarlicht über Alaska, USA

Magnetische Stürme

Städte wie Toronto in Kanada (oben), die in der Nähe vom Polarkreis liegen, spüren die Auswirkungen des Sonnenwinds. Die Winde sind dann am stärksten, wenn die Sonne aktiv ist, z. B. bei Sonneneruptionen. Diese Eruptionen schleudern zusätzlich riesige Teilchenmengen in den Weltraum und beeinflussen das Magnetfeld auf der Erde noch stärker. Die magnetischen Stürme beeinträchtigen Kompasse, unterbrechen Radiosendungen und können sogar Kraftwerke stilllegen.

Der Komet Hyakutake (1996) mit seinem langen Ionenschweif

Aufschlussreiche Schweife

Kometen bilden häufig zwei Schweife, wenn sie auf die Sonne zufliegen (S. 53). Die Schweife bestehen aus Teilchen, die der Körper oder Kern des Kometen verliert. Ein leicht gekrümmter gelblicher Staubschweif bildet sich unter dem Druck der Sonnenstrahlung, die Staubteilchen wegbläst. Wenn der magnetische Sonnenwind die geladenen Teilchen (Ionen) des Kometen ablenkt, entsteht ein bläulicher Ionenschweif. Beide Schweife zeigen immer von der Sonne weg.

Van-Allen-Gürtel

Der Van-Allen-Gürtel wurde nach dem amerikanischen Physiker James Van Allen (geb. 1914) benannt. Er entwickelte die Instrumente des ersten amerikanischen Satelliten *Explorer 1*, die den Gürtel aus elektrischen Teilchen oberhalb der Erde entdeckten.

Experiment
Kometenschweif

Mit Bändern und Ventilator kannst du Kometenschweife nachahmen, die von der Sonne weg weisen. **Das brauchst du:** Ventilator mit Schutzgitter, Klebeband, dünne Bänder oder Papierstreifen, einen Erwachsenen.

1 Überprüfe, dass der Ventilator nicht am Stromnetz angeschlossen ist. Dann klebst du ein Ende der Streifen an das Schutzgitter. Jetzt kann der Ventilator eingeschaltet werden.

2 Die Bänder flattern in die Richtung, in welche die Luft strömt. Das ändert sich nicht, wenn du den Ventilator drehst. So verhält sich auch der Schweif eines Kometen im Sonnenwind.

ENTFERNTE STERNE

DER HELLSTE STERN am südlichen Himmel im Sternbild Kentaur ist Alpha Centauri. Nach der Sonne ist er der nächste helle Stern zur Erde. Astronauten müssten 40 Billionen Kilometer bis dorthin reisen. Er ist damit 250 000-mal weiter von der Erde entfernt als die Sonne. Doch andere Sterne sind noch tausendmal weiter entfernt. Diese Entfernungen kann man sich nicht mehr vorstellen. Ein Kilometer ist eine viel zu kleine Einheit, um die Entfernungen zu Sternen zu messen. Deshalb nutzen Astronomen andere Einheiten, wie das Lichtjahr.

DAS LICHTJAHR

Alpha Centauri liegt so weit von der Erde entfernt, dass sein Licht, das sich mit 300 000 Kilometern pro Sekunde durch das All bewegt, über vier Jahre zu uns braucht. In der Fachsprache heißt das, er ist mehr als vier Lichtjahre entfernt. Astronomen nutzen das Lichtjahr – die Entfernung, die Licht in einem Jahr zurücklegt – als Einheit, um die unendlichen Weiten im Weltall zu messen. Eine andere Einheit ist die Parallaxensekunde (1 parsec = 3,26 Lichtjahre).

Alpha Centauri

Kreuz des Südens

Ein Leben lang unterwegs
Stell dir einmal vor, du reist mit einem Spaceshuttle, das 28 000 Stundenkilometer schnell ist. Der Spaceshuttle ist zehnmal schneller als eine Gewehrkugel. Doch selbst mit dieser Geschwindigkeit brauchst du 39 000 Jahre bis zu Alpha Centauri! Ohne einen „Wunder"-Antrieb schaffen wir das also nie.

DAS AUGE TÄUSCHEN

Das Sternbild Orion (Hintergrundbild) ist ein bekanntes Sternmuster am Himmel. Seine Sterne bilden jedoch keine gemeinsame Gruppe im Weltall, sondern sie sind in Wahrheit weit voneinander entfernt. Wir sehen sie als Gruppe, weil sie von unserem Standpunkt aus in der gleichen Richtung liegen. Das gilt auch für andere Sternbilder. Die Skala unten zeigt, wie weit die Hauptsterne im Orion tatsächlich auseinander liegen. Der entfernteste Stern, Alnilam, liegt mehr als 1000 Lichtjahre hinter Bellatrix, dem nächsten Stern zur Erde.

0 LICHTJAHRE — 243 Bellatrix — 427 Beteigeuze

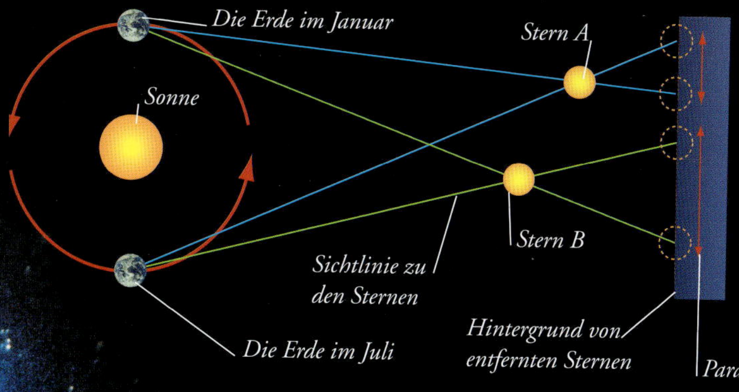

Die Parallaxe

Astronomen nutzen die Parallaxe, um die Entfernung zu näheren Sternen festzustellen. Sie messen, wie sich die Position eines Sterns vor dem Hintergrund entfernterer Sterne verschiebt, wenn sie ihn von gegenüberliegenden Stellen der Erdumlaufbahn aus beobachten. Stern B liegt näher zur Erde als Stern A. Aus dem Betrag der Verschiebung kann man die Entfernung berechnen.

Experiment
Die Parallaxe

Wenn du zuerst mit einem Auge und danach mit dem anderen Auge ein nahes Objekt ansiehst, scheint sich das Objekt vor einem entfernten Hintergrund zu bewegen. Astronomen nutzen die Parallaxe, um die Entfernung zu messen. In diesem Experiment erfährst du, wie das funktioniert. **Das brauchst du:** ein dunkles Blatt Papier, selbst klebende Sterne und einen Stift. Klebe einige Sterne auf das Papier und hänge es dann an die Wand. An den Stift klebst du auch einen Stern.

Achte darauf, wo der Stern am Stift unter den Sternen im Hintergrund erscheint.

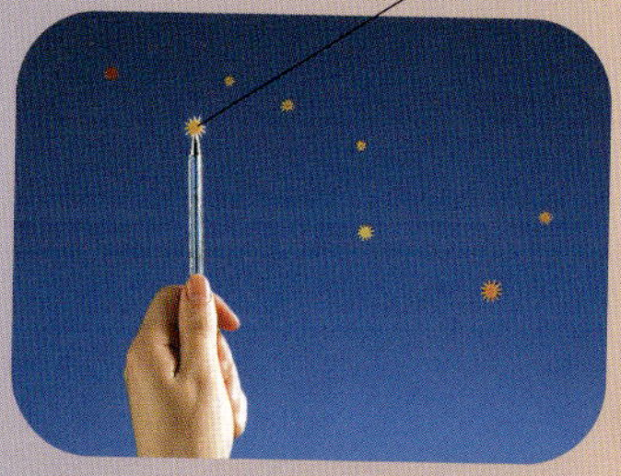

1 Stell dich 2 m vor die Wand und halte den Stift auf Armlänge so hoch, dass du ihn vor dem Blatt Papier siehst. Verdecke dein linkes Auge und blicke nur mit dem rechten Auge auf den Stift.

Der Stern am Stift hat sich unter den Sternen im Hintergrund nach rechts verschoben.

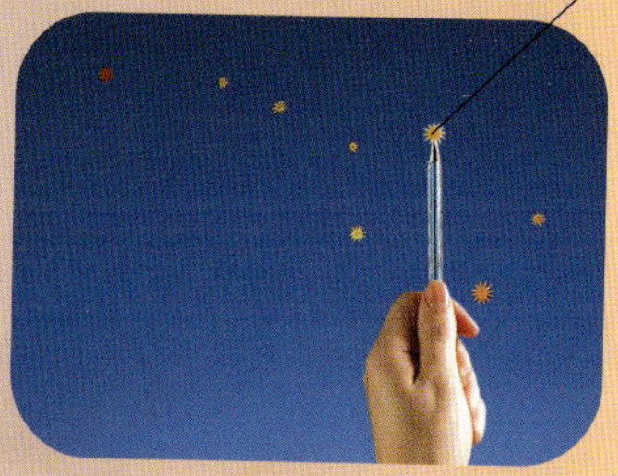

2 Dann verdeckst du dein rechtes Auge und siehst mit dem linken Auge auf den Stift. Der Stern am Stift hat sich vor den Sternen im Hintergrund bewegt. Jetzt hältst du den Stift näher vor dein Auge und wiederholst das Experiment.

Sterne im Sternbild Orion

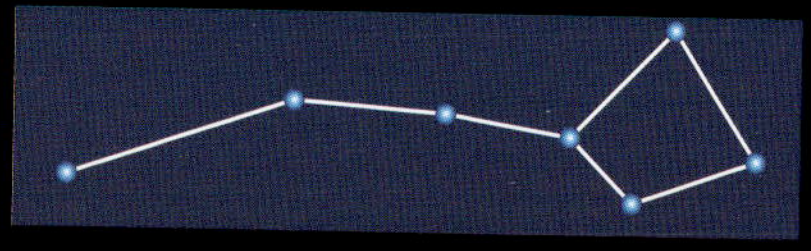

vor 100 000 Jahren

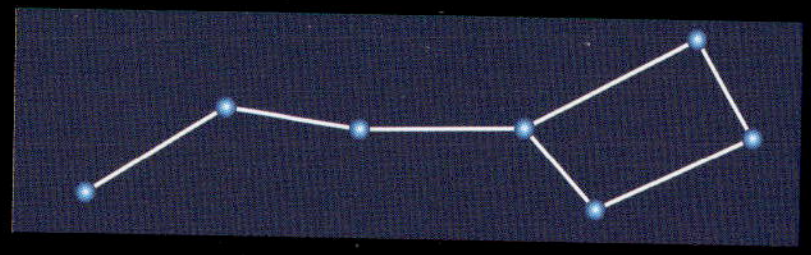

Heute

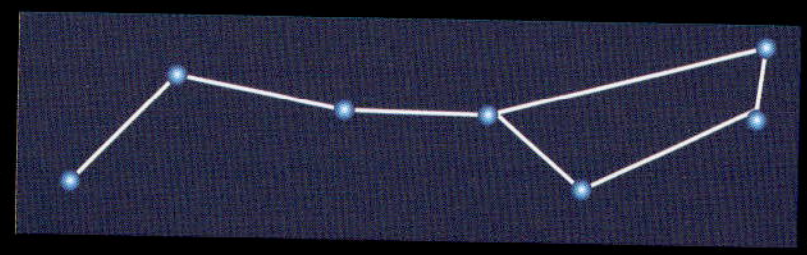

in 100 000 Jahren

Veränderte Form

Alle Sterne bewegen sich mit hoher Geschwindigkeit durch das All – einige mit mehreren hundert Kilometern pro Sekunde. Die meisten Sterne sind so weit entfernt, dass wir ihre Bewegung nicht sehen. Doch über hunderttausende von Jahren verändern sie nach und nach mit ihrer Bewegung die Sternbilder. Links kannst du sehen, wie sich die Form des Großen Wagens innerhalb von 200 000 Jahren verändert.

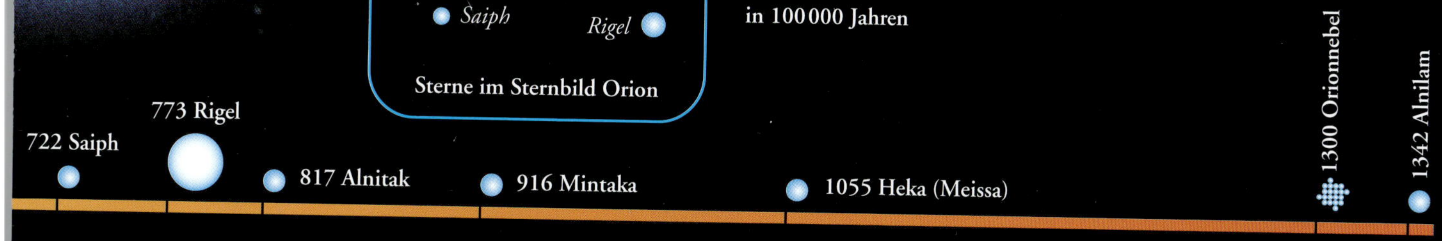

STERNENLICHT

AUF DEN ERSTEN BLICK sehen die Sterne am Himmel alle gleich aus – wie winzige Lichtpunkte, die aus dem Dunkel des Weltalls leuchten. Doch Astronomen haben bis heute viele Arten von Sternen entdeckt – große und kleine, heiße und kalte, blaue und rote. Einige kommen auf uns zu, andere bewegen sich von uns weg. Manche scheinen gleichmäßig, während andere ihre Helligkeit verändern. Herausgefunden hat man das durch Beobachtung des Lichts der Sterne und dessen Zerlegung in einzelne Farben – das Spektrum.

FARBIGES LICHT

In einer klaren Nacht blinken die Sterne scheinbar diamantweiß, saphirblau und rubinrot. Die verschiedenen Farben kannst du auch mit bloßem Auge erkennen. Der Riesenstern Aldebaran im Sternbild Stier (S. 110) leuchtet wie Beteigeuze im nahen Sternbild Orion klar deutlich rot. Die roten Sterne treten in diesem Bild, das die benachbarte Galaxie NGC 6822 zeigt, deutlich hervor.

Licht zerlegen
Das weiße Licht, das wir von der Sonne empfangen, ist in Wahrheit nicht weiß. Es besteht aus allen Farben. Mit einem keilförmigen Glasblock, einem Prisma, kann man Sonnenlicht in seine Farben zerlegen. Diese Aufteilung der Farben nennt man Spektrum.

Spektrum, das die Spektrallinien dreier Elemente zeigt

SPEKTRALLINIEN

Das Licht von Sternen kann wie Sonnenlicht in sein farbiges Spektrum zerlegt werden. Dabei treten bestimmte Muster aus Linien auf. Diese werden durch chemische Elemente in der Sternatmosphäre erzeugt, die Licht aufnehmen (absorbieren) oder es mit anderen Wellenlängen abgeben (emittieren). Jedes Element hat charakteristische Wellenlängen, sodass die Linien anzeigen, aus welchen Elementen der Stern besteht. Dunkle Linien stammen von Atomen, die Licht absorbieren, und heißen Absorptionslinien. Bei hellen Linien emittieren Atome Licht und erzeugen Emissionslinien.

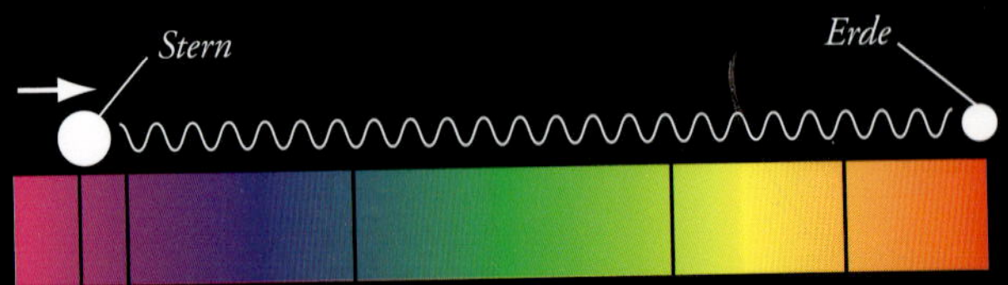

Lichtwellen werden kürzer, wenn sich der Stern der Erde nähert. Kurze Wellenlängen verschieben das Spektrum zum blauen Ende.

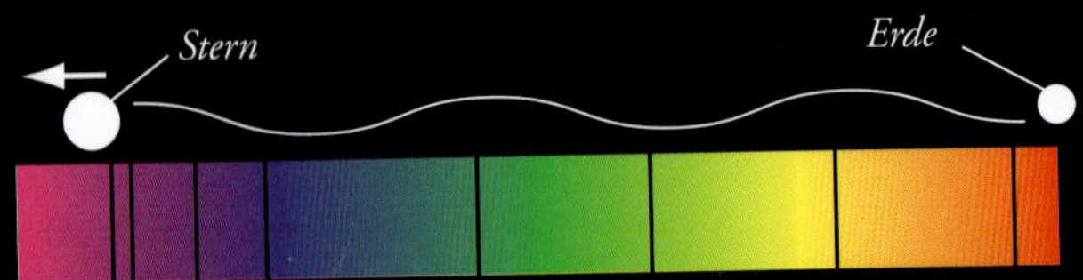

Lichtwellen werden länger, wenn sich der Stern von der Erde entfernt. Lange Wellenlängen verschieben das Spektrum zum roten Ende.

Blau- und Rotverschiebung
Wenn sich ein Stern auf die Erde zubewegt, werden seine Lichtstrahlen gestaucht (kürzer). Das Licht verschiebt sich zum blauen Ende des Spektrums. Entfernt sich der Stern von der Erde, werden seine Lichtwellen gestreckt (länger) und verschieben sich zum roten Ende. Das nennt man den Doppler-Effekt.

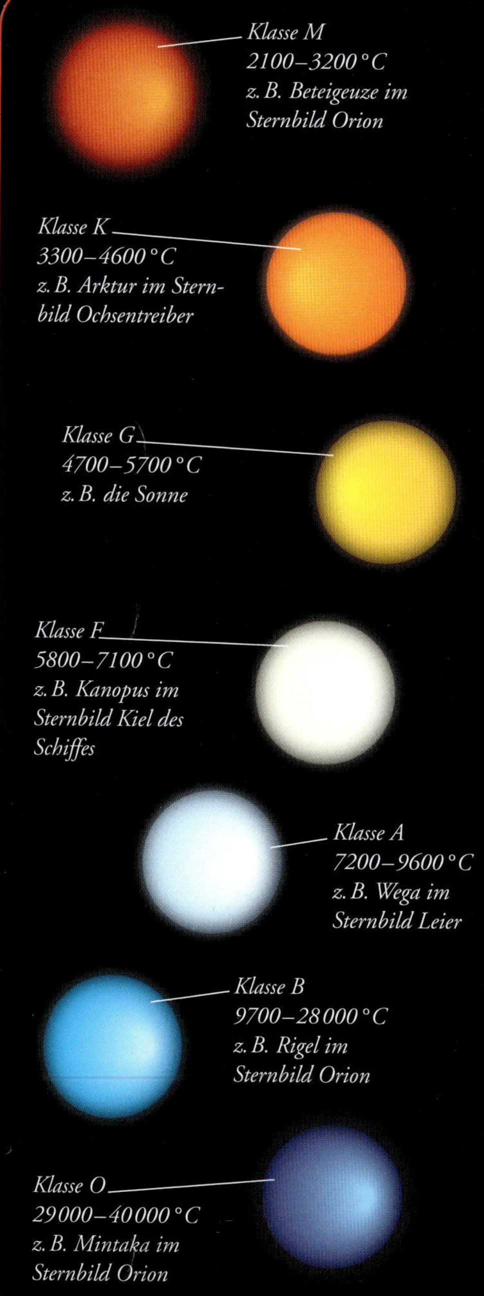

LABORVERSUCH
Die Farben der Wärme

Wenn eine Substanz erwärmt wird, ändert sie ihre Farbe. Das kannst du bei einer Glühbirne beobachten, die an einen Dimmer angeschlossen ist. Drehst du den Dimmer nur leicht, fließt nur wenig Strom durch die Birne. Der Glühfaden leuchtet matt rötlich. Sobald du weiterdrehst, fließt mehr und mehr Strom durch den Glühfaden, der zunächst orange, dann gelb und zum Schluss weißlich leuchtet, während er immer heißer wird. Auch Eisen ändert seine Farbe, wenn es erwärmt wird. Mit zunehmender Temperatur wird es erst rot und dann weiß.

Sternfarbe
Die Farbe eines Sterns ist ein Hinweis auf die Temperatur seiner Oberfläche. Sterne werden nach ihrer Temperatur in verschiedene Spektralklassen eingeteilt. Die sieben Hauptklassen heißen O, B, A, F, G, K und M, wobei O die heißeste und M die kälteste Klasse ist.

1 Rot glühend
Erwärmt man das Ende eines Eisenstabs, so ändert er seine Farbe in ein mattes Rot. Die Eisenatome erhalten mehr Energie, die sie als mattes rotes Licht abgeben.

2 Orange glühend
Der Eisenstab wird wärmer und langsam orange. Die Eisenatome bewegen sich heftiger und strahlen ein helles orangefarbenes Licht aus.

3 Gelb glühend
Bei weiterer Erwärmung gibt die Spitze des Eisenstabs ein noch helleres gelbes Licht ab.

4 Weiß glühend
Jetzt ist der Eisenstab fast bis zum Schmelzpunkt von Eisen (bei etwa 1500 °C) erwärmt und strahlt weißes Licht aus.

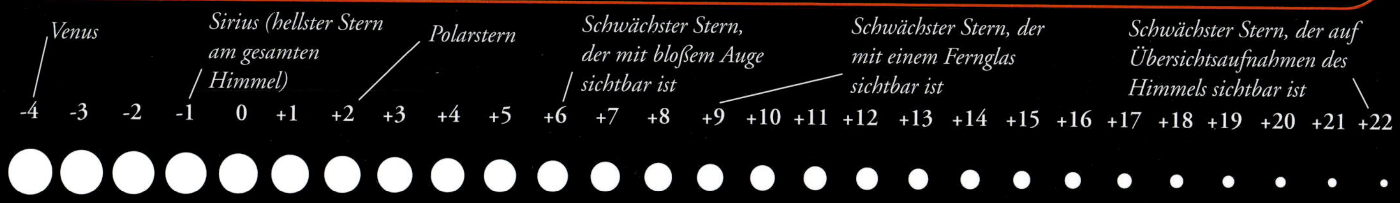

Helligkeit der Sterne

Astronomen messen die Helligkeit von Sternen auf einer Skala – je heller ein Stern leuchtet, umso kleiner ist seine Größenklasse. Die Sterne, die wir mit bloßem Auge sehen, haben eine Größenklasse zwischen eins und sechs. Sehr helle Sterne wie z. B. Sirius besitzen eine negative Größenklasse, während die von schwach leuchtenden Sternen, die wir nur durch Teleskope sehen, über sechs liegt.

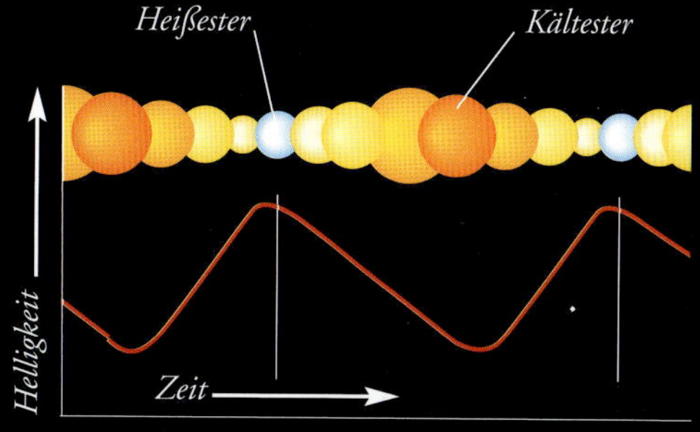

Pulsierende Veränderliche
Einige veränderliche Sterne, die Cepheiden, ändern ihre Helligkeit, weil sie am Ende ihres Lebens pulsieren (sich regelmäßig zusammenziehen und ausdehnen). Wenn sie größer werden, kühlen sie ab und emittieren weniger Licht. Ziehen sie sich zusammen, werden sie heißer und geben mehr Licht ab (links).

GEBURT EINES STERNS

STÄNDIG ENTSTEHEN im Universum neue Sterne und alte vergehen. Sie entstehen in Nebeln, Wolken aus Gas und Staub, die zwischen den Sternen existieren. Insbesondere die dichten dunklen Gebiete, riesige Molekülwolken, die hauptsächlich aus Wasserstoff bestehen, sind ihre Geburtsorte. Durch Schwerkraft kollabieren die dichten Teile zu immer kleineren und heißeren Kugeln, die als Protosterne glühen. Später, wenn sie noch heißer sind, setzen Kernreaktionen ein und aus dem Protostern wird ein leuchtendes Feuer im Weltall – ein weiterer glänzender Stern.

MOLEKÜLWOLKEN

Die dunklen Molekülwolken, die Geburtsstätten von Sternen, sind extrem kalt. Bei Temperaturen um –260 °C bewegen sich alle Teilchen sehr langsam. Die Schwerkraft zieht Gasmoleküle aneinander, sodass sich Klumpen bilden, die eine höhere Dichte als ihre Umgebung besitzen. Innerhalb dieser Klumpen sammelt sich Gas in Kernen mit noch höherer Dichte, aus denen einzelne Sterne oder Doppelsterne entstehen. Je höher die Dichte eines Kerns ist, umso stärker ist seine Schwerkraft. Er zieht mehr Gas an und kollabiert schneller.

Im Orionnebel entstehen neue Sterne. Hinter den hellen Wolken aus Gas befindet sich eine dunkle Molekülwolke.

PROTOSTERNE

Im Zentrum eines kollabierenden Kerns in einer Molekülwolke wird die Materie zusammengepresst (komprimiert). Sobald das Zentrum stärker komprimiert wird, steigt seine Temperatur. Es gibt Energie ab und beginnt zu glühen – jetzt ist es ein Protostern. Dieser wird kugelförmig und beginnt sich zu drehen. Wenn die Temperatur im Protostern etwa 10 Millionen Grad Celsius erreicht, beginnen Wasserstoffatome miteinander zu verschmelzen. Durch die Kernfusion wird so viel Energie frei, dass der Protostern als echter Stern scheint.

Ein dichter Kern in einer Molekülwolke zieht sich zusammen und bildet einen Protostern.

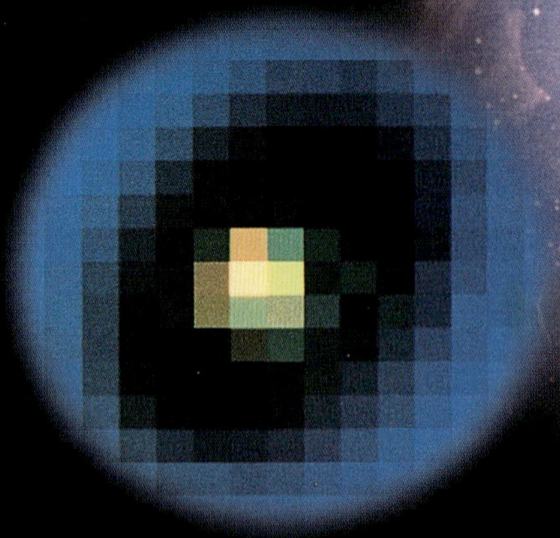

Planetenentstehung

Als die Sonne entstand, bildete sich eine Scheibe aus Materie um sie herum. Daraus entstanden wahrscheinlich die Erde und alle anderen Planeten. Eine solche Scheibe aus Gas und Staub bildet sich vermutlich immer bei der Entstehung eines neuen Sterns. Man nennt die Scheibe deshalb protoplanetarische Scheibe oder Proplyd (engl. Abkürzung: PROtoPLanetarY Disc). Das Bild oben zeigt einen Proplyd (dunkler Ring) um einen neuen Stern im Orionnebel.

Misslungener Stern

Nicht aus allen Zentren, die kollabieren, entstehen Sterne. Manche besitzen nicht genug Masse. Sie schrumpfen zwar durch die Schwerkraft, werden jedoch nicht heiß genug, um Kernreaktionen auszulösen. Ohne diese Reaktionen können sie nicht wie ein Stern leuchten. Sie glühen stattdessen schwach als Brauner Zwerg. Mit Infrarotaufnahmen (rechts außen) entdeckten Astronomen im Orionnebel viele Braune Zwerge, die im normalen Licht (rechts) nicht zu sehen sind.

Dieser Nebel glüht durch ultraviolettes Licht, das von den vier hellsten Sternen im Orionnebel, dem Trapez, emittiert wird.

‹ IN GRUPPEN ZUSAMMEN ›

Die dunklen Wolken, in denen Sterne entstehen, sind viele Lichtjahre groß. Innerhalb dieser stellaren Kinderstuben werden mehrere oder sogar hunderte von Sternen gleichzeitig geboren. Diese Haufen aus jungen Sternen kann man überall am Himmel entdecken. Durch ihre intensive ultraviolette Strahlung erscheinen die Gaswolken, die sie umgeben, häufig als helle Nebel.

110

Ein Haufen aus jungen Sternen erleuchtet das Gas des Konusnebels im Sternbild Einhorn.

EXPERIMENT
WÄRME ERZEUGEN

STERNE ENTSTEHEN, wenn Wolken aus Gas und Staub unter ihrem eigenen Gewicht kollabieren. Während eine Wolke schrumpft, wird ihre Materie immer dichter, sodass sie sich erwärmt. In diesem Experiment erfährst du, wie Kompression Wärme erzeugt. **Das brauchst du:** Fahrrad und Luftpumpe.

1 Aus einem Reifen deines Fahrrads lässt du Luft entweichen. Dann pumpst du den Reifen, so schnell du kannst, auf. Mit deiner Pumpe verdichtest du Luft, drückst sie in den Reifen und komprimierst die dortige Luft.

2 Berühre nun das Ansatzstück der Pumpe. Es fühlt sich heiß an, weil die Kompression der Luft Wärme erzeugt hat. In Sternen verdichtet die Schwerkraft die Gase, bis sie mehrere Millionen Grad erreicht haben.

LEBENSLAUF VON STERNEN

Sterne werden wie Lebewesen geboren, leben eine Zeit lang und sterben dann. Die Geburt eines Sterns erfolgt recht schnell, sie dauert wenige hunderttausend Jahre. Anschließend können Sterne mehrere Milliarden Jahre scheinen. Wenn sie sterben, was ebenfalls „schnell" geschieht, schleudern sie viel Materie ins Weltall. Dieses Material bildet die Molekülwolken, in denen irgendwann neue Sterne entstehen.

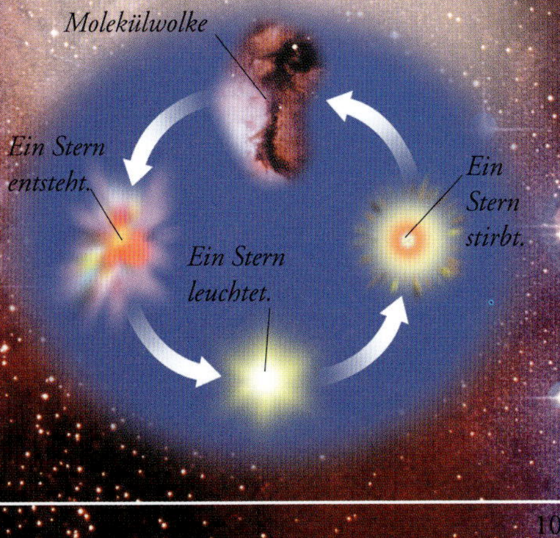

VIELFALT DER STERNE

STERNE KOMMEN NICHT NUR in vielen Größen und Massen vor, sondern besitzen auch verschiedene Farben, Temperaturen und Helligkeiten. Viele Sterne gleichen unserer Sonne, weil die Sonne ein normalgroßer Stern ist. Die wichtigsten Eigenschaften von Sternen sind ihre absolute Helligkeit und ihre Spektralklasse, die Farbe und Temperatur beschreibt. Zeichnet man diese Eigenschaften in ein Diagramm, stehen ähnliche Sterne nahe beieinander. Eine solche Darstellung nennt man nach den beiden Astronomen, die sie erfanden, Hertzsprung-Russell-Diagramm.

Heißer, bläulich weißer Stern, siebenmal so groß wie die Sonne

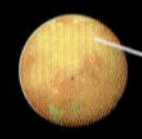

Die Sonne mit ca. 1 400 000 km Durchmesser

Roter Riese, etwa dreißigmal so groß wie die Sonne

Weißer Zwerg, etwa so groß wie die Erde

DIE GRÖSSE ENTSCHEIDET

Uns erscheint die Sonne sehr groß, sie ist jedoch nur ein Zwerg gegenüber Sternen wie den Roten Riesen oder den Überriesen. Sie haben Durchmesser, die bis zu hundertmal größer sind als der der Sonne. Andererseits ist die Sonne bis zu hundertmal größer als viele Sterne, z. B. Rote und Weiße Zwerge. In ihren Massen unterscheiden sich Sterne nicht so viel. Die schwersten Sterne wiegen fünfzigmal mehr als die Sonne, während die leichtesten etwa ein Zehntel der Sonnenmasse besitzen.

Überriese, etwa zehnmal so groß wie ein Roter Riese

HELLIGKEIT

Wie hell ein Stern am Himmel leuchtet, sagt nichts über seine tatsächliche Helligkeit aus (S. 103). Daneb (oben) erscheint uns nur so hell, weil er nah bei der Erde ist. Wir sehen seine »scheinbare Helligkeit«, die von der Entfernung abhängig ist. Die »absolute Helligkeit« von Sternen kann man nur messen, wenn man sie aus der gleichen Entfernung betrachtet. Astronomen definieren sie als die Helligkeit, die Sterne für uns haben würden, wenn wir etwa 33 Lichtjahre (10 parsecs) von ihnen entfernt wären.

EXPERIMENT
MASSEN VERGLEICHEN

EIN ROTER RIESE, der gegenüber der Sonne einen 30-fachen Durchmesser besitzt, ist nicht 30-mal so schwer wie sie, sondern hat ungefähr die gleiche Masse. Mit diesem Experiment lernst du, den Unterschied zwischen Größe und Masse zu verstehen.

Das brauchst du:
zwei Waagen, Waagschale, Maiskörner, Pflanzenöl, Pfanne mit Deckel, Kochplatte, einen Erwachsenen.

1 Gib das Öl und die Maiskörner in die Waagschale und notiere dir das Gewicht. Den Inhalt der Schale schüttest du nun in die Pfanne und legst den Deckel auf. Mithilfe eines Erwachsenen erhitzt du die Pfanne auf der Platte, bis Popcorn entsteht

2 Wiege jetzt das Popcorn in der Schale. Du wirst keinen Unterschied feststellen. Das Popcorn wurde zwar größer, es hat jedoch dieselbe Masse wie vorher. Wenn ein Stern wie die Sonne zu einem Roten Riesen wird, bleibt auch seine Masse gleich.

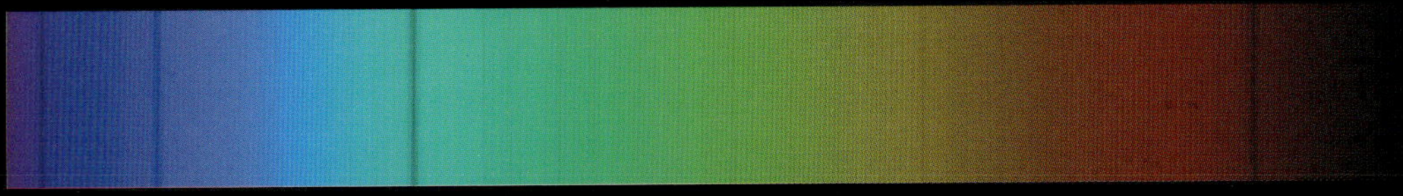

Spektrum eines heißen B-Klasse Sterns

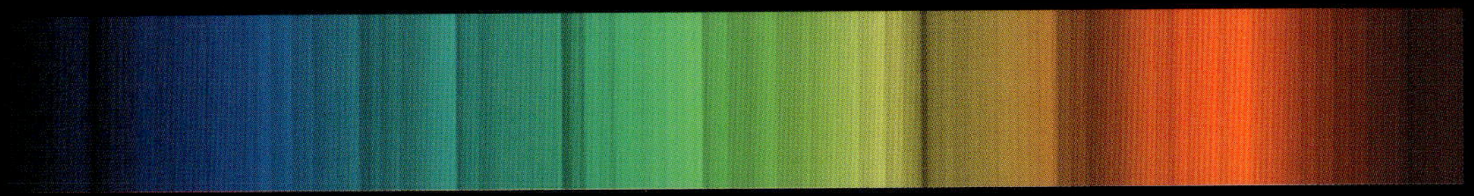

Spektrum eines kalten M-Klasse Sterns

Spektralklassen

Das Licht der Sterne kann wie das Sonnenlicht in seine einzelnen Regenbogenfarben oder sein Spektrum zerlegt werden (S. 102). Jeder Stern besitzt sein eigenes Spektrum. Wir teilen sie danach in unterschiedliche Spektralklassen ein – O, B, A, F, G, K und M (S. 103). Die Abbildungen oben zeigen charakteristische Spektren eines heißen, bläulich weißen B-Sterns und eines viel kälteren roten M-Klasse-Sterns. Das Spektrum des kälteren Sterns enthält mehr dunkle Linien.

Stadtgrosse Sterne

Die kleinsten Sterne sind noch kleiner als Weiße Zwerge – sie haben normalerweise einen Durchmesser von 20 km. Solche Sterne heißen Neutronensterne, weil sie aus atomaren Teilchen, Neutronen, bestehen. Neutronensterne entstehen, nachdem ein massiver Stern kollabiert ist und stirbt. Die normale Atommaterie in seinem Kern ist zertrümmert und in Neutronen umgewandelt. Neutronensterne kann man durch ihre Strahlungspulse, die sie regelmäßig abgeben, entdecken. 118

Ein Neutronenstern (blau) hat etwa die Größe einer Stadt wie London.

Das Hertzsprung-Russell-Diagramm (HRD)

Die Astronomen Ejnar Hertzsprung aus Dänemark und Henry Norris Russell aus den USA entwickelten zu Beginn des 20. Jahrhunderts dieses Diagramm (unten, in vereinfachter Form). Wenn man die absolute Helligkeit über der Spektralklasse einträgt, liegen die meisten Sterne auf einer Diagonalen, der Hauptreihe. Ihre Position dort hängt von ihrer Masse ab – die massivsten liegen oben links und die leichtesten unten rechts. Riesen und Überriesen befinden sich über der Linie, während Weiße Zwerge darunter liegen. Manchmal trägt man anstelle der absoluten Helligkeit die Leuchtkraft ein, die mit der Sonnenleuchtkraft verglichen wird.

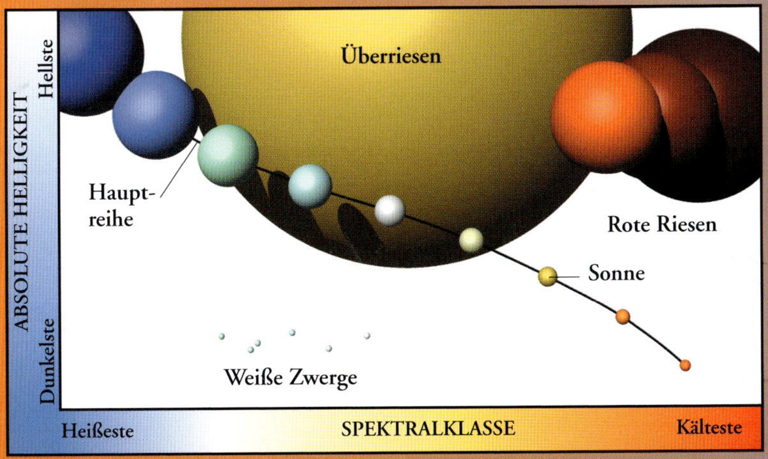

Auf der Hauptreihe

Sterne verbringen die meiste Zeit ihres Lebens auf der Hauptreihe. In dieser Zeit scheinen sie regelmäßig ohne Schwankungen ihrer Helligkeit oder Temperatur, während sie in ihren Kernen Wasserstoff zu Helium umwandeln. Die Sonne liegt seit 5 Milliarden Jahren auf der Hauptreihe und wird dort auch noch weitere 5 Milliarden Jahre bleiben. Sie wird dann anschwellen und zur Gruppe der kälteren, helleren Roten Riesen oberhalb der Hauptreihe gehören.

STERNE MIT PLANETEN

DIE SONNE IST DAS ZENTRUM unseres Sonnensystems, alle Planeten und anderen Objekte umkreisen sie. Bis vor kurzem wusste niemand, ob andere Sterne ebenfalls Planeten besitzen. Erst 1991 entdeckten Astronomen winzige Planeten um einen Pulsar und vier Jahre später andere, die einen normalen Stern, 51 Pegasi, umrunden. Bis zum Jahre 2002 wurden mehr als 90 Planeten außerhalb des Sonnensystems entdeckt. Man nennt sie extrasolare Planeten. Diese Planeten kann man nicht durch Teleskope sehen, sondern nur ihren Einfluss auf ihre Elternsterne wahrnehmen.

Der Stern beschreibt Kreisel, während der Planet ihn umkreist.

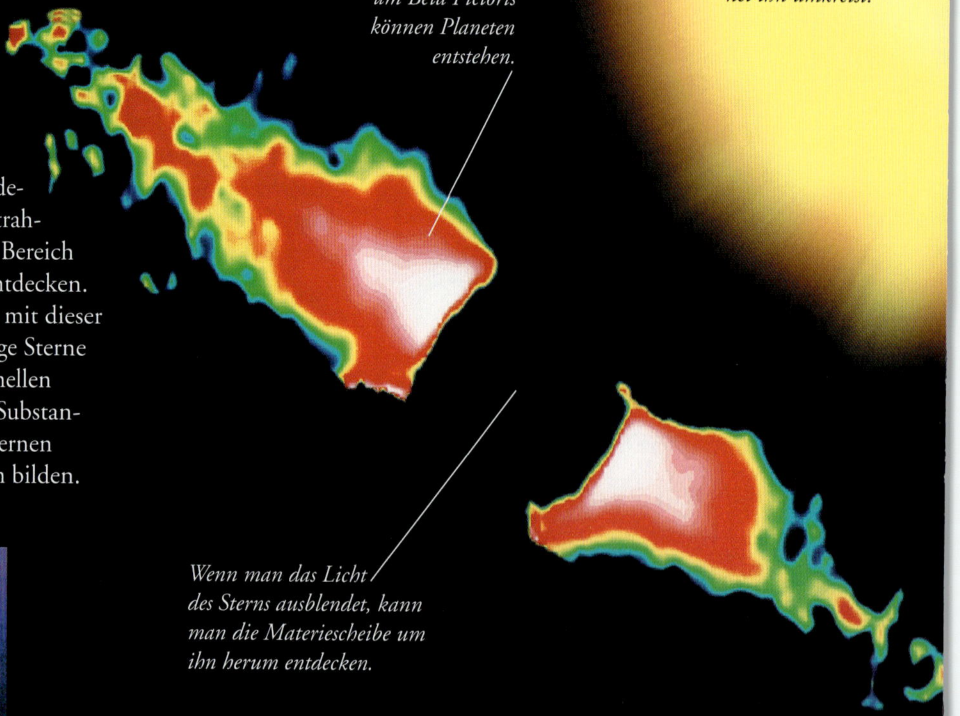

Aus dieser Scheibe um Beta Pictoris können Planeten entstehen.

Wenn man das Licht des Sterns ausblendet, kann man die Materiescheibe um ihn herum entdecken.

IM INFRAROTBEREICH

Die ersten Hinweise auf Planetensysteme bei anderen Sternen lieferten Raumsonden, die Infrarotstrahlen messen konnten. Objekte, die im sichtbaren Bereich unsichtbar sind, kann man im Infrarotbereich entdecken. *IRAS* (Infrarotastronomischer Satellit) entdeckte mit dieser Technik 1983 erstmals Materiescheiben um einige Sterne wie Beta Pictoris (rechts) und Wega, einen sehr hellen Stern. Die Scheiben enthalten die notwendigen Substanzen, aus denen Planeten entstehen. Bei diesen Sternen besteht daher die Möglichkeit, dass sich Planeten bilden.

Staubige Scheiben
Das Hubble-Weltraumteleskop hat bereits hunderte von Staubscheiben um andere Sterne entdeckt. Diese Scheiben nennt man auch protoplanetarische Scheiben oder Proplyd, weil aus ihnen irgendwann einmal Planeten entstehen können (S. 104).
Die Scheibe im Bild oben wurde im Orionnebel aufgenommen. Sie erscheint als heller Bogen, der Licht von einem nahen Stern reflektiert. Der rote Punkt ist der Stern, den sie umgibt.

VERRÄTERISCHE BAHNEN

Astronomen entdecken extrasolare Planeten nur indirekt. Sie suchen nach Sternen, die einen Kreisel beschreiben. Ein Stern und sein Planet kreisen um einen gemeinsamen Schwerpunkt, das Baryzentrum. Dadurch bewegt sich der Stern auf uns zu bzw. von uns weg (rechts). Mit sehr empfindlichen Instrumenten kann man die Verschiebung der dunklen Linien im Spektrum des Sterns messen (S. 102). Wenn der Stern auf uns zukommt, verkürzen sich scheinbar seine Wellenlängen. Die dunklen Linien verschieben sich zum blauen Ende des Spektrums. Bewegt er sich von uns weg, werden seine Wellenlängen scheinbar länger und führen zu einer Rotverschiebung.

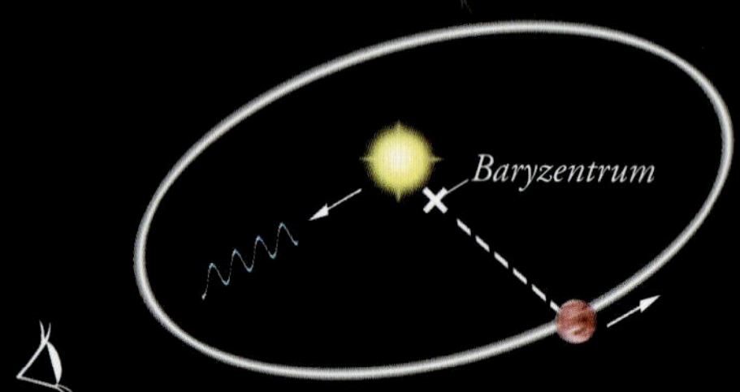

Blauverschiebung, während sich der Stern auf den Beobachter zubewegt.

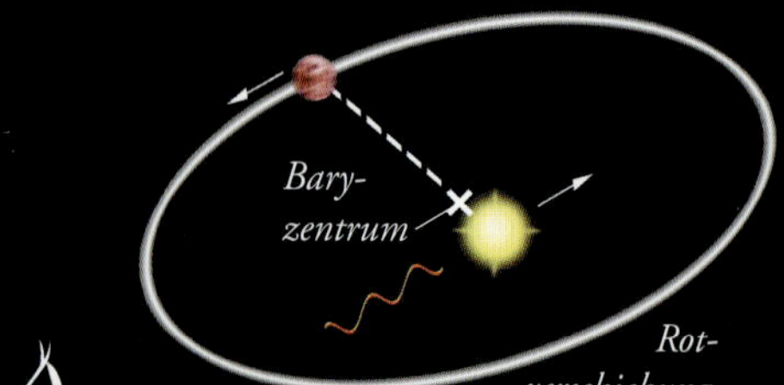

Rotverschiebung, der Stern entfernt sich vom Beobachter.

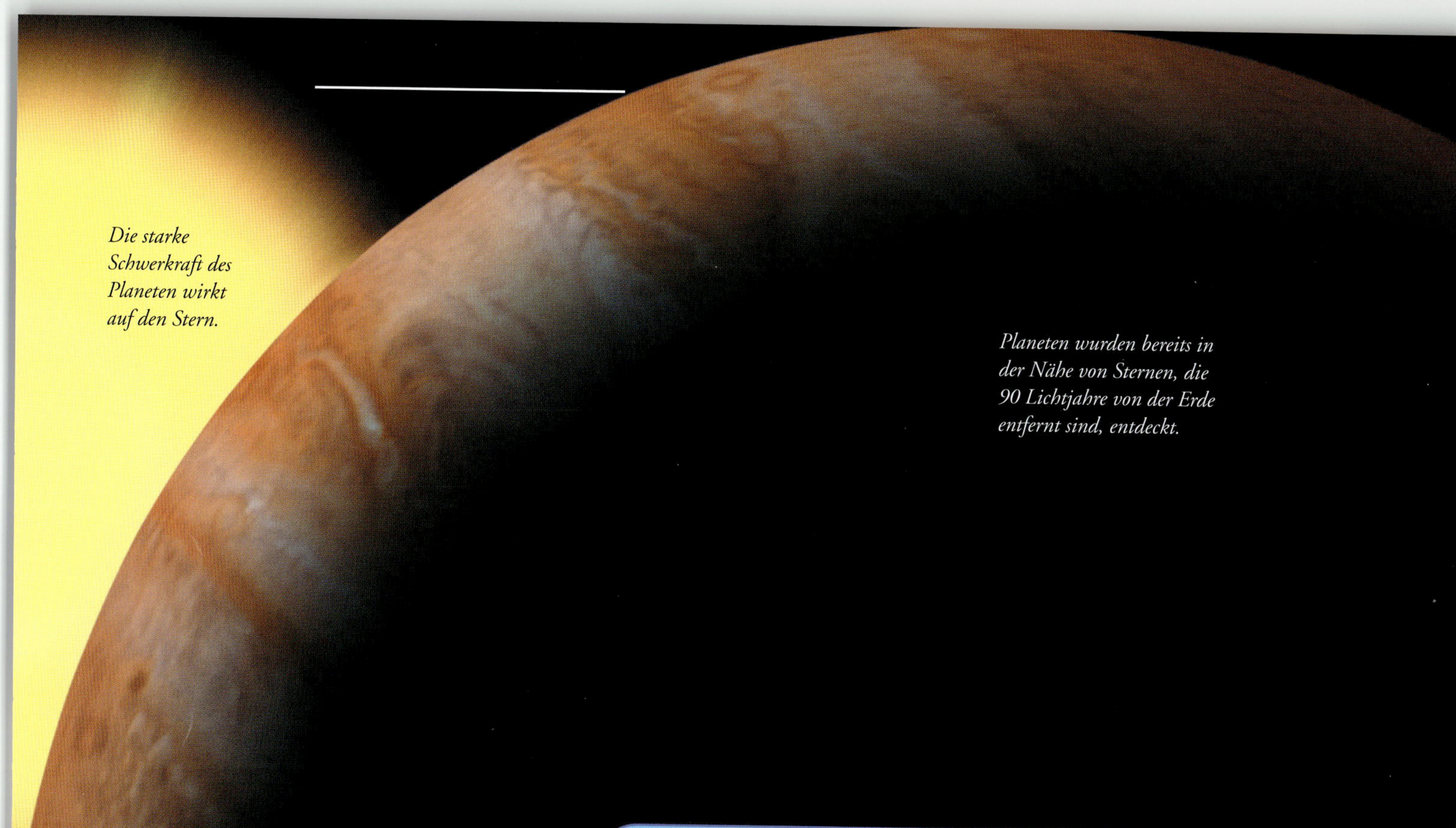

Interferenzteleskope

Auf der Suche nach Planeten wie der Erde
Mit einer neuen Generation Raumsonden will die NASA neue Planeten finden (*Terrestrial Planet Finder, TPF*). Die Teleskope der Sonden sind miteinander verbunden und können hochauflösende Bilder anderer Sonnensysteme aufnehmen. Damit können sie Planeten, die so groß wie die Erde sind, entdecken. Mit empfindlichen Instrumenten untersuchen sie, woraus diese Planeten bestehen und ob dort Leben möglich ist.

STERNGUCKER
51 PEGASI SUCHEN

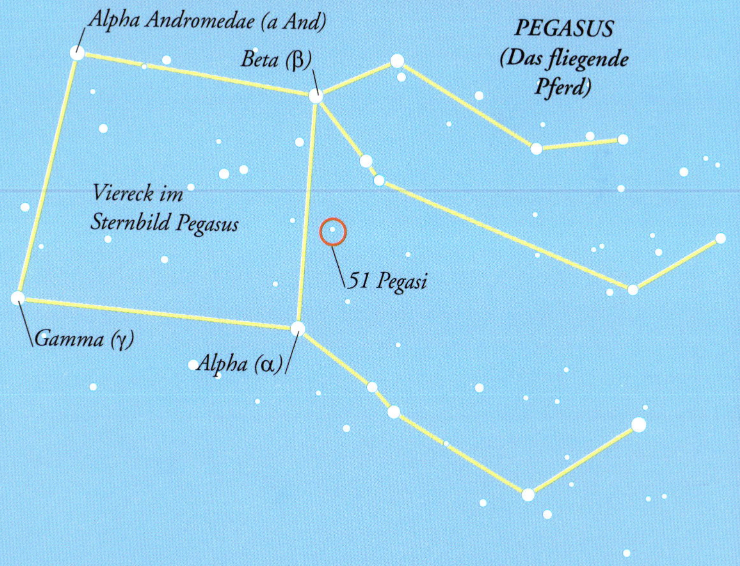

IM STERNBILD PEGASUS befindet sich ein schwach leuchtender Stern, 51 Pegasi (oben). Da die anderen Sterne fünfmal so hell sind, brauchst du ein Fernglas, um ihn zu sehen. Jahrelang war er uninteressant, bis 1995 ein Planet in seiner Nähe entdeckt wurde. Das war der erste Planet, der bei einem Stern wie der Sonne gefunden wurde. Aber erwarte nicht, dass du diesen Planeten durch dein Fernglas sehen kannst! Er ist so winzig, dass noch nicht einmal die lichtstarken Teleskope ihn finden können. Dieser Planet ist vermutlich halb so groß wie Jupiter und kreist in weniger als 10 Millionen Kilometern Entfernung um seinen Stern.

Sternhaufen und Doppelsterne

Im Gegensatz zur Sonne sind die meisten Sterne nicht allein in einem System. Sie werden von einem oder mehreren anderen Sternen begleitet, weil normalerweise mehrere Sterne gleichzeitig in einer Wolke entstehen. Doppelsterne sind weit verbreitet. Daneben existieren lockere Gruppen aus 100 oder mehr jungen, heißen Sternen, die man Offene Sternhaufen nennt. Der bekannteste Offene Sternhaufen sind die Plejaden (Siebengestirn) im Sternbild Stier, der mehr als 3000 Sterne enthält. Mit der Zeit werden diese Sterne auseinander treiben.

Kugelsternhaufen

Manchmal bilden hunderttausende von Sternen große kugelförmige Gruppen, die Kugelsternhaufen. Dieser beeindruckende Kugelsternhaufen ist Omega Centauri (rechts) und liegt 16 500 Lichtjahre von der Erde entfernt im Sternbild Kentaur. In unserer Galaxis existieren etwa 150 Kugelsternhaufen. Sie bestehen hauptsächlich aus alten Sternen, die ungefähr 10 Milliarden Jahre alt sind. Die Offenen Sternhaufen befinden sich immer in der Scheibe der Galaxis, während Kugelsternhaufen auch weit darüber oder weit darunter liegen können. Sie kreisen auf eigenen Bahnen um das Zentrum der Galaxis. Kugelsternhaufen aus alten Sternen findet man auch in anderen Galaxien.

Sterngucker
Sternhaufen entdecken

Das Sternbild Stier enthält zwei Offene Sternhaufen, die Hyaden und die Plejaden. Zuerst suchst du den rötlichen, hellsten Stern Aldebaran, der das Auge des Stiers darstellt. Um ihn herum sind die schwächer leuchtenden Sterne der Hyaden verteilt. Aldebaran selbst gehört nicht zu dem Sternhaufen. Die Plejaden (M 45) sind unverwechselbar, sie liegen etwas weiter außerhalb. Ihr anderer Name, Siebengestirn, verweist auf die sieben hellsten Sterne, doch viele Menschen erkennen nur fünf Sterne. Beide Sternhaufen kannst du mit bloßem Auge sehen.

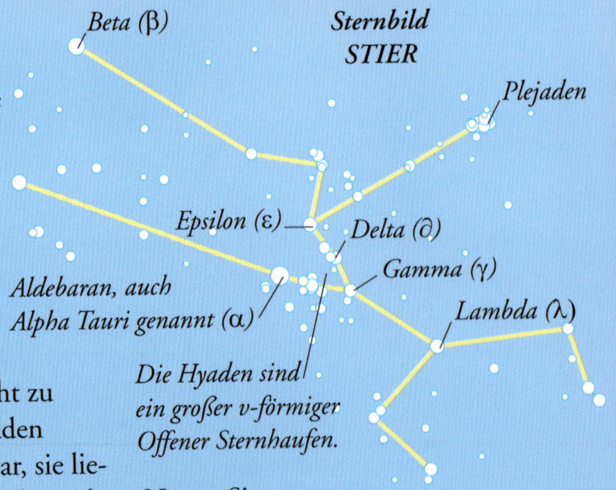

Der Messier-Katalog

Der französische Astronom Charles Joseph Messier suchte unermüdlich nach Kometen. Doch wie viele Astronomen verwechselte er sie häufig mit anderen Objekten – Sternhaufen und Nebeln. Er fasste sie deshalb in einer Liste zusammen. Alle Sternhaufen und Nebel erhielten eine Nummer. Der Krebsnebel hat z. B. die Nummer M 1 und die Plejaden die Nummer M 45.

Charles Joseph Messier (1730–1817)

Doppelt sehen

Wir sehen am Himmel häufig Sterne, die nahe beieinander stehen und die wir deshalb Doppelsterne nennen. Doch nicht alle Sterne liegen tatsächlich eng nebeneinander. Wir sehen sie nur als solche, weil sie in derselben Blickrichtung liegen. Solche Sterne heißen optische Doppelsterne. Andere Sterne dagegen sind eng benachbart und werden durch ihre Schwerkraft zusammengehalten, sie nennt man physische Doppelsterne. Die Sterne kreisen um einen gemeinsamen Schwerpunkt, das Baryzentrum. Die Lage dieses Zentrums hängt von den Sternmassen ab. Manche Doppelsysteme bestehen aus vier Sternen (rechts).

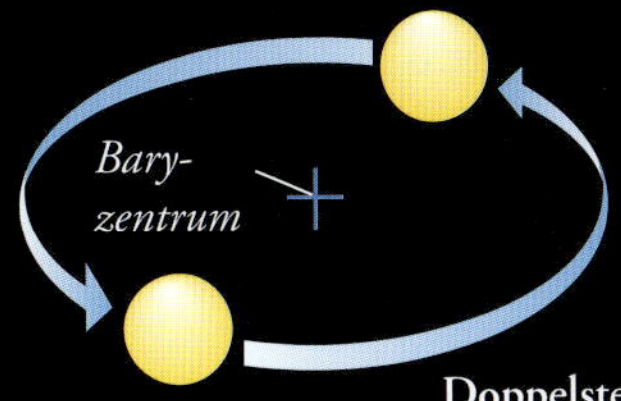

Doppelsterne mit gleichen Massen

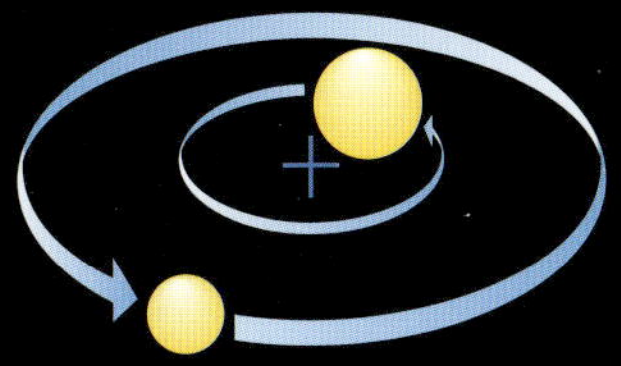

Doppelsterne mit verschiedenen Massen

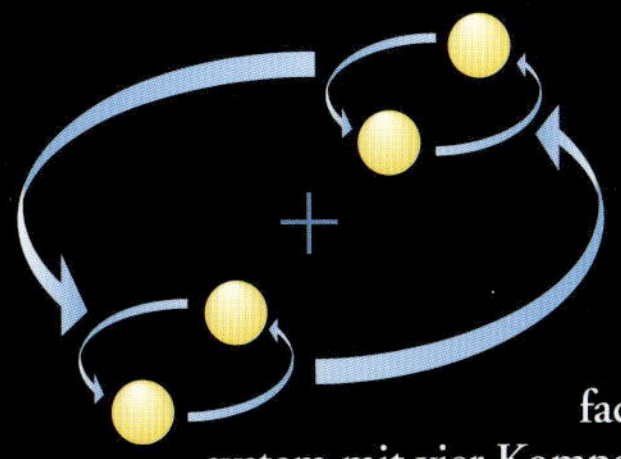

Mehrfachsternsystem mit vier Komponenten

Super-Supernova

Manche Doppelsterne wirken aufeinander ein – die Sterne sind so eng benachbart, dass sie Materie austauschen können. Wenn einer der beiden Sterne ein Weißer Zwerg ist, zieht er so viel Materie an, dass er zu schwer wird. Er kollabiert mit der stärksten Explosion als Supernova Typ I. 117

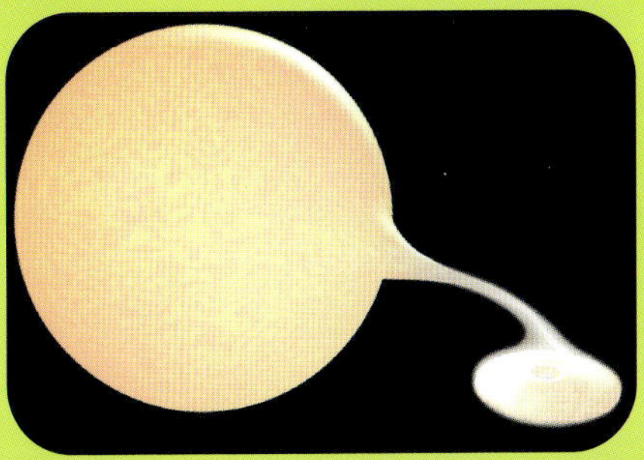

Großer Stern mit Weißem Zwerg als Begleiter

Experiment
Bedeckungsveränderliche

Das Sternbild Perseus enthält den Doppelstern Algol, der seine Helligkeit ändert. Algol zählt zu den Bedeckungsveränderlichen. Das System besteht aus einem kleinen hellen Stern und einem großen matten Stern. Der große Stern verdeckt regelmäßig den anderen, sodass dessen Helligkeit abnimmt. Ein Modell von Algol erklärt dir dieses System. **Das brauchst du:** alte Zeitungen, Tischtennisball, orange Farbe, Messer, 2 Stablampen, Knete, einen Erwachsenen.

Algol besteht aus einem großen matten und einem kleinen hellen Stern.

1. Die alten Zeitungen legst du auf einem Tisch aus. Dann malst du den Tischtennisball orangefarben an und lässt ihn trocknen. Bitte einen Erwachsenen, dass er ein Loch in den Ball schneidet. Das Loch soll groß genug sein für eine Stablampe.

2. Schalte beide Stablampen ein und schraube ihre Köpfe ab. Den orangefarbenen Ball setzt du auf die eine Birne, er ist der große matte Stern. Die andere Birne ist der kleine helle Stern. Mit der Knetmasse stellst du den hellen Stern aufrecht hin.

3. Stelle deinen matten Stern direkt neben den hellen. In der Dunkelheit siehst du beide hell nebeneinander leuchten. Jetzt bewegst du den matten Stern wie auf einer Umlaufbahn. Steht der matte Stern hinter dem hellen, nimmt die Helligkeit etwas ab, weil der helle Stern den matten nur teilweise bedeckt. Die Helligkeit nimmt jedoch stark ab, wenn der matte Stern den hellen verdeckt. Dieses Phänomen kannst du bei Algol beobachten, wenn ein Stern den anderen regelmäßig bedeckt.

ZWISCHEN DEN STERNEN

WIR STELLEN UNS das Weltall meistens als dunklen, leeren Raum vor, der mit hellen Sternen gespickt ist. Doch das entspricht nicht der Wirklichkeit, denn der Raum zwischen den Sternen ist nicht gänzlich leer. Er enthält an einigen Stellen Gasschwaden und winzige feste Staubteilchen. Dieses Material nennt man interstellare Materie. In bestimmten Gebieten bildet diese Materie dichte Wolken, die Nebel, die oft als schwach leuchtende, verschwommene Flecken am Nachthimmel erscheinen. Manche Nebel leuchten, weil sie Sterne enthalten, die hell scheinen.

BEEINDRUCKENDER ORION

Der auffälligste Nebel am Nachthimmel befindet sich im Sternbild Orion (M 42). Er ist sogar mit bloßem Auge zu sehen und erscheint als verschwommener Fleck zwischen den Sternen. In der Aufnahme (rechts) sticht M 42 als größtes Merkmal hervor. Er ist ein Emissionsnebel, der vom Trapez erleuchtet wird. Dieses Mehrfachsternsystem befindet sich im hellsten Teil des Nebels. Der Nebel besitzt einen Durchmesser von etwa 16 Lichtjahren und liegt 1500 Lichtjahre von uns entfernt. Der kleinere Nebel über M 42 ist ein Reflexionsnebel, er spiegelt Licht von benachbarten Sternen.

STERNGUCKER
DER ORIONNEBEL

DER GROSSARTIGE Orionnebel wird von Astronomen auf beiden Erdhalbkugeln geschätzt, weil er sich über den Himmelsäquator erstreckt. Der Nebel ist leicht zu finden, da er direkt unter den drei hellsten Sternen des Sternbilds liegt, den Gürtelsternen, auch Jakobsstab genannt.

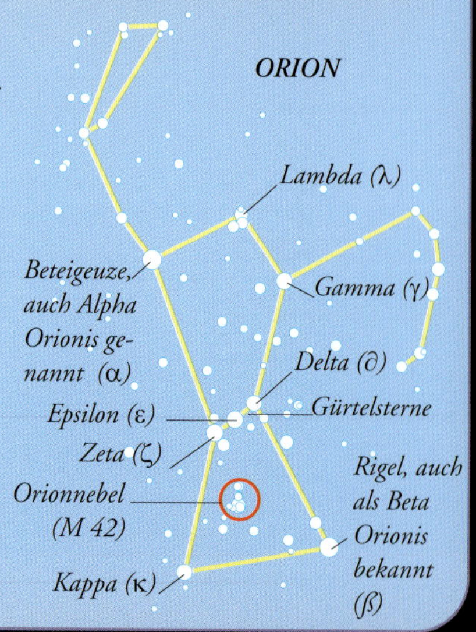

Der Pferdekopf
In der Nähe des Gürtelsterns Zeta Orionis befindet sich ein weiterer auffälliger Nebel. Wenn man ihn durch ein Teleskop betrachtet, sieht er wie ein dunkler Pferdekopf aus. Man nennt ihn deshalb Pferdekopfnebel – eine dunkle Wolke aus Gas und Staub ohne Sterne, die nicht leuchtet. Er blockiert Licht von einem hellen Nebel, der hinter ihm liegt. In seinen dunklen Molekülwolken (S. 104) entstehen Sterne.

Säulen der Schöpfung

Diese Aufnahme des Hubble-Weltraumteleskops wurde »Säulen der Schöpfung« genannt. Sie zeigt dunkle Gassäulen, in denen Sterne entstehen. Die Säulen befinden sich am Rand einer dunklen Molekülwolke des Adlernebels (M 16) im Sternbild Schlange. Die Säulen verschwinden nach und nach, weil das intensive ultraviolette Licht benachbarter Sterne das Gas verdampft. Übrig bleiben dichte Gaskugeln, die möglicherweise auch verdampfen. Diese Strukturen nennt man Gasemissionsnebel.

Unheimliche dunkle Säulen im Adlernebel, die vom Hubble-Weltraumteleskop aufgenommen wurden.

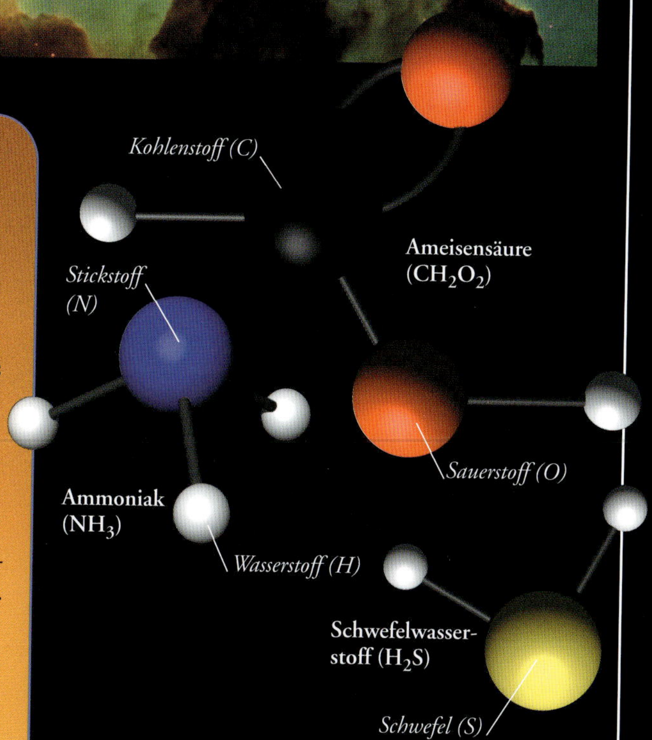

Experiment
Dunkle Nebel

Die dunklen Nebel erscheinen uns wie Löcher im Weltall. Sie sind jedoch Wolken aus unsichtbarem Gas, die uns den Blick auf das, was dahinter liegt, versperren. So erfährst du, wie diese Täuschung zustande kommt. **Das brauchst du:** weißen Karton, Schere, hellen Leuchtlack, 2 Bögen schwarzen Karton, weiße Farbe, Pinsel, durchsichtige Kunststoffscheibe, Modelliermasse.

1 Aus dem weißen Karton schneidest du einen hellen Nebel und besprühst ihn mit Lack. Schneide dann aus dem schwarzen Karton wellenförmig einen kleineren dunklen Nebel. Auf die Scheibe malst du mit weißer Farbe einige Punkte (Sterne). Damit alle Komponenten aufrecht stehen, baust du aus der Modelliermasse Ständer.

2 Stelle die Scheibe vor den hellen Nebel und dahinter den zweiten Bogen aus schwarzem Karton. Du siehst nun einen hellen Nebel am Sternenhimmel.

3 Jetzt schiebst du den dunklen Nebel zwischen die Scheibe und den hellen Nebel. Er erscheint nun wie ein Loch im Weltall.

Interstellare Materie

Interstellare Materie besteht hauptsächlich aus Wasserstoff, dem häufigsten Element im Weltall. Zusätzlich sind bisher mehr als 80 weitere Substanzen in Nebeln entdeckt worden, die man interstellare Moleküle nennt. Einige Moleküle sind oben abgebildet – Ameisensäure, Ammoniak und Schwefelwasserstoff. Die Nebel enthalten auch Alkohole, Glycin und Wasser. Besonders interessant ist Glycin, weil es als einfache Aminosäure zu den Bausteinen des Lebens zählt.

TOD SONNENARTIGER STERNE

DEN GRÖSSTEN TEIL seines Lebens scheint ein Stern gleichmäßig und erzeugt in seinem Kern durch Umwandlung von Wasserstoff Energie. Doch nach Millionen oder Milliarden Jahren ist sein Wasserstoffvorrat verbraucht und er beginnt zu sterben. Sterne wie die Sonne sterben ziemlich ruhig. Sie schwellen immer weiter an und werden zu Roten Riesen. Solche Riesensterne blasen Materie ins Weltall und schrumpfen zu Weißen Zwergen. Mit der Zeit kühlen diese heißen, winzigen Sterne ab und verblassen. Massivere Sterne dagegen explodieren.

Ein Roter Riese kann zehn- bis hundertmal größer sein als der ursprüngliche Stern.

ROTE RIESEN

Nachdem ein Stern seinen gesamten Wasserstoff verbraucht hat, enthält sein Kern nur noch Helium. Der Kern kollabiert unter seiner Schwerkraft und setzt Energie frei. Diese erwärmt die Atmosphäre des Sterns, die sich massiv ausweitet. Der Stern wird immer größer, seine Oberfläche kühlt ab und wird rötlicher. Der schrumpfende Kern erzeugt wiederum Wärme, die neue Reaktionen auslöst. Dabei entstehen aus Helium Kohlenstoff und Sauerstoff.

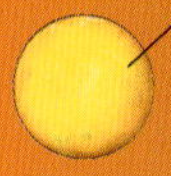

Ein Hauptreihenstern scheint über Milliarden Jahre gleichmäßig.

Die sterbende Sonne
Die Sonne ist ungefähr 5 Milliarden Jahre alt und wird noch einmal so lange scheinen. Danach schwillt sie zu einem Roten Riesen an, auf das Dreißigfache ihrer jetzigen Größe. Sie dehnt sich möglicherweise so weit aus, dass sie den Planeten Merkur verschluckt. Als Roter Riese wird die Sonne etwa 2 Milliarden Jahre lang ungefähr tausendmal heller scheinen als heute, bevor sie zu einem Weißen Zwerg schrumpft.

STERNGUCKER
ROTE RIESEN

ARKTUR (Bärenhüter), der hellste Stern im Sternbild Ochsentreiber, ist ein Roter Riese. Du findest ihn am unteren Ende des Sternbilds. Er hat eine sichtbare Helligkeit von –0,1, einen erkennbaren orangefarbenen Farbton und ist der vierthellste Stern am Himmel.

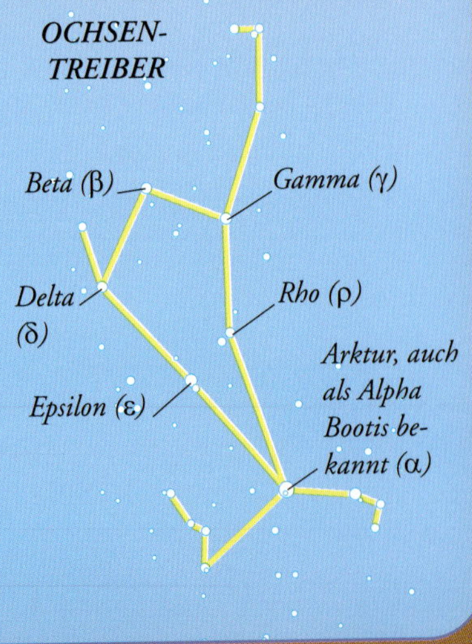

Wenn der Wind weht
Mit der Zeit verlieren Rote Riesen viel von ihrer Masse. Ihre äußeren Hüllen fliegen als Sternwind in das Weltall. Dieser Vorgang wird durch Pulsationen – regelmäßiges Ausdehnen und Zusammenziehen des Sterns – beschleunigt, was bei vielen Roten Riesen vorkommt. Der heiße weiße Stern im Bild links schleudert seit tausenden von Jahren Wolken und Teilchenströme ins Weltall.

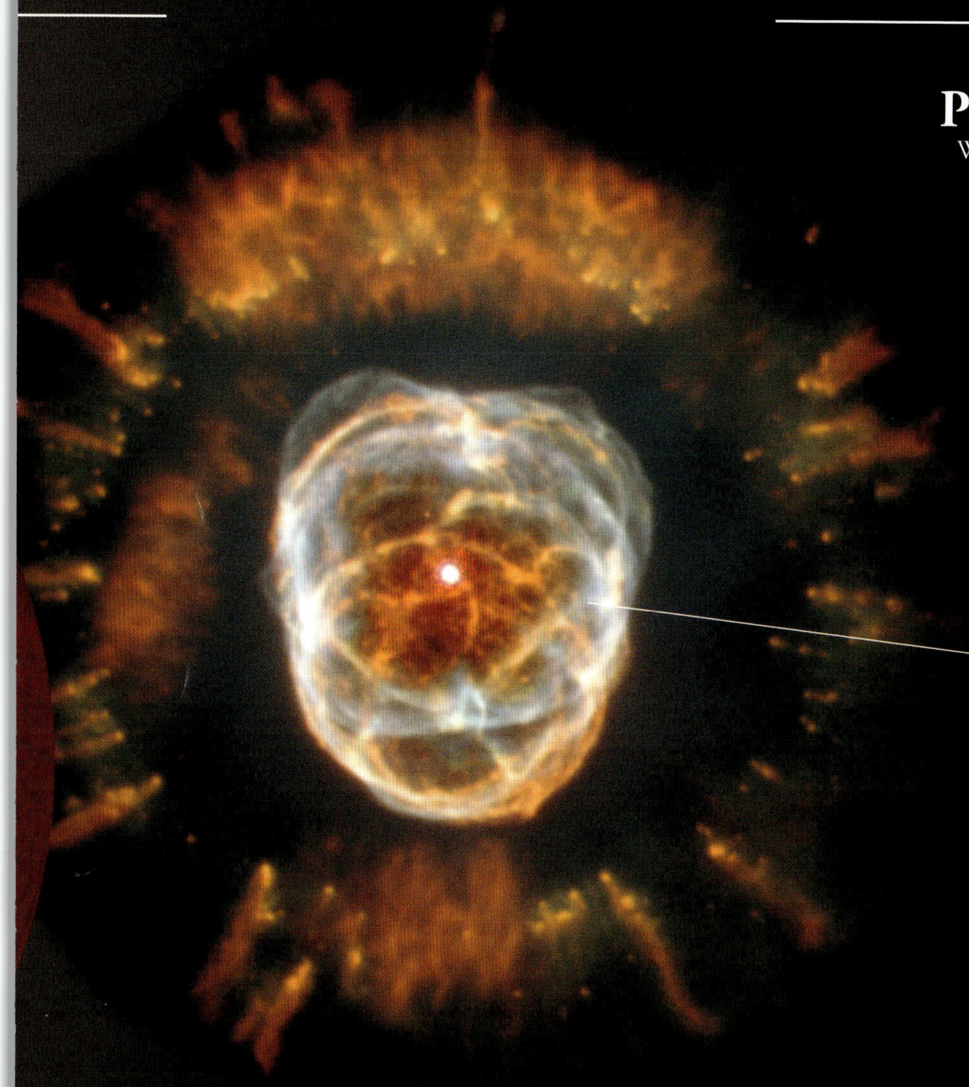

Planetarische Nebel

Wenn ein Roter Riese sein gesamtes Helium verbraucht hat, hören auch die Kernreaktionen auf. Der Kern kollabiert schnell und setzt Energie frei, welche die äußere Sternhülle erwärmt. Diese Freisetzung geschieht so plötzlich, dass die äußere Hülle ins Weltall weggeblasen wird. Das ausgestoßene Material bildet eine wirbelnde, sich weiter ausdehnende Scheibe um den weißlich heißen Reststern. Diese Scheibe zählt zu den schönsten Bildern im Weltall. Man nennt sie planetarischer Nebel, da sie durch kleinere Teleskope wie eine Planetenscheibe aussieht.

Dieser planetarische Nebel heißt Eskimo, weil er wie ein Gesicht in einer Fellkapuze aussieht.

Heißer, neu entstandener Weißer Zwerg

Der Stern ändert seine Farbe, während er abkühlt und verblasst.

Zwerge mit hoher Dichte

Im Zentrum eines planetarischen Nebels sitzt ein Kern aus Materie, der nur den Bruchteil der Größe des ursprünglichen Sterns hat. Solche Kerne nennt man Weiße Zwerge. Sie sind etwa so groß wie die Erde, doch ihre Dichte ist viel höher – sie ist eine Million Mal höher als die von Wasser. Weiße Zwerge bestehen nicht aus normaler Materie mit Elektronen und Atomkernen. Die Schwerkraft hat beide so zusammengepresst, dass sich eine andere Materie, entartetes Elektronengas, gebildet hat. Junge Weiße Zwerge sind sehr heiß, ihre Oberflächentemperatur beträgt mehrere zehntausend Grad.

Die Dichte eines Weißen Zwerges ist so hoch, dass eine Streichholzschachtel mit dessen Materie so viel wiegt wie ein Elefant.

EXPERIMENT
Sternstaub

Im Kern eines Roten Riesen bildet sich Kohlenstoff, der später ausgestoßen wird und zu festen Staubkörnern abkühlt. Wir machen diesen Vorgang nach. **Das brauchst du:** Kerze mit Ständer, Streichhölzer, kleinen Teller, Topfhandschuh, einen Erwachsenen.

1 Bitte einen Erwachsenen, dass er die Kerze anzündet und mit dem Topfhandschuh den Teller so über die Kerze hält, dass dieser die Flamme berührt.

2 Sobald der Teller die Flamme berührt, bildet sich schwarzer Ruß. Wenn man den Teller im Kreis bewegt, entsteht ein spiralförmiges Muster.

3 Die Flamme enthält winzige, unsichtbare Kohlenstoffteilchen. Sobald diese Teilchen an den Teller kommen, kondensieren sie und bilden den Ruß. Im Weltall fliegen die Rußpartikel vom Roten Riesen weg.

DAS ENDE MASSIVER STERNE

STERNE, DIE MEHR MASSE als die Sonne besitzen, gehen spektakulär unter. Am Ende ihres Lebens schwellen sie für kurze Zeit zu Überriesen an und explodieren dann als Supernova. Sie zählen zu den größten Explosionen im Weltall. Eine Supernova gibt es in unserer Galaxis nur alle 300 Jahre. In unserer Nachbargalaxie, der Großen Magellanschen Wolke, konnte man 1987 eine Supernova mit bloßem Auge erkennen. Deren Reste sind noch heute als ausgedehnte Wolke aus Gas und Staub sichtbar.

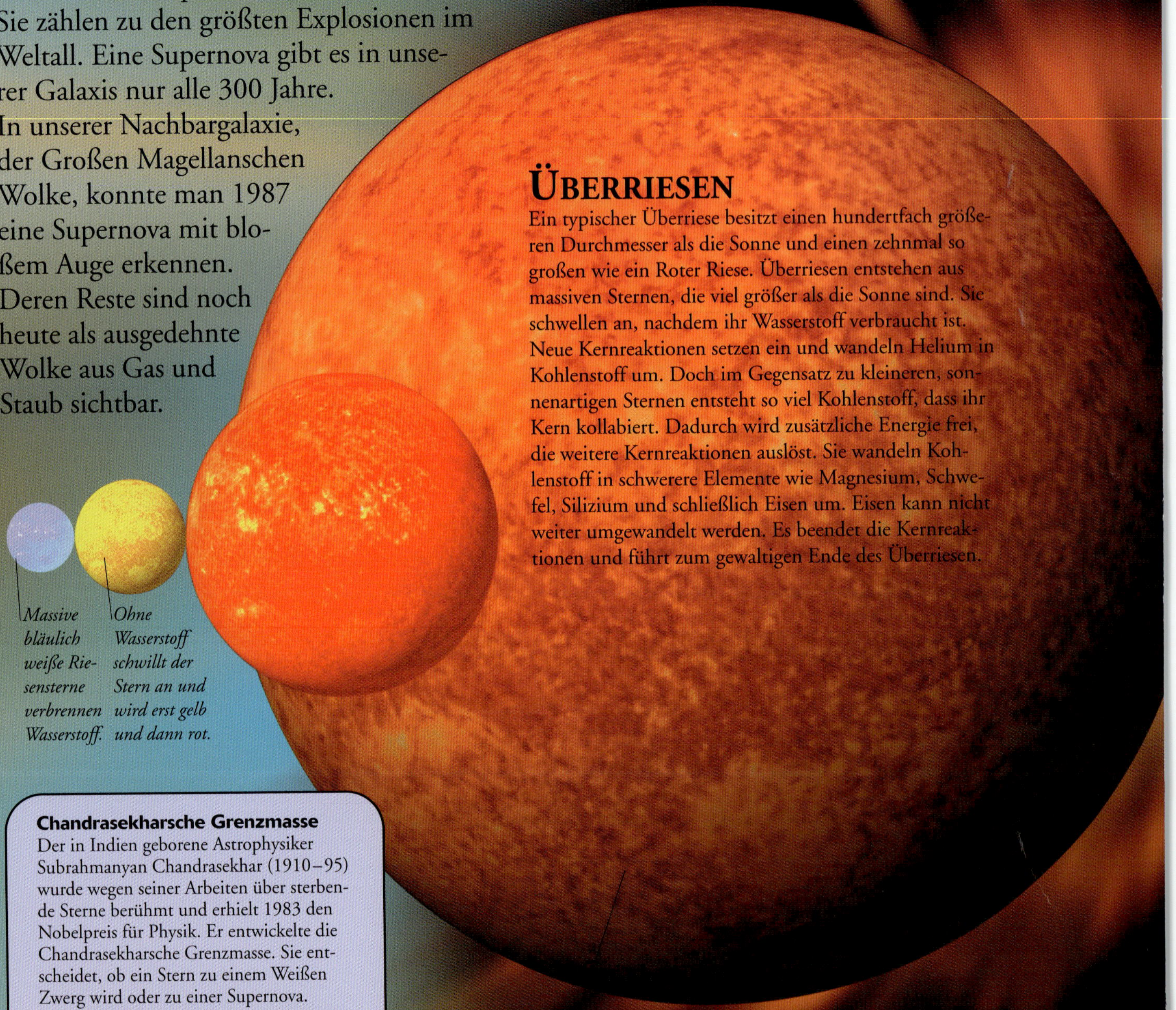

Massive bläulich weiße Riesensterne verbrennen Wasserstoff.

Ohne Wasserstoff schwillt der Stern an und wird erst gelb und dann rot.

Der Durchmesser eines Überriesen kann bis zu tausendmal größer sein als der der Sonne.

ÜBERRIESEN

Ein typischer Überriese besitzt einen hundertfach größeren Durchmesser als die Sonne und einen zehnmal so großen wie ein Roter Riese. Überriesen entstehen aus massiven Sternen, die viel größer als die Sonne sind. Sie schwellen an, nachdem ihr Wasserstoff verbraucht ist. Neue Kernreaktionen setzen ein und wandeln Helium in Kohlenstoff um. Doch im Gegensatz zu kleineren, sonnenartigen Sternen entsteht so viel Kohlenstoff, dass ihr Kern kollabiert. Dadurch wird zusätzliche Energie frei, die weitere Kernreaktionen auslöst. Sie wandeln Kohlenstoff in schwerere Elemente wie Magnesium, Schwefel, Silizium und schließlich Eisen um. Eisen kann nicht weiter umgewandelt werden. Es beendet die Kernreaktionen und führt zum gewaltigen Ende des Überriesen.

Chandrasekharsche Grenzmasse

Der in Indien geborene Astrophysiker Subrahmanyan Chandrasekhar (1910–95) wurde wegen seiner Arbeiten über sterbende Sterne berühmt und erhielt 1983 den Nobelpreis für Physik. Er entwickelte die Chandrasekharsche Grenzmasse. Sie entscheidet, ob ein Stern zu einem Weißen Zwerg wird oder zu einer Supernova.

Eine Supernova kann viele Milliarden Mal so hell leuchten wie die gesamte Galaxie.

Superexplosionen

Wenn der Eisenkern eines Überriesen mehr als das 1,4-fache der Sonnenmasse (die Chandrasekharsche Grenzmasse) wiegt, bricht er in sich selbst zusammen. Seine Materie wird in immer kleinere Teile gespalten. Durch den Kollaps im Kern kollabieren auch die äußeren Schichten. Dieser Vorgang setzt ungeheure Energiemengen frei, die zu einer gewaltigen Explosion führen und den Stern auseinander reißen. Er wird dadurch zu einer Supernova. Aus dem kollabierten Kern entsteht entweder ein Neutronenstern oder ein Schwarzes Loch.

Dieses Gold entstand durch eine Supernova.

Gold erzeugen

Die Kernprozesse in einem massiven Stern erzeugen Eisen, indem sie leichtere Elemente verschmelzen. Schwerere Elemente wie z. B. Gold entstehen jedoch nicht. Nur Supernovas besitzen genug Energie für neue Kernfusionen. Alle schweren Elemente im Weltall stammen aus diesen Explosionen.

Ein Neutronenstern ist ein winziger, stadtgroßer Stern und besteht aus Neutronen.

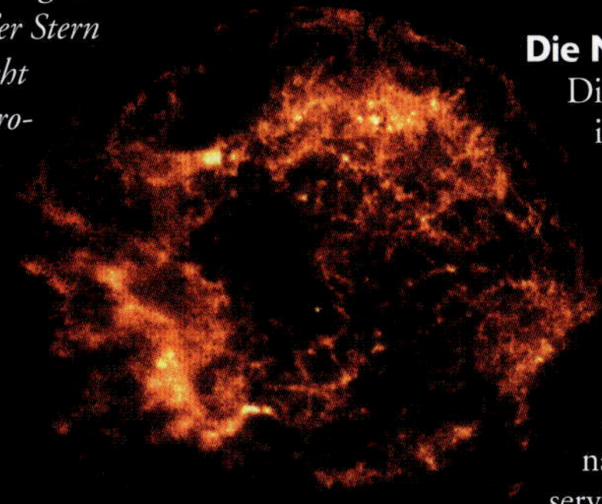

Die Schwerkraft von einem Schwarzen Loch ist so stark, dass noch nicht einmal Licht entkommt.

Die Nachwirkungen

Die Materie, die eine Supernova ins Weltall schleudert, bildet eine riesige Wolke um den ursprünglichen Stern herum. Diese Wolke nennt man Supernovaüberreste. Die Aufnahme links zeigt die Überreste einer Supernova von vor 300 Jahren im Sternbild Kassiopeia. Die Aufnahme wurde vom Chandra-Observatorium mit Röntgenstrahlen gemacht. Der Überrest, Kassiopeia A, sendet starke Röntgenstrahlen und Radiowellen aus, er ist jedoch nicht sichtbar.

Experiment Rückstoss

Wenn ein Stern zu einer Supernova wird, kollabieren sein Kern und seine äußeren Schichten. Die Abstoßung vom Kern ist so gewaltig, dass der Stern zerbirst. In diesem Experiment kannst du den Zusammenstoß zwischen der Außenschicht (kleiner Ball) und dem Kern (großer Ball) nachmachen. **Das brauchst du:** Tennisball, großen Gummiball.

1 Auf einem offenen Platz hältst du den Tennisball hoch und lässt ihn fallen. Beachte, wie hoch er zurückspringt. Das wiederholst du mit dem Gummiball. Jeder Ball springt etwa auf drei Viertel der Anfangshöhe zurück.

2 Jetzt hältst du wie links im Bild den Tennisball direkt auf den Gummiball und lässt beide gleichzeitig fallen. Der Gummiball springt vom Boden zurück. Der Tennisball prallt dagegen vom Gummiball ab.

3 Der Tennisball erhält vom Gummiball zusätzliche Energie und springt hoch in die Luft. Auf diese Weise werden Gas und Staub der äußeren Schicht während einer Supernovaexplosion ins Weltall geschleudert.

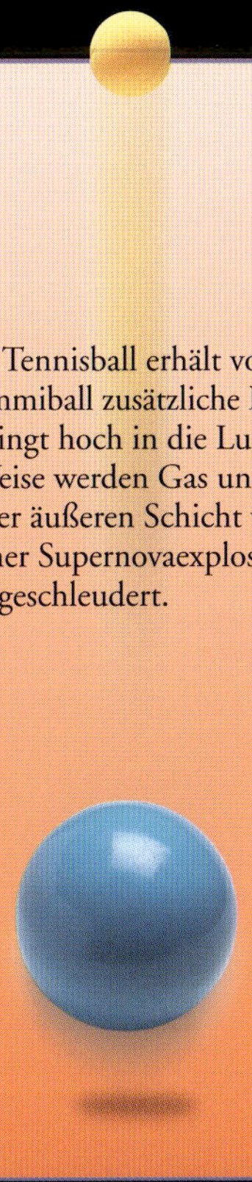

SCHWARZE LÖCHER

AM ENDE SEINES LEBENS kollabiert der Kern eines massiven Sterns. Während der Kern schrumpft, zertrümmert Schwerkraft seine Materie. Atome werden zerquetscht und Elektronen dringen in die Atomkerne, wo sie mit Protonen zu Neutronen verschmelzen. Hieraus entsteht ein Neutronenstern. Einige Neutronensterne sind als Pulsare bekannt, weil sie sehr schnell rotieren und dabei Strahlungspulse abgeben. Wenn kollabierende Kerne dreimal so viel wie die Sonne wiegen, schrumpft der Neutronenstern weiter. Seine Schwerkraft wird so stark, dass sogar Lichtstrahlen nicht entkommen – er wird zu einem Schwarzen Loch.

EXPERIMENT
PULSAR

PULSARE SIND SCHNELL rotierende Neutronensterne, die Strahlenbündel aussenden. Normalerweise gehen von Pulsaren Radiowellen aus, doch manche, wie der Krebsnebelpulsar, geben auch Licht ab. Wir können Pulsare nur entdecken, wenn ihr Strahl die Erde streift. Mit diesem Experiment kannst du dir deinen eigenen Pulsar bauen. **Das brauchst du:** 2 Stablampen, Klebmasse, dünnen Karton, Klebeband, Schere, Seil.

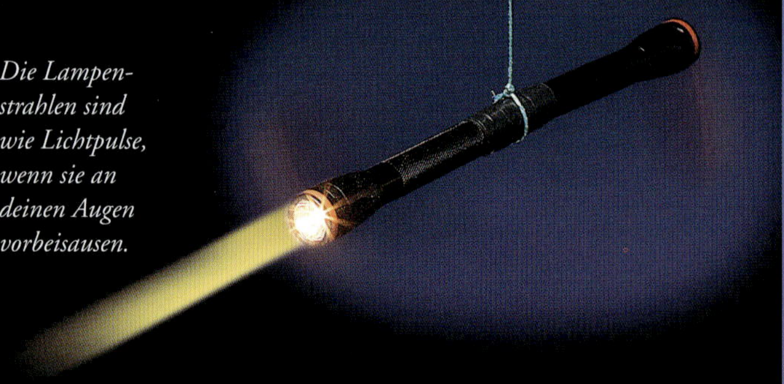

Die Lampenstrahlen sind wie Lichtpulse, wenn sie an deinen Augen vorbeisausen.

1 Du setzt die Enden der beiden Stablampen mit der Klebmasse zusammen, sodass sie in entgegengesetzter Richtung leuchten. Die Verbindungsstelle umwickelst du mit dem Karton und klebst ihn mit dem Klebeband fest. An dieser Stelle befestigst du dann ein Ende des Seils.

2 Jetzt hängst du die Lampen in Augenhöhe auf und balancierst sie aus. Schalte sie ein und drehe sie. Das Zimmer sollte nun dunkel sein. Der Lichtstrahl zischt an dir vorbei, als schalte er sich ein und aus. Sieh dir den Strahl aus verschiedenen Winkeln an – du kannst ihn nicht immer sehen.

DER KREBSNEBELPULSAR

Im Sternbild Stier befindet sich eine Gaswolke, der Krebsnebel (M 1), die sich immer noch ausbreitet. Sie ist der Überrest eines Sterns, der im Jahr 1054 als Supernova unterging. Im Herz des Nebels sitzt ein Objekt, das jede Sekunde 30 Lichtblitze zur Erde sendet. Solche Objekte nennt man Pulsare, sie sind vermutlich rotierende Neutronensterne. Die englische Radioastronomin Jocelyn Bell entdeckte 1967 den ersten Pulsar, der regelmäßig Radiowellen ausstrahlte (S. 19).

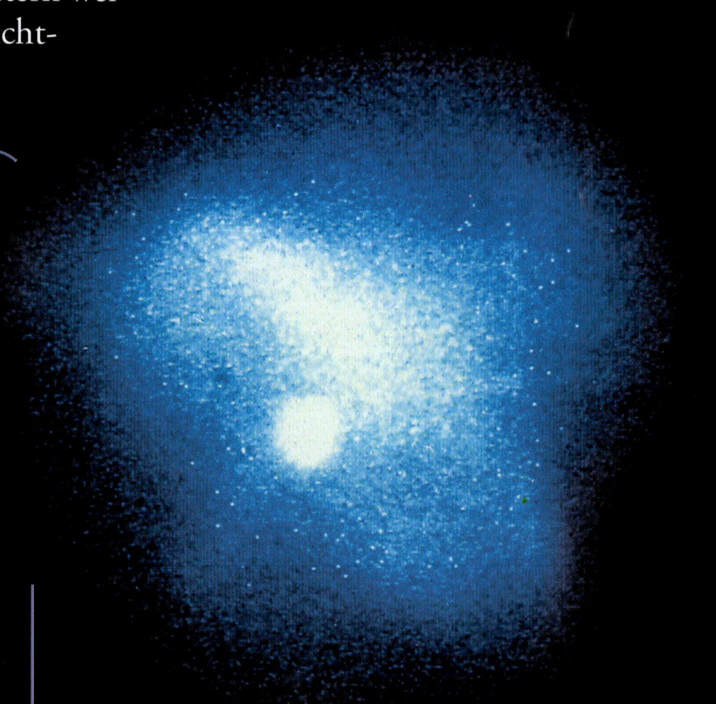

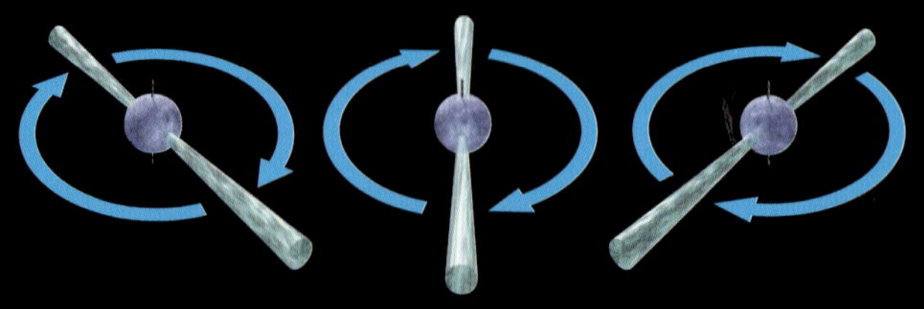

Pulsar ausgeschaltet *Pulsar eingeschaltet* *Pulsar ausgeschaltet*

KOSMISCHER LEUCHTTURM

Neutronensterne besitzen extrem hohe Magnetfelder, die sich mit dem Stern drehen. Diese Rotation wirkt auch auf geladene Teilchen (Protonen und Elektronen). Sie erzeugen durch ihre Bewegung Energie, die sie als elektromagnetische Strahlen (S. 18-19) von beiden Magnetpolen abgeben. Diese Strahlen schwenken um den Stern wie Lichtstrahlen eines riesigen Himmelsleuchtturms (wie in der Abbildung oben gezeigt). Wenn die Strahlen die Erde streifen, kann man den Strahlenpuls messen. Steht der Pulsar jedoch in einem anderen Winkel zur Erde, können wir sie von uns aus nicht entdecken.

Der ultimative Abgrund

Wenn Kerne großer Sterne kollabieren, gehen sie noch über das Stadium eines Neutronensterns hinaus. Beim Schrumpfen wächst ihre Schwerkraft enorm an. Selbst Neutronen können ihr nicht widerstehen und werden zerdrückt. Sie kann so stark werden, dass selbst Licht nicht entkommt. Die Sterne werden unsichtbar und hinterlassen ein Schwarzes Loch. Solche Löcher besitzen eine so ungeheure Schwerkraft, dass sie alles verschlucken, was ihnen zu nahe kommt. Der Kern eines Schwarzen Lochs ist vermutlich auf einen winzigen Punkt zusammengeschrumpft, den man Singularität nennt.

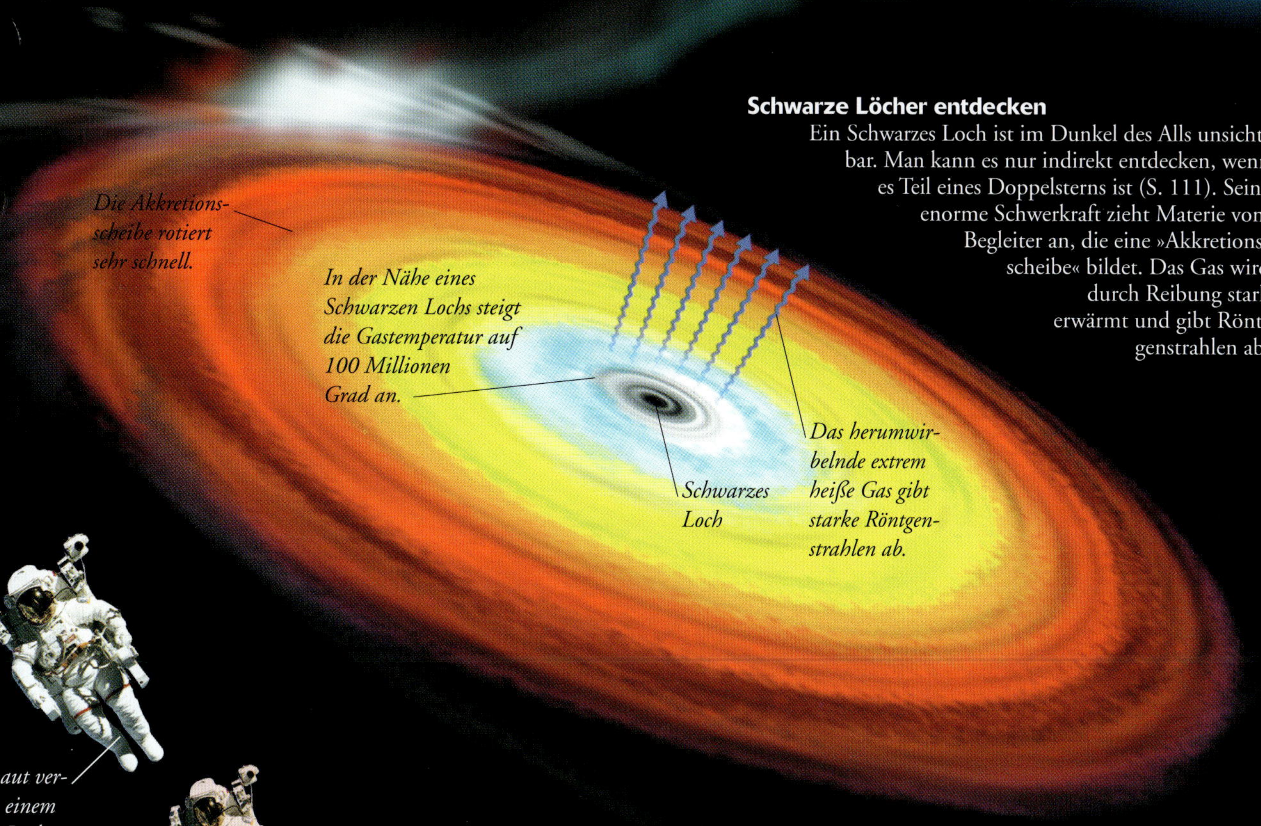

Schwarze Löcher entdecken

Ein Schwarzes Loch ist im Dunkel des Alls unsichtbar. Man kann es nur indirekt entdecken, wenn es Teil eines Doppelsterns ist (S. 111). Seine enorme Schwerkraft zieht Materie vom Begleiter an, die eine »Akkretionsscheibe« bildet. Das Gas wird durch Reibung stark erwärmt und gibt Röntgenstrahlen ab.

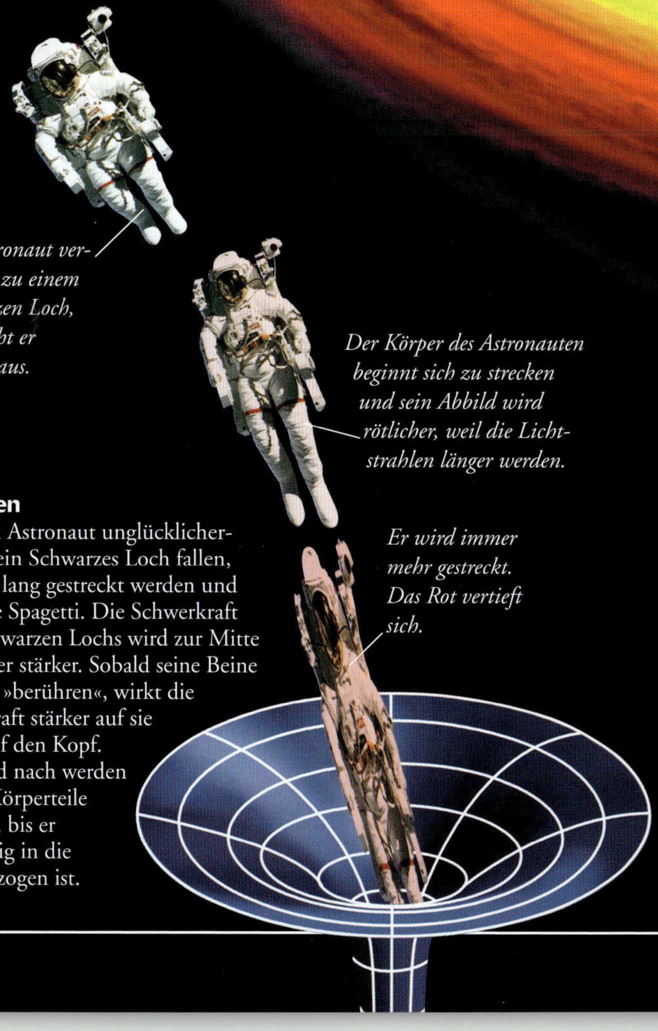

Stretchen

Sollte ein Astronaut unglücklicherweise in ein Schwarzes Loch fallen, würde er lang gestreckt werden und dünn wie Spagetti. Die Schwerkraft eines Schwarzen Lochs wird zur Mitte hin immer stärker. Sobald seine Beine das Loch »berühren«, wirkt die Schwerkraft stärker auf sie ein als auf den Kopf. Nach und nach werden weitere Körperteile gestreckt, bis er vollständig in die Länge gezogen ist.

Die Kleinsten

Winzige Schwarze Löcher, so groß wie ein Atom, aber Milliarden Tonnen schwer, könnten zu Beginn des Universums entstanden sein. Der britische Physiker Stephen Hawking (geb. 1942) meint, dass durch die Schwerkraft um ein Schwarzes Loch Strahlung freigesetzt wird. Diese »Hawking-Strahlung« führt Energie und Masse weg, bis das Schwarze Loch in einer Explosion aus Gammastrahlen verschwindet.

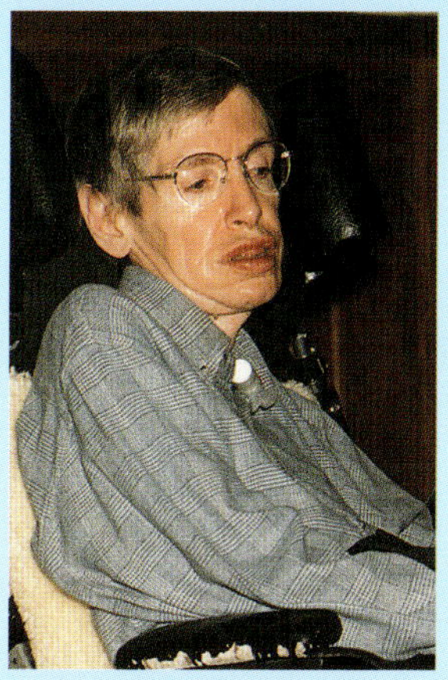

GALAXIEN

Die beeindruckende Spiralgalaxie ESO 269–57 ist 155 Millionen Lichtjahre entfernt. Im Hintergrund sind hunderte weiterer Galaxien sichtbar.

STERNINSELN

DER NACHTHIMMEL ist übersät mit zahllosen Sternen. Die meisten Sterne, die du mit bloßem Auge sehen kannst, gehören zu einer Gruppe, die man Galaxis nennt. Das ist unsere Heimat im Weltall, die Milchstraße. Zur Milchstraße gehören etwa 200 Milliarden Sterne. Sie selbst ist eine von ungefähr 100 Milliarden Galaxien. Die meisten Sterne leben in solchen gigantischen »Sterninseln«. Auch Galaxien bilden Gruppen, Galaxienhaufen, die wiederum in Supergalaxienhaufen zusammengefasst sind. Zwischen all diesen Gruppen liegen riesige Räume.

DIE MILCHSTRASSE

Dem Beobachter erscheint die Milchstraße wie ein nebelhaftes Lichtband, das sich über den Himmel spannt. Mit einem Fernglas oder Teleskop erkennt man schwach leuchtende Sterne, die scheinbar dicht nebeneinander liegen. Das ist die »Innenansicht« unserer Galaxis.

Die Milchstraße besitzt die Form einer Scheibe, die in ihrer Mitte gewölbt ist. Wenn man auf das Zentrum blickt, entdeckt man eine höhere »Sternendichte«. Auf der nördlichen Erdhalbkugel leuchtet die Milchstraße in den Sternbildern Schwan und Adler am hellsten und auf der südlichen in den Sternbildern Schütze und Skorpion.

Dieser Teil der Milchstraße liegt im Sternbild Schwan. Farbige Nebel heben sich von dichten »Sternfeldern« ab.

EINE LANDKARTE DER GALAXIS

Erst im 18. Jahrhundert begannen Astronomen sich näher mit unsere Galaxis zu beschäftigen. Der englische Astronom William Herschel erkannte, dass die Milchstraße als helles Band erscheint, weil die Erde inmitten einer Sternengruppe liegt.

Herschel zählte die Sterne in ausgewählten Gebieten am Himmel und fand heraus, wie die Sterne in der Milchstraße verteilt sind. Mit diesen Informationen erstellte er die erste Karte unserer Galaxis. Nach seinen Berechnungen war sie wie eine Scheibe oder Linse geformt – von einem bauchigen Zentrum wird sie zum Rand hin immer dünner.

Eine Infrarotaufnahme von einem Satelliten zeigt deutlich die Linsenform der Milchstraße, die Herschel beschrieb. Auch die dichten Staubwolken, die zwischen den Sternen liegen, sind sichtbar.

Herschel suchte den Himmel auch nach Nebeln ab und entdeckte über 2000. Damit setzte er die Arbeit von Charles Messier fort. Alle Objekte aus dem Messier-Katalog sind mit dem Buchstaben »M« gekennzeichnet (S. 110). Herschel fragte sich bereits damals, ob diese seltsamen Objekte »Inseluniversen« oder Galaxien sind.

1784 Der Franzose Charles Messier veröffentlicht seinen Katalog mit Nebeln und Sternhaufen.

1785 William Herschel untersucht Sterne und vermutet, dass unsere Galaxis linsenförmig ist.

1845 Der Ire Lord Rosse entdeckt als Erster die Spiralform einiger Nebel.

1912 Die Amerikanerin Henrietta Leavitt entdeckt den Zusammenhang zwischen den Perioden von Veränderlichen und der ablosuten Helligkeit.

1914 Vesto Slipher findet mit der Rotverschiebung von Spiralnebeln den Beweis, dass sie sich von uns wegbewegen.

1917 Der Amerikaner Harlow Shapley bestimmt über veränderliche Sterne als Erster die Größe der Milchstraße.

Zeitleiste

Erstaunliche Spiralen

Um 1840 baute der irische Adlige Lord Rosse, der mit bürgerlichem Namen William Parsons hieß, ein großes Teleskop, das er Leviathan nannte. Er beobachtete damit das Objekt M 51 und entdeckte, dass es spiralförmig ist. Später zeigte sich, dass viele Nebel spiralförmig sind.

Die Whirlpool-Galaxie (M 51) bietet einen beeindruckenden Anblick ihrer Spiralform. Neue Sterne entstehen in den rötlichen Bereichen der Arme.

Doch niemand konnte die Frage beantworten, ob die Nebel zu unserer Galaxis gehören, weil keiner wusste, wie groß unsere Galaxis ist.

Fern und nah

Erst 1917 schätzte der amerikanische Astronom Harlow Shapley die Größe der Milchstraße. Er bestimmte die Entfernung zu den Cepheiden, veränderlichen Sternen. Daraus folgerte er, dass sie einen Durchmesser von etwa 300 000 Lichtjahren hat (ungefähr dreimal so viel wie in Wirklichkeit). Lagen also die Spiralnebel außerhalb der Galaxis?

Der amerikanische Astronom Edwin Hubble entdeckte 1923 einen außerhalb liegenden Nebel – den berühmten Andromedanebel. Er sichtete einen Cepheiden in einem Spiralarm, der 900 000 Lichtjahre entfernt war und weit hinter der Milchstraße lag. Hubble untersuchte viele andere Galaxien und fand heraus, dass sich alle von uns wegbewegen. Das Weltall schien sich auszudehnen.

Überaktivität

Hubble teilte die Galaxien in vier Klassen ein – Spiralen, Balkenspiralen, elliptische und irreguläre Galaxien. Einige Galaxien

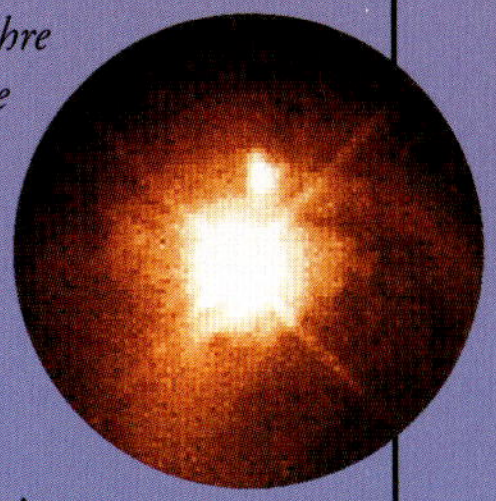

Obwohl sie Milliarden Lichtjahre entfernt sind, erscheinen Quasare heller als normale Galaxien.

sind für ihre erstaunliche Energiefreisetzung bekannt, sie nennt man aktive Galaxien.

Quasare zählen zu den aktiven Galaxien. Sie sind nicht größer als unser Sonnensystem, setzen jedoch hundertmal so viel Energie frei. Sie emittieren Licht, Röntgenstrahlen und Radiowellen. Quasare und alle anderen aktiven Galaxien besitzen vermutlich ein Schwarzes Loch als Energiequelle. Quasare sind auch außergewöhnlich weit entfernt. Manche liegen scheinbar am äußersten Rand des Weltalls – mehr als 10 Milliarden Lichtjahre entfernt.

Tiefes Weltall

Große Bodenteleskope können die weit entfernten Quasare aufnehmen, weil ihr Licht so hell leuchtet, Galaxien in ähnlicher Entfernung jedoch nicht. Das kann dagegen das Hubble-Weltraumteleskop, das 1995 zehn Tage einen Bereich im Sternbild Großer Bär untersuchte. Diese Aufnahme ist als Hubble-Deep-Field bekannt geworden. Einige der aufgenommenen Galaxien sind mehr als 10 Milliarden Jahre alt. Diese Zeit brauchte das Licht zu uns. Wir sehen sie also, wie sie vor 10 Milliarden Jahren aussahen – nur wenige Milliarden Jahre nach dem Urknall. Wenn du diese Aufnahme anschaust, blickst du zurück in die Vergangenheit.

Die Hubble-Deep-Field-Aufnahme zeigt, wie Galaxien zu Beginn des Universums aussahen.

Die Große Magellansche Wolke (Teilansicht, unten) liegt 160 000 Lichtjahre hinter unserer Galaxis.

1923 Edwin Hubble beweist, dass Spiralnebel hinter der Milchstraße liegen. Er nennt sie extragalaktische Nebel.

1929 Hubble entdeckt, dass Galaxien sich umso schneller bewegen, je weiter sie entfernt sind. Er folgerte, dass sich der Weltraum ausdehnt.

1943 Der Amerikaner Carl Seyfert entdeckt Galaxien mit extrem hellen Zentren, später aktive Galaxien genannt.

UM 1950 Radioastronomen entdecken Radiogalaxien. Sie zählen zu den aktiven Galaxien.

1963 Maarten Schmidt (Niederlande) identifiziert die Radioquelle 3C273 als sichtbares Objekt: der erste Quasar.

1995 Das Hubble-Weltraumteleskop nimmt weit entfernte Galaxien auf (Hubble-Deep-Field).

UNSERE HEIMATGALAXIE

So könnte die Milchstraße aus dem Weltall aussehen.

DIE SONNE IST NUR einer von ungefähr 200 Milliarden Sternen der Milchstraße. Die Milchstraße entstand aus einer riesigen heißen Gaskugel, die unter dem Gewicht ihrer eigenen Schwerkraft kollabierte und zu einer typischen Spiralgalaxie abflachte. In der Mitte dieser rotierenden Scheibe mit einem Durchmesser von hunderttausenden von Lichtjahren befindet sich ein gewaltiger »Bauch«, von dem lange Arme spiralförmig ausstrahlen. Sie enthalten zahlreiche helle, neue Sterne und Wolken aus Gas und Staub.

DER »BAUCH«

Der »Bauch« oder das Zentrum unserer Galaxis sieht wie eine platt gedrückte Kugel aus und ist etwa 6000 Lichtjahre dick. Er leuchtet gelblich, weil er viele alte gelbe und rote Sterne enthält. Die Zahl der Sterne ist dort viel höher als in den Spiralarmen, die jüngere Sterne enthalten. In der Mitte des »Bauches« wurden mithilfe der Radioastronomie Molekülwolken, schnelle Gasströme und eine gegen die Ebene geneigte Gasscheibe, die sich dreht, entdeckt. Genau in der Mitte der Galaxis liegt ein Schwarzes Loch.

STERNGUCKER
DIE MILCHSTRASSE

DIE MILCHSTRASSE kannst du nur in klaren Nächten und ohne die störenden Lichter der Städte beobachten. Am hellsten ist sie zwischen Juni und September, wenn die Nachtseite der Erde zum galaktischen Zentrum zeigt.

Die Milchstraße in den Sternbildern Kassiopeia und Perseus

Im Halo

Das Zentrum und die Scheibe der Galaxis enthalten die meisten Sterne. Die Scheibensterne kreisen auf der Scheibenebene um das galaktische Zentrum, während die Sterne im Zentrum dort bleiben. Andere Sterne bilden Gruppen, die Kugelsternhaufen. Sie kreisen auf eigenen Bahnen in einem Gebiet, das man den Halo nennt – eine riesige Kugel um die gesamte Galaxis. Der Halo ist ungefähr 150 000 Lichtjahre breit und enthält auch dunkle Materie, die wir weder sehen noch entdecken können (S. 144).

Künstlerische Darstellung des Halos aus dunkler Materie um eine Spiralgalaxie

Herrliche Kugeln

Die Kugelsternhaufen im Halo unterscheiden sich sehr von den jungen Offenen Sternhaufen in den Spiralarmen. Sie enthalten alte Sterne, die eine dichte kugelförmige Masse (S. 110) bilden. Die Kugelsternhaufen können einen Durchmesser von bis zu 100 Lichtjahren haben und enthalten hunderttausende von Sternen. Ihre Entfernung von der Galaxisebene kann bis zu 300 000 Lichtjahre betragen. Kugelsternhaufen entstanden aus dem ursprünglichen Material der Galaxis und sind etwa 10 Milliarden Jahre alt.

Der dichte Kugelsternhaufen M 80

Ein milchiger Fluss

Die Milchstraße spannt sich als blasses Lichtband über den Nachthimmel. Ihren Namen verdankt sie den alten Griechen. Sie hielten das Band für Milch aus der Brust der Göttin Hera. Von der Erde aus sehen wir einen Querschnitt der Milchstraße. Ihre hellste Stelle ist im Sternbild Schütze, das in Richtung des galaktischen Zentrums liegt. Die dunklen Bänder oder Löcher sind riesige Staubwolken, die Licht von Sternen, die hinter ihnen liegen, verdecken.

EXPERIMENT
Radiowellen

Astronomen nutzen eher Radiowellen als Licht, um die Galaxis zu erfassen. Im Gegensatz zu Lichtwellen besitzen Radiowellen eine niedrige Frequenz (Schwingungsrate) und strahlen durch Staubwolken. In diesem Experiment lernst du, wie man verschiedene Frequenzen blockiert.
Das brauchst du: Kofferradio, dicke Decke.

1 Schalte deinen Lieblingsmusiksender am Radio ein. Dann legst du die Decke über das Radio, sodass es komplett zugedeckt ist.

2 Nun hör der Musik zu. Welche Töne kannst du besser hören, die hohen oder die tiefen? Die hohen Töne (hohe Frequenz) hörst du nicht sehr gut, die tiefen Töne (niedrige Frequenz) dagegen sehr gut.

Radioaufnahme der Milchstraße

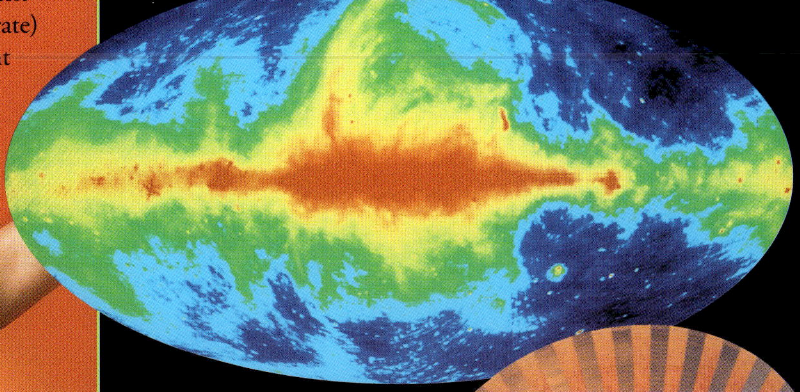

Die Galaxis erfassen
Normale Fotografien zeigen nicht, was sich hinter den dunklen Staubwolken verbirgt. Astronomen nutzen deshalb Radioteleskope (rechts), weil Radiowellen von interstellarem Wasserstoff anzeigen, was sich dahinter befindet. In dieser Radioaufnahme der Galaxis (oben) zeigen rote Stellen die intensivste Radiostrahlung an.

STERNE DER MILCHSTRASSE

MITHILFE VON RADIOTELESKOPEN haben Astronomen Form und Zusammensetzung unserer Galaxis erforscht. Die Aufnahmen zeigen z. B. Sterne und Gaswolken, die in Form von Spiralarmen angeordnet sind. Die Arme strahlen von einer ovalen Ausbuchtung im galaktischen Zentrum aus. Das Herz der Galaxis ist ein unruhiges und sehr energiereiches Gebiet, das dichte Sternhaufen und ein Schwarzes Loch enthält. Gekennzeichnet wird das Schwarze Loch durch die starke Radioquelle Sagittarius A.

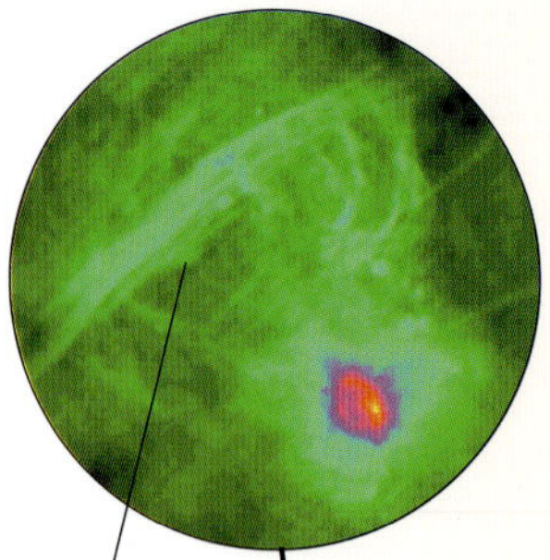

Sagittarius A
Die starke Radioquelle Sagittarius A ist das Zentrum der Milchstraße. Es liegt in einem Gebiet mit starkem Magnetismus. Radioaufnahmen (links) zeigen einen Bogen. Er ist Teil eines ringförmigen Gebiets, das magnetisiertes Gas enthält.

DIE SPIRALARME

Die Galaxis besitzt zwei Hauptarme, den Schütze- (Sagittarius-) und den Perseusarm. Der Schützearm windet sich um die gesamte Galaxis und bietet beeindruckende Bilder wie die Adler-, Omega-, Trifid-, Lagunen- und Carinanebel. Der weiter außerhalb liegende Perseusarm ist zerstückelt. Zwischen beiden Armen befindet sich der Orionarm, der auch lokaler Arm heißt. Hier befinden sich die Sonne und das Sonnensystem, etwa 28 000 Lichtjahre vom Zentrum entfernt. Den Orionarm hielt man früher irrtümlicherweise für eine Verbindung zwischen Schütze- und Perseusarm.

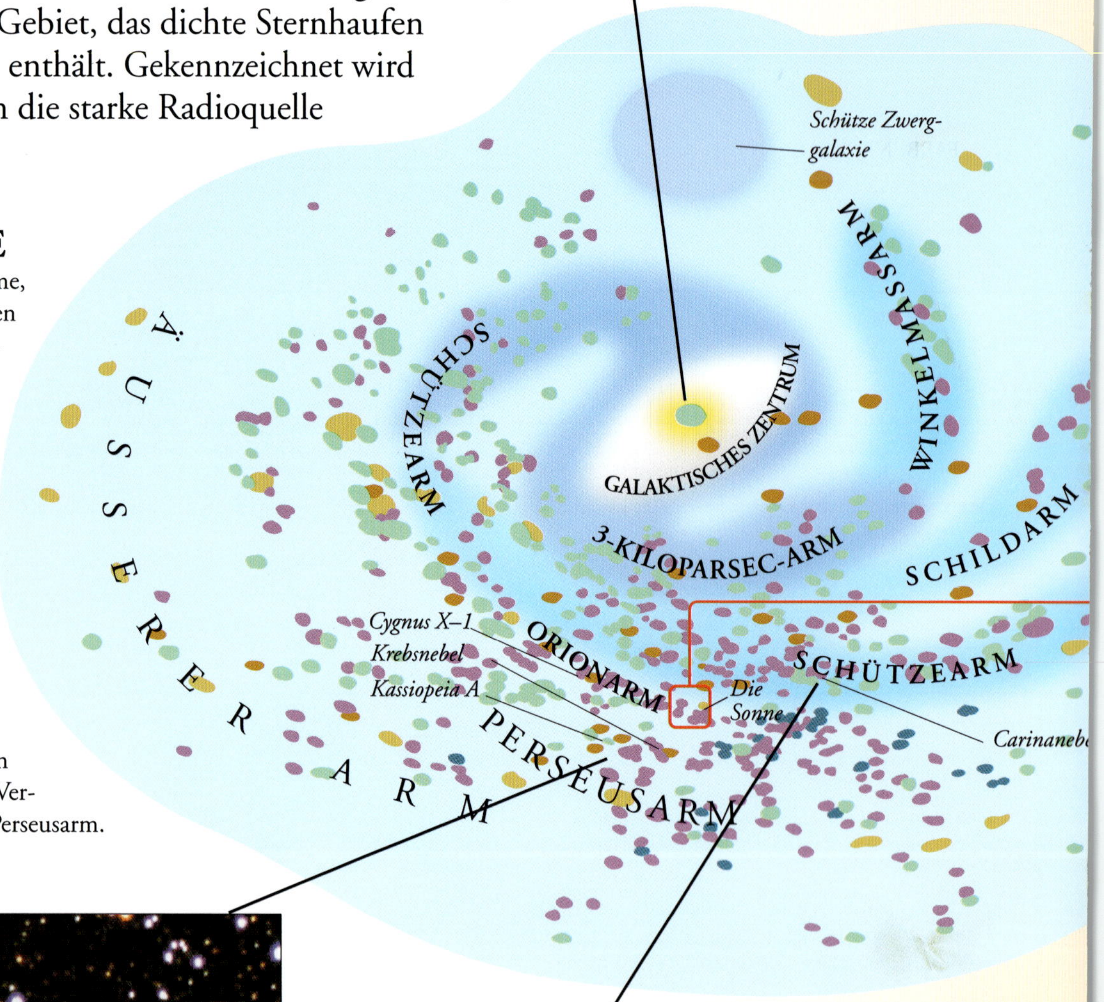

Doppelsternhaufen im Sternbild Perseus
Dieser Doppelsternhaufen ist ein eng benachbartes Paar Offener Sternhaufen, die man auch chi (links) und h Persei (rechts) nennt. Sie enthalten eine große Anzahl sehr heißer, heller O- und B-Sterne (S. 103). Die beiden Sternhaufen liegen etwa 50 Lichtjahre auseinander und 7000 Lichtjahre von der Erde entfernt. Jeder enthält mehrere tausend Sterne und befindet sich im Zentrum einer viel größeren Gruppe junger Sterne.

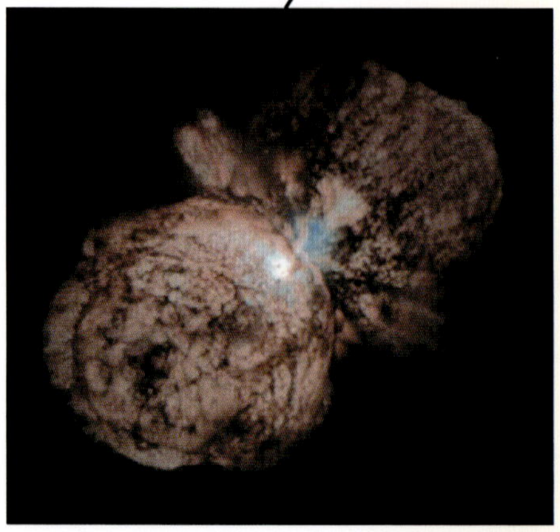

Eta Carinae
Im Carinanebel befindet sich der Stern Eta Carinae, der hundertmal schwerer und Millionen Mal heller als die Sonne ist. In dieser Aufnahme des Hubble-Teleskops ist er von einer Staubwolke umhüllt, die er nach einem Ausbruch 1843 herausschleuderte. Seitdem zählt er zu den hellsten Sternen am südlichen Himmel. Eta Carinae ist sehr instabil und kann jederzeit als Supernova explodieren.

Unsere Nachbarschaft

Die Karte auf dieser Seite gibt eine genauere Sicht auf den Orionarm, der in unmittelbarer Nachbarschaft zur Sonne liegt. Auf der Karte sind die ungefähren Orte von bekannten Sternen wie Rigel, Sternhaufen wie den Plejaden und Nebel wie dem Pferdekopfnebel angegeben. Sie umfasst ein Gebiet von etwa 5000 Lichtjahren im Durchmesser. Ausgedehnte Wasserstoffwolken durchziehen diesen Raum, sodass viele Sterne entstehen. Die Orion-, Nordamerika- und Rho-Ophiuchinebel sind Heimat vieler solcher »Sternkinderstuben«.

Rho Ophiuchi
Der Stern Rho Ophiuchi (Mitte rechts) und der Rote Riese Antares (oben links) liegen in einem der farbenprächtigsten Gebiete des Nachthimmels. Die roten Stellen zeigen, wo die Strahlung von Antares und Sigma Scorpii (unten links) Gasatome anregen, sodass sie glühen. Feiner Staub, der das Sternlicht reflektiert, erscheint blau.

FARBENLEGENDE DER KARTE

- Wasserstoffwolken
- Nebelreiche Zonen
- Molekülwolken
- Sternassoziationen
- Supernovaüberreste
- Interstellare Ringstrukturen
- Sternhaufen und Riesensterne

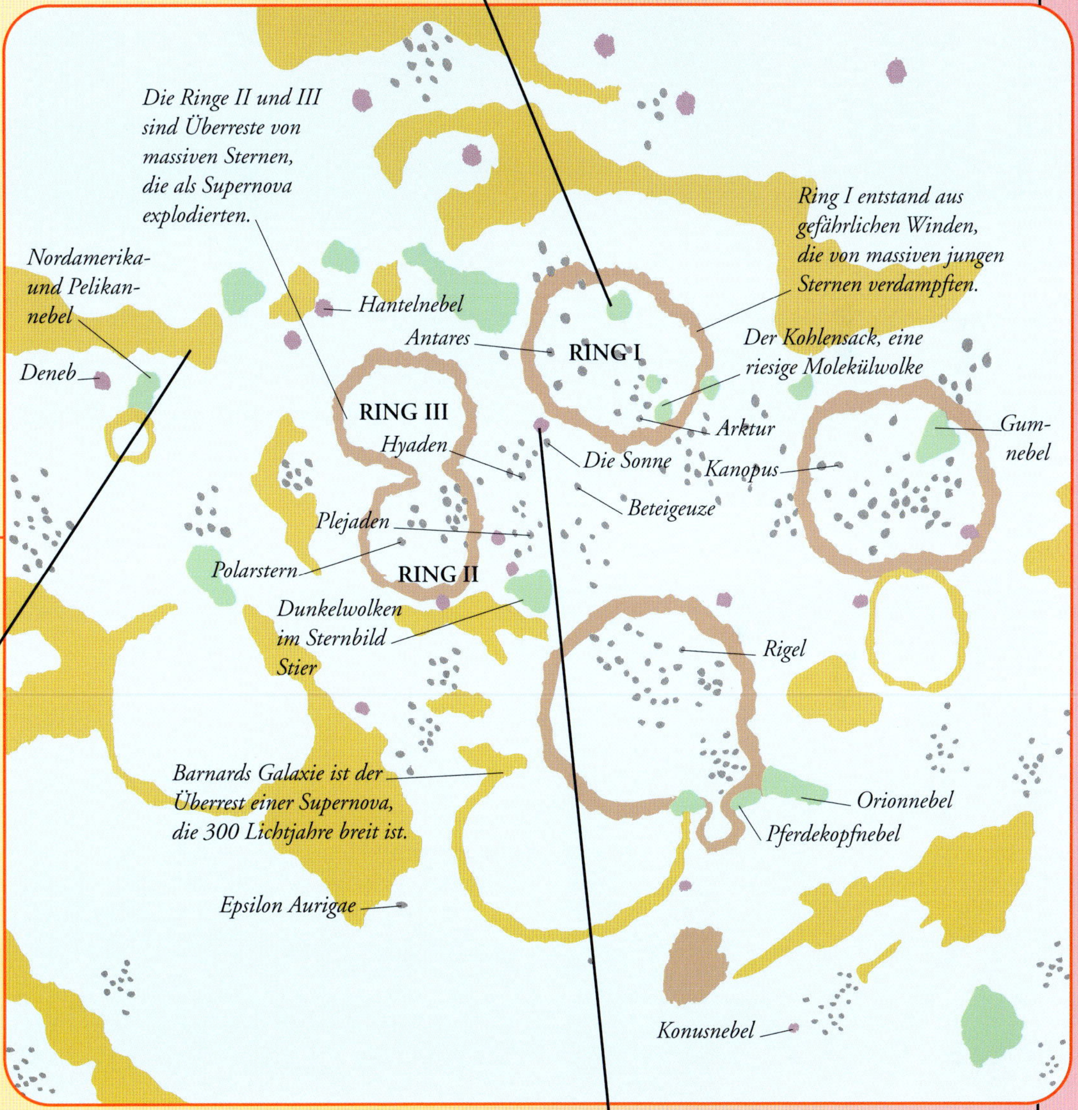

Große Lücke
Die Milchstraße ist im Sternbild Schwan von einer dunklen Bande durchtrennt. Die Teilung wird durch Dunkelwolken verursacht, die das Licht von Sternen, die hinter ihnen liegen, verdecken. Innerhalb der Wolke entstehen viele neue Sterne. Die Strahlung heißer junger Sterne am Rand der Wolke erzeugt die leuchtenden Wasserstoffschwaden, die in der Aufnahme oben zu sehen sind.

Der Helixnebel
Nur 500 Lichtjahre von der Erde entfernt liegt der Helixnebel, ein planetarischer Nebel. Der Stern in seinem Zentrum erlischt. Er hat bereits zweimal seine äußere Hülle als Gaswolken abgestoßen und dadurch die doppelte Ringstruktur gebildet. Während er zu einem Weißen Zwerg schrumpft, strahlt der kleine heiße Stern so intensiv, dass das Gas glüht.

GALAXIEN ÜBERALL

AUSSERHALB DER MILCHSTRASSE existieren Milliarden weiterer Galaxien, die aus vielen Milliarden Sterne bestehen. Manche sind große Spiralgalaxien wie unsere Milchstraße und einige der größten bestehen aus weiten ovale Massen, die man elliptische Galaxien nennt. Andere haben dagegen keine bestimmte Form, sie werden irreguläre Galaxien genannt. Jede Galaxie wird durch Schwerkraft zusammengehalten, doch wie ihre Form entsteht, wissen Astronomen bis heute nicht.

Edwin Hubble (1889–1953)

Pionier der Galaxien
1919 begann der amerikanische Astronom Edwin Hubble mit der Untersuchung von Nebeln. 1923 entdeckte er, dass viele von ihnen hinter der Milchstraße liegen und eigenständige Galaxien sind. Er analysierte das Licht dieser entfernten Sterne und stellte fest, dass Galaxien sich umso schneller von uns wegbewegen, je weiter entfernt sie sind. Dieser so genannte Hubble-Effekt bewies, dass sich das Weltall ausdehnt.

Galaxie M 87: Typ E0

Galaxie M 32: Typ E2

Galaxie M 59: Typ E5

Galaxie M 104: Typ Sa

Galaxie M 81: Typ Sb

Galaxie M 83: Typ Sc

Galaxie NGC 4650: Typ SBa

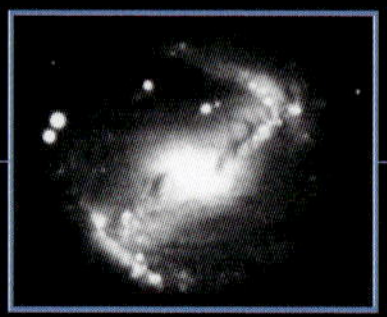

Galaxie NGC 5383: Typ SBb

Galaxie NGC 6744: Typ SBc

DIE HUBBLE-SEQUENZ

Edwin Hubble entwickelte eine Klassifikationsmethode für Galaxien, die auch heute noch benutzt wird. Er teilte sie nach ihrer Form in verschiedene Klassen ein (oben). Die Hauptklassen bestehen aus elliptischen, Spiral- und Balkenspiralgalaxien. Elliptische Galaxien (E) unterteilen sich in die Typen 0–7, je nachdem wie rund oder oval sie sind. Bei Spiral- (S) und Balkenspiralgalaxien (SB) gibt es Typ a, b und c. Sie beschreiben, wie eng (Typ a) oder weniger eng (Typ c) ihre Arme am Zentrum liegen.

Galaxie NGC 4414

SPIRALGALAXIEN

Spiralgalaxien wie die Milchstraße zählen zu den beeindruckendsten Galaxien im Weltall. Im Zentrum befindet sich eine dichte Kugel aus alten Sternen, um die eine dünne Scheibe aus jungen Sternen kreist. Die Sterne sammeln sich in den Spiralarmen, die vom Zentrum ausstrahlen. Von der Erde aus können wir Spiralgalaxien aus verschiedenen Winkeln betrachten – von der Seitenansicht bis zur vollen Ansicht, die das schönste Bild bietet. Die Galaxie NGC 4414 (links) ist eine staubige Spiralgalaxie, in deren Armen sich viele Sterne bilden.

Galaxie NGC 1365

Balkenspiralen
In den Zentren von mindestens der Hälfte der Spiralgalaxien bilden die Sterne einen Balken. Die Arme dieser Balkenspiralgalaxien strahlen von den Balkenenden aus. Die Galaxie NGC 1365 (oben) ist ein schönes Beispiel.

Galaxie NGC 4881

Elliptische Galaxien

Mehr als die Hälfte aller Galaxien sind elliptisch – große kugel- oder eierförmige Sternmassen ohne Spuren von Armen. Elliptische Galaxien enthalten nur wenig Gas und Staub, sodass kaum neue Sterne in ihnen entstehen. Sie bestehen aus alten Sternen. Einige der kleinsten und der größten Galaxien zählen zu dieser Art. Die Galaxie NGC 4881 (oben) ist eine riesige elliptische Galaxie im Sternbild Haar der Berenike.

Geburt einer Galaxie

Die ersten Galaxien entstanden vermutlich innerhalb der ersten Milliarden Jahre nach dem Urknall. Sie bildeten sich wahrscheinlich nach Kollisionen und Verschmelzungen von Gaswolken, die zu der Zeit im Weltall verstreut waren. Größere Galaxien entstanden aus Zusammenstößen von kleineren. Diesen Vorgang zeigt die Hubble-Deep-Field-Aufnahme. 142

Entfernte Galaxien in der Hubble-Deep-Field-Aufnahme

Irreguläre Galaxien
Nur wenige Galaxien haben keine bestimmte Form. Man nennt sie irreguläre Galaxien. Sie sind reich an Gas und Staub, sodass viele Sterne entstehen. Die Galaxie M 82 (links) ist eine irreguläre Galaxie im Sternbild Großer Bär.

Galaxie M82

Galaxien NGC 4038 und NGC 4039

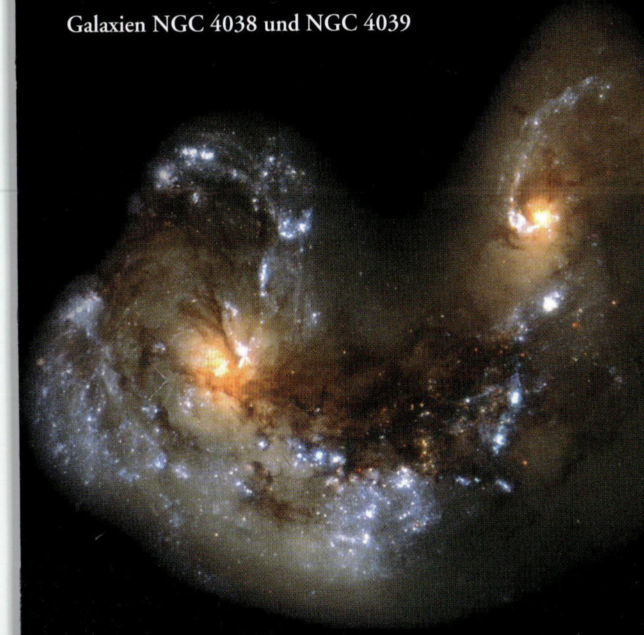

Auf Kollisionskurs

Viele Galaxien sind mit anderen auf Kollisionskurs. Bei einer Kollision gibt es am Himmel ein großartiges Feuerwerk. Im Bild oben stoßen zwei Spiralgalaxien zusammen. Wenn die gewaltigen Gaswolken aufeinander prallen, bilden sich explosionsartig neue Sterne. Während der Kollision werden einige Sterne ins Weltall hinausgeschleudert, wobei sie helle Spuren hinterlassen.

Experiment
Spiralgalaxien

Eine Spiralgalaxie wie die Milchstraße behält ihre Form über viele Milliarden Jahre, während sie um ihr Zentrum rotiert. In diesem Experiment kreierst du eine Spiralgalaxie. **Das brauchst du:** Tasse Kaffee, Schlagsahne, Löffel, einen Erwachsenen.

1 Bitte einen Erwachsenen eine Tasse Kaffee zu kochen. Dann gibst du vorsichtig Schlagsahne hinein und rührst in einer Richtung um.

2 Die Sahne bildet eine Spirale wie die in einer Galaxie. Sobald sich die Spirale gleichmäßig dreht, nimm den Löffel heraus. Beobachte, wie lange sie sich weiterdreht.

AKTIVE GALAXIEN

DIE MEISTEN GALAXIEN geben die Energiemengen ab, die man nach Anzahl ihrer Milliarden leuchtenden Sterne erwartet. Doch eine von zehn Galaxien strahlt aus einem winzigen Gebiet im Zentrum zusätzliche Energie aus. Sie nennt man aktive Galaxien, weil sie außer Licht auch unsichtbare Strahlen wie Radiowellen und Röntgenstrahlen abgeben. Aktive Galaxien sind nach ihrer Lage gegenüber der Erde in vier Hauptklassen eingeteilt: Radiogalaxie, Seyfert-Galaxie, Blazar und Quasar. Im Herz einer aktiven Galaxie lauert ein Schwarzes Loch – ihre Kraftquelle.

Radioaufnahme von Centaurus A

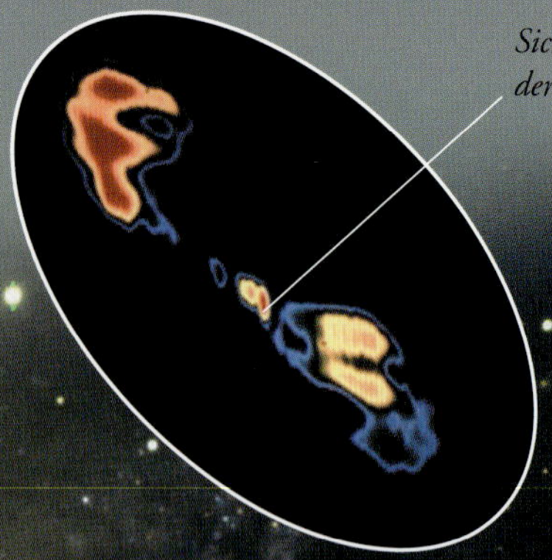

CENTAURUS A

Ein breites dunkles Staubband schneidet durch die Galaxie NGC 5128 im Sternbild Kentaur (links). Diese Galaxie, die man auch Centaurus A nennt, ist die drittstärkste Quelle von Radiowellen. Sie wurde als eine der ersten Radiogalaxien entdeckt und ist mit einer Entfernung von 15 Millionen Lichtjahren unsere nächste aktive Galaxie. In ihrem Zentrum sitzt ein Schwarzes Loch, das etwa hundertmal so viel Masse wie die Sonne besitzt. Eine Radioaufnahme von Centaurus A (kleines Bild) zeigt, dass die Strahlung aus weit vom Zentrum entfernten Gebieten stammt.

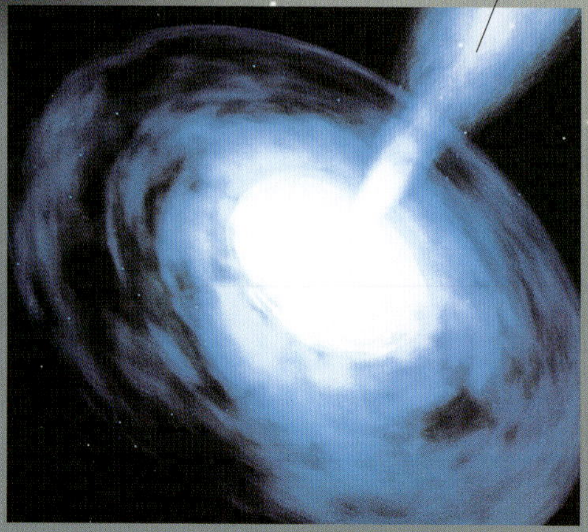

ENERGIEQUELLE

Eine aktive Galaxie erhält enorme Energie von der Materie, die in ihrem Schwarzen Loch verschwindet. Dabei entsteht bei allen aktiven Galaxien eine typische Struktur. Die gewaltige Schwerkraft eines Schwarzen Lochs zieht Materie in Form eines wulstartigen Rings an. Zum Zentrum hin bildet die Materie eine flache Akkretionsscheibe, die sehr heiß ist und sich schnell dreht, bevor sie spiralförmig in das Loch gesaugt wird Die Scheibe emittiert Röntgenstrahlen und schleudert Ströme aus Gas und geladenen Teilchen heraus. Von der Erde aus kann man den Ring, die Scheibe und die Ströme beobachten.

Staubiger Ring
Diese Aufnahme des Hubble-Weltraumteleskops zeigt den Ring aus Gas und Staub einer aktiven Galaxie. Er wird durch die heiße Akkretionsscheibe um ein Schwarzes Loch erleuchtet. Das Loch hat vermutlich eine Masse von 1,2 Milliarden Sonnenmassen.

Radiogalaxien

Eine aktive Galaxie nennt man Radiogalaxie, wenn man den Ring von der Seite sieht. Die Ströme aus Gas und Teilchen schießen an beiden Seiten heraus und geben Radiowellen ab. Sie sind sehr schnell und dehnen sich bis zu mehrere Millionen Lichtjahre in kugelförmige Gebiete aus, in denen die meiste Strahlung erzeugt wird.

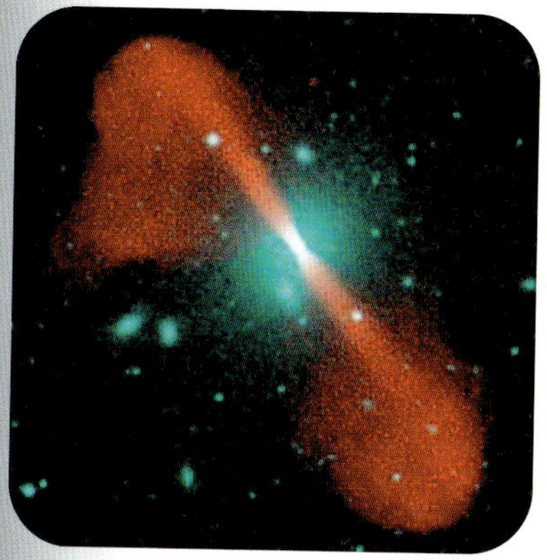

Die Radiogalaxie 3C 296: Radiowellen sind rot, sichtbares Licht ist blau.

Blazare

Wenn man auf den Ring blickt, schießen die Ströme direkt auf uns zu. Eine solche aktive Galaxie nennt man Blazar. Blazare sind wie Quasare außerordentlich hell und über große Entfernungen sichtbar. Ihre Helligkeit ändert sich sehr schnell, während Material aus der Akkretionsscheibe herausgeschleudert wird.

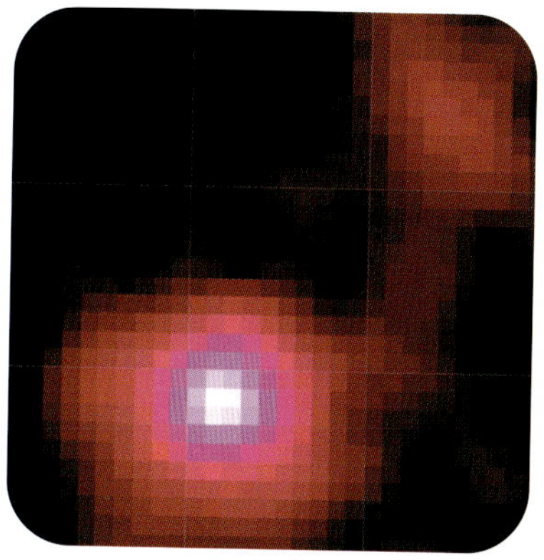

Blazar 3C 279: Aufnahme der intensiven Gammastrahlung, die er abgibt

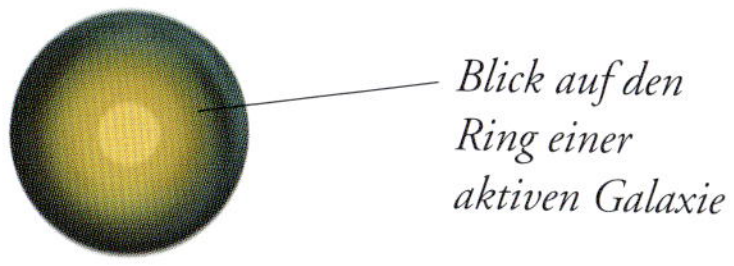

Seyfert-Galaxien

Seyfert-Galaxien sind spiralförmig und besitzen einen sehr hellen Punkt im Zentrum. Eine aktive Galaxie nennt man Seyfert-Galaxie, wenn der Ring schräg zu uns steht und wir auf den hellen Zentralbereich blicken. Sie gleichen Quasaren, doch sie leuchten schwächer, da ihr Schwarzes Loch weniger Masse besitzt.

Seyfert-Galaxie NGC 7742: Der Kern hat einen Durchmesser von etwa 3000 Lichtjahren.

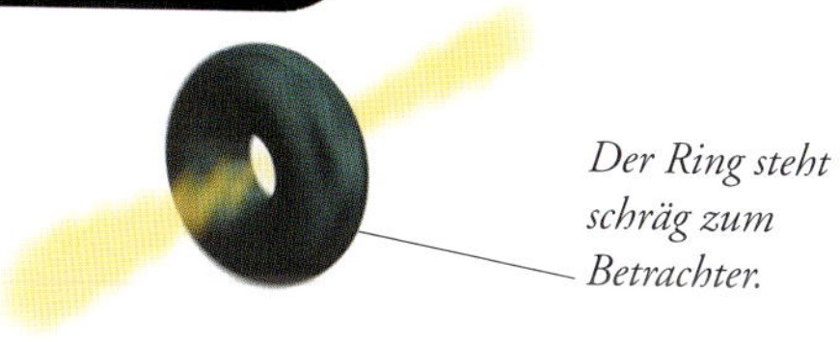

Quasare

Quasare zählen zu den entferntesten Objekten, die wir sehen können. Trotz der riesigen Entfernung sind diese aktiven Galaxien so kräftig, dass man sie quasi-stellare Objekte nennt, weil sie so hell wie Sterne leuchten. Sie emittieren Radiowellen, Röntgenstrahlen, Infrarotstrahlen und Licht. Der Ring steht wie bei Seyfert-Galaxien schräg zu uns.

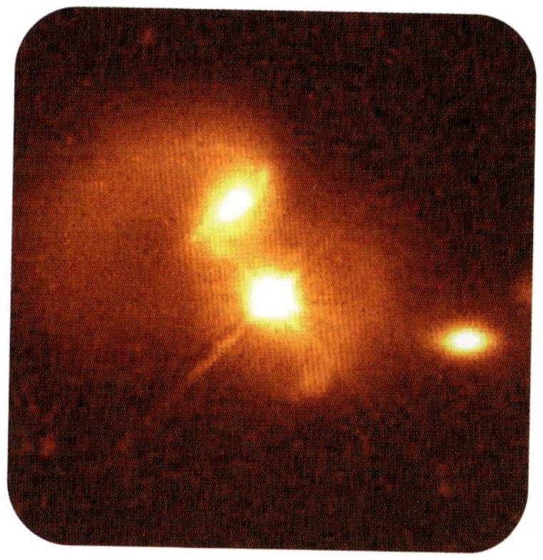

Die Energie des Quasars PG 1012+008 in einer Radioaufnahme

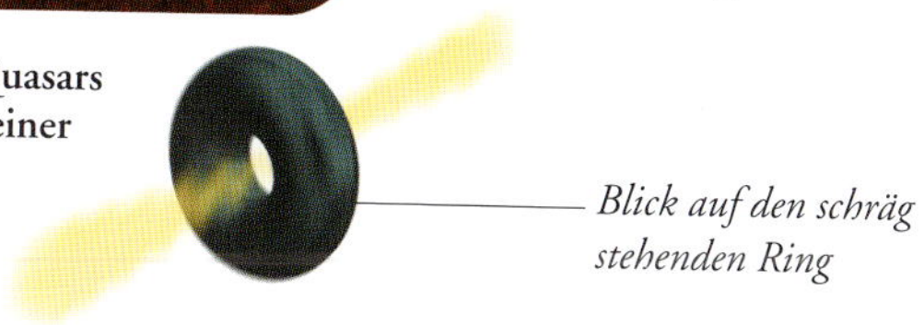

EXPERIMENT
Helle Quasare

Quasare zählen zu den hellsten und entferntesten Objekten im Weltall. In diesem Experiment vergleichst du die Helligkeit eines Quasars mit der eines nahen Sterns. **Das brauchst du:** Schreibtischlampe mit 40 bzw. 60-Watt-Glühbirne, kleine Taschenlampe.

1 Stell die »Quasar«-Lampe auf einen Tisch, richte sie auf dich und schalte sie ein. Dann schaltest du die Taschenlampe (den Stern) ein und verdunkelst den Raum. Stell dich 3–4 m entfernt vor die Schreibtischlampe und richte die Taschenlampe ebenfalls auf dich.

2 Jetzt bewegst du die »Stern«-Taschenlampe so lange auf dich zu, bis sie so hell wie der »Quasar« ist. Ein Quasar, der viel weiter entfernt ist, muss sehr hell leuchten, um so hell wie ein naher Stern zu sein.

UNSERE GALAKTISCHEN NACHBARN

MIT BLOSSEM AUGE können wir nur einige Galaxien erkennen, da die meisten zu weit entfernt sind. Einzig unsere galaktischen Nachbarn erscheinen als verschwommene Flecken am Himmel. Die beiden nächsten Galaxien sind die Große und die Kleine Magellansche Wolke am südlichen Himmel. Eine weitere liegt im Sternbild Andromeda am nördlichen Himmel. Dass man den Andromedanebel sehen kann, ist schon erstaunlich, da er 2,4 Millionen Lichtjahre entfernt ist. Er ist das entfernteste Objekt, dass man am Himmel mit bloßem Auge sehen kann.

STERNGUCKER
DER ANDROMEDANEBEL

DIESE GALAXIE findest du leicht, weil sie ungefähr auf halber Strecke zwischen zwei bekannten Sternbildern am nördlichen Himmel liegt – dem W von Kassiopeia und dem Viereck von Pegasus. Du erkennst sie sogar mit bloßem Auge, doch mit Fernglas siehst du natürlich mehr.

DER ANDROMEDANEBEL

Der Andromedanebel (M 31) gehört zu den größten bekannten Spiralgalaxien. Sein Durchmesser beträgt etwa 150 000 Lichtjahre. Damit ist der Andromedanebel anderthalbmal so groß wie die Milchstraße und enthält doppelt bis dreimal so viele Sterne, vermutlich sind es 400 Milliarden. Die Galaxie ist gegen uns geneigt, sodass wir ihre Spirale nicht gut erkennen können. Der Andromedanebel besitzt zwei Begleiter, die Galaxien M 32 und NGC 205, die sie umkreisen. Beide sind kleine elliptische Galaxien.

Die Magellanschen Wolken

Die Magellanschen Wolken wurden nach dem portugiesischen Seefahrer Ferdinand Magellan benannt, der sie auf einer Seereise im Südpazifik 1519 erstmals sichtete. Die Große Magellansche Wolke ist unsere nächste große Galaxie und liegt etwa 160 000 Lichtjahre von der Erde entfernt. Sie ist über 30 000 Lichtjahre näher als die Kleine Magellansche Wolke und ungefähr anderthalbmal so groß wie diese. Sie besitzt ein auffälliges breites Band aus alten Sternen, enthält aber auch Gebiete mit vielen heißen jungen Sternen und helle Nebel wie den Tarantelnebel, in denen neue Sterne entstehen.

Tarantelnebel
Dieser spinnenartige Nebel zählt zu den hellsten Strukturen in der Großen Magellanschen Wolke. Die Aufnahme vom Hubble-Weltraumteleskop (unten rechts) zeigt einen leuchtenden Sternhaufen alter Sterne. Einige sind bereits als Supernova explodiert und haben Materiewolken weggeblasen.

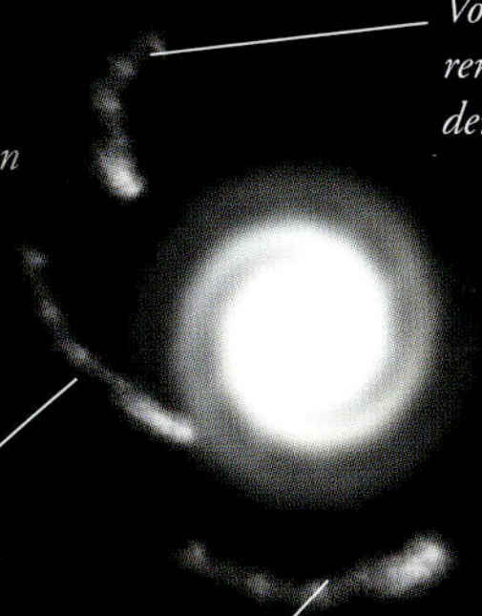

Wolken im Umlauf
Die Magellanschen Wolken begleiten die Milchstraße. Sie umrunden sie einmal in ungefähr 1,5 Milliarden Jahren. Manchmal nähern sie sich so weit, dass die Schwerkraft unserer Galaxis sie auseinander reißt. Mit der Zeit wird die Milchstraße sie ganz verschlucken.

Sterngucker
Magellansche Wolken

Die Grosse und die Kleine Magellansche Wolke erscheinen eng benachbart am südlichen Himmel. Die Große Magellansche Wolke liegt südlich des hellen Sterns Kanopus im Sternbild Kiel des Schiffes. Die Kleine Magellansche Wolke findet man südlich des hellen Sterns Achernar im Sternbild Fluss Eridanus.

Das Dreieck

Die helle Galaxie M 33 liegt im Sternbild Dreieck. Zusammen mit dem Andromedanebel ist sie eine der zwei Spiralgalaxien in der Nachbarschaft der Milchstraße. Alle anderen Galaxien sind elliptisch oder irregulär. Wir sehen den Dreiecknebel von oben und können somit seine weit auseinander liegenden Spiralarme erkennen. Er ist ein wenig weiter entfernt als der Andromedanebel und besitzt nur ein Viertel von dessen Größe. Durch ein Teleskop erkennt man in seinen Armen viele Haufen und Nebel. Der hellste Nebel, NGC 604, ist ein großes Gebiet, in dem Sterne entstehen.

Geburt eines Sterns in M 33
Diese farbige Wolke ist der Nebel NGC 604 in der Galaxie M 33. Hunderte von heißen jungen Sternen strahlen intensives ultraviolettes Licht aus. Sie erleuchten die sie umgebenden Gaswolken und erzeugen das beeindruckende Glühen.

GALAXIENHAUFEN

DIE MILCHSTRASSE und ihre Nachbargalaxien gehören zu einer größeren Galaxiegruppierung. Diese Gruppe nennt man Lokale Gruppe. Auch die weit entfernten Galaxien bilden Galaxiengruppen bzw. -haufen. Eine Galaxiengruppe enthält nur wenige (bis zu 50) Galaxien, während zu Galaxienhaufen mehrere tausend Galaxien zählen. Im größeren Maßstab bilden Haufen so genannte Supergalaxienhaufen. Die Lokale Gruppe ist ein Teil des Lokalen Superhaufens, der mitten im gigantischen Virgo-Galaxienhaufen liegt. Alle Supergalaxienhaufen zusammen bilden das unendliche Weltall.

Großer Galaxienhaufen Abell 2218

DIE LOKALE GRUPPE

Die Galaxiengruppe in unserem Teil des Weltalls, die Lokale Gruppe, besteht aus etwa 30 Mitgliedern. Sie verteilen sich über einen Bereich von ungefähr 3 Millionen Lichtjahren im Durchmesser. Der Andromedanebel, die Milchstraße und der Dreiecknebel sind bei weitem die größten Galaxien. Sie alle sind spiralförmig. Die kleineren Mitglieder sind elliptisch oder irregulär. Die Abbildung (rechts) zeigt die wichtigsten Mitglieder und ihre Lage. Sowohl der Andromedanebel als auch die Milchstraße besitzen Begleitergalaxien, die um sie kreisen. Die Schwerkraft wird sie alle irgendwann zu einer einzigen Supergalaxie zusammenziehen.

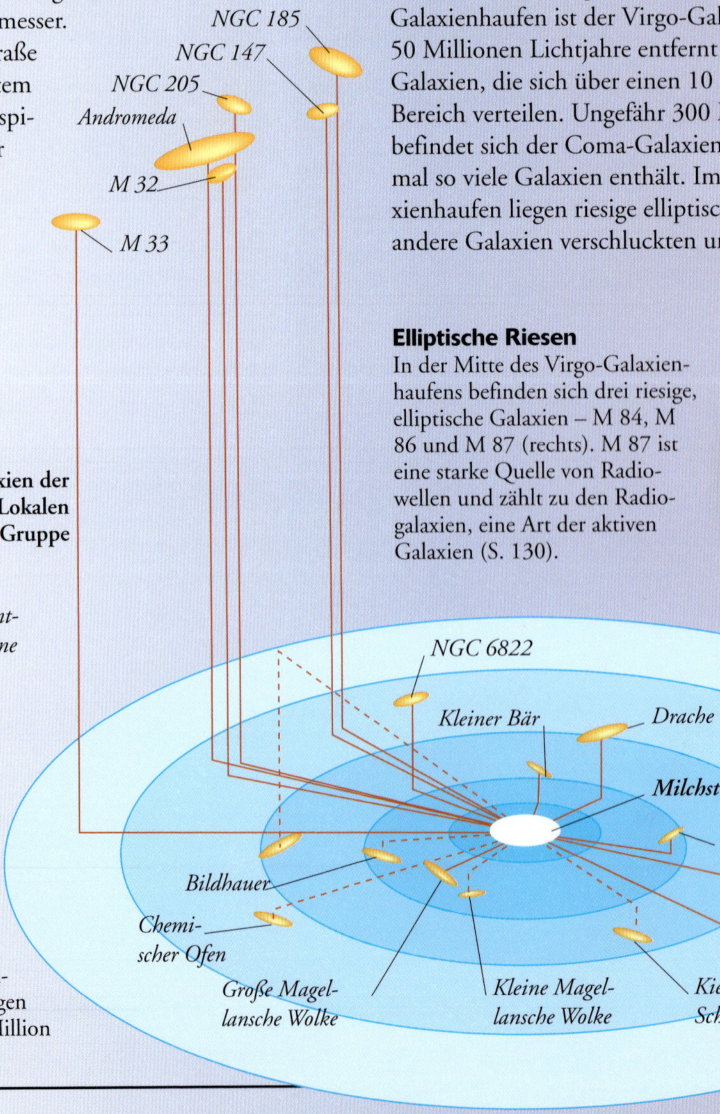

Galaxien der Lokalen Gruppe

Die Zwerge
Die Galaxie Sextans A (oben) ist eine der zehn irregulären Zwerggalaxien in der Lokalen Gruppe. Sie sind normalerweise nur wenige tausend Lichtjahre breit. Doch die kleinsten Galaxien sind elliptische Zwerggalaxien, manche sind nicht einmal 500 Lichtjahre breit. Diese winzigen Galaxien enthalten weniger als eine Million Sterne und scheinen nicht sehr hell.

GROSSE GALAXIENHAUFEN

Irgendwo im Weltall lagern sich Galaxien wie die im Bild oben zu hunderten oder gar tausenden zusammen. Unser nächster Galaxienhaufen ist der Virgo-Galaxienhaufen, der etwa 50 Millionen Lichtjahre entfernt ist. Er besteht aus ca. 2000 Galaxien, die sich über einen 10 Millionen Lichtjahre großen Bereich verteilen. Ungefähr 300 Millionen Lichtjahre entfernt befindet sich der Coma-Galaxienhaufen, der etwa anderthalbmal so viele Galaxien enthält. Im Zentrum der meisten Galaxienhaufen liegen riesige elliptische Galaxien, die vermutlich andere Galaxien verschluckten und anwuchsen.

Elliptische Riesen
In der Mitte des Virgo-Galaxienhaufens befinden sich drei riesige, elliptische Galaxien – M 84, M 86 und M 87 (rechts). M 87 ist eine starke Quelle von Radiowellen und zählt zu den Radiogalaxien, eine Art der aktiven Galaxien (S. 130).

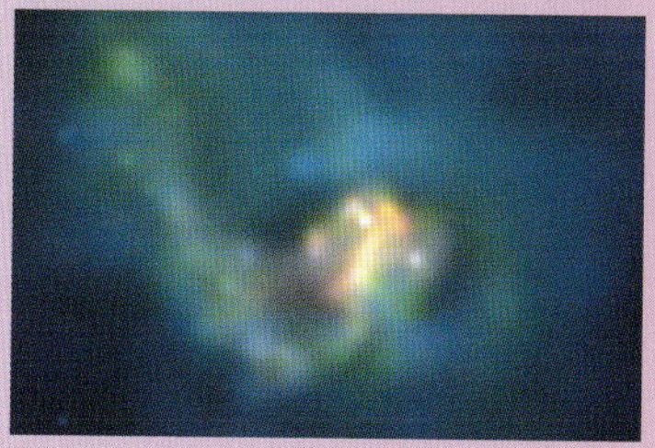

Heißer Stoff
Galaxienhaufen enthalten sehr viel heißes Gas, das man durch ihre Röntgenstrahlen entdecken kann. Die Gastemperaturen erreichen 100 Millionen Grad Celsius. Auf der Röntgenaufnahme (rechts) sieht man seltsame Gasschwaden im Kentaur-Galaxienhaufen.

Röntgenaufnahme des Kentaur-Galaxienhaufens

Lokaler Supergalaxienhaufen

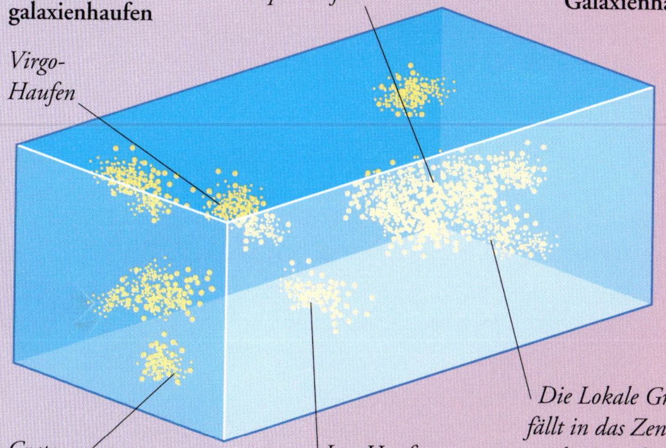

Supergalaxienhaufen

Schwerkraft hält die Lokale Gruppe und die Galaxienhaufen in den Sternbildern Jungfrau (lat.: Virgo), Becher (Crater), Löwe (Leo) und Jagdhunde (Canes Venatici) zusammen. Dieser Supergalaxienhaufen, der vom Virgo-Haufen beherrscht wird, hat mehr als 100 Millionen Lichtjahre Durchmesser. Astronomen kennen etwa 50 Supergalaxienhaufen, die auch andere Formen haben. Einige sind wie Luftschlangen auseinander gezogen, während andere flache, blattartige Strukturen bilden. Der größte Supergalaxienhaufen ist ein flaches Band, die Große Mauer, und etwa 750 000 Lichtjahre breit.

Experiment
Galaxiengruppen

Galaxien sind nicht gleichmäßig über das Weltall verteilt, sondern bilden zufällige Gruppen in unregelmäßigen Mustern. Wir wollen sehen, wie sich Material auf natürliche Art zusammenlagert.
Das brauchst du: alte Zeitung, großen dunklen Karton, grobes Meersalz.

1 Als Schutz breitest du die Zeitung auf dem Tisch aus und legst den Karton darauf. Dann schüttest du Salz in deine Handfläche. Halte die Hand etwa 1 m über den Karton und streue das Salz nach und nach darüber. Wiederhole das ein- oder zweimal.

Die Salzkörner bilden auf dem Karton Gruppen.

2 Jetzt betrachte die Salzkörner auf dem Karton, sie sind nicht gleichmäßig verstreut. An einigen Stellen liegen mehrere zusammen, an anderen dagegen nicht. Diese Muster ahmen nach, wie Galaxien im Weltall verteilt sind.

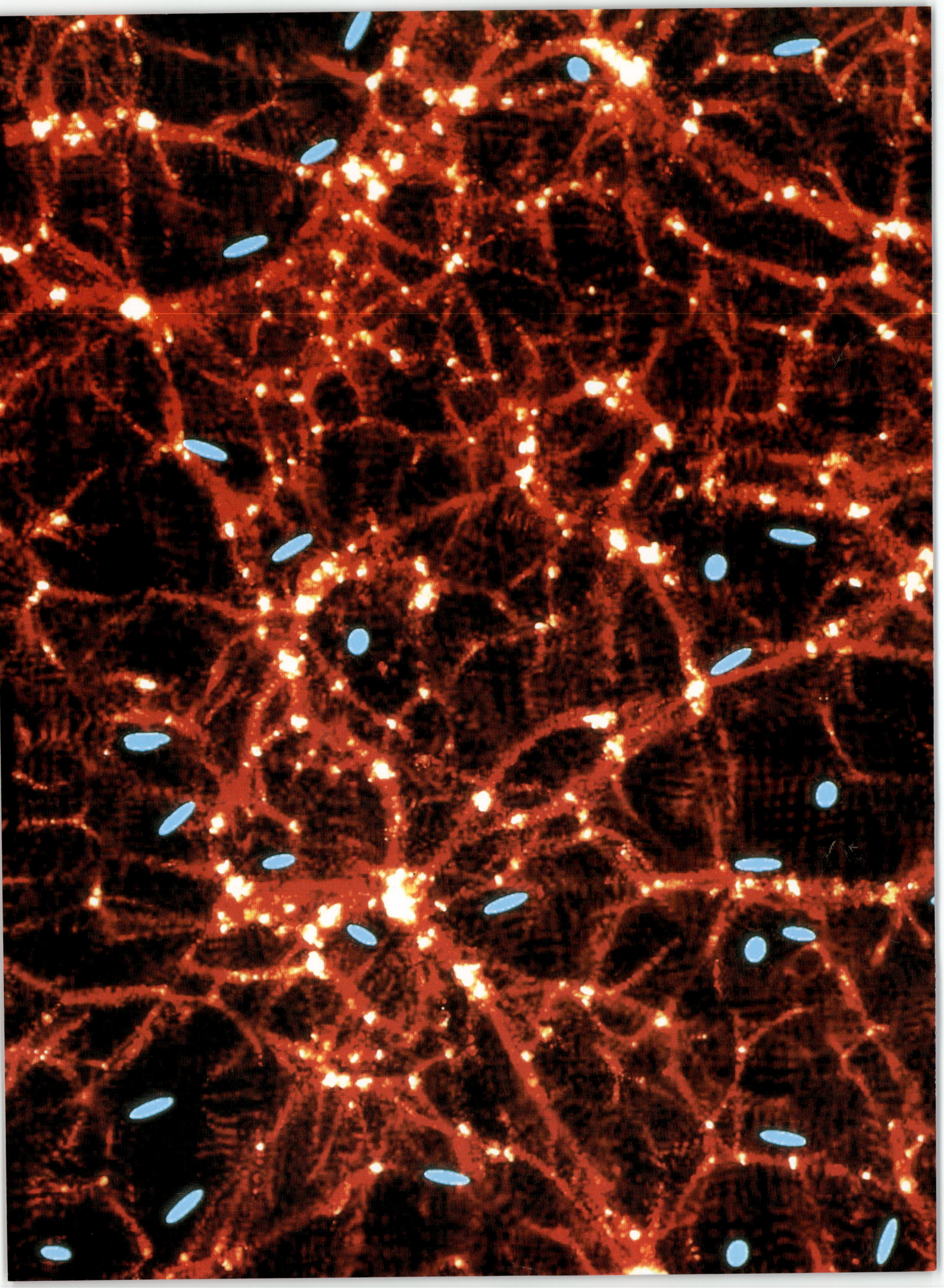

GEHEIMNISVOLLES WELTALL

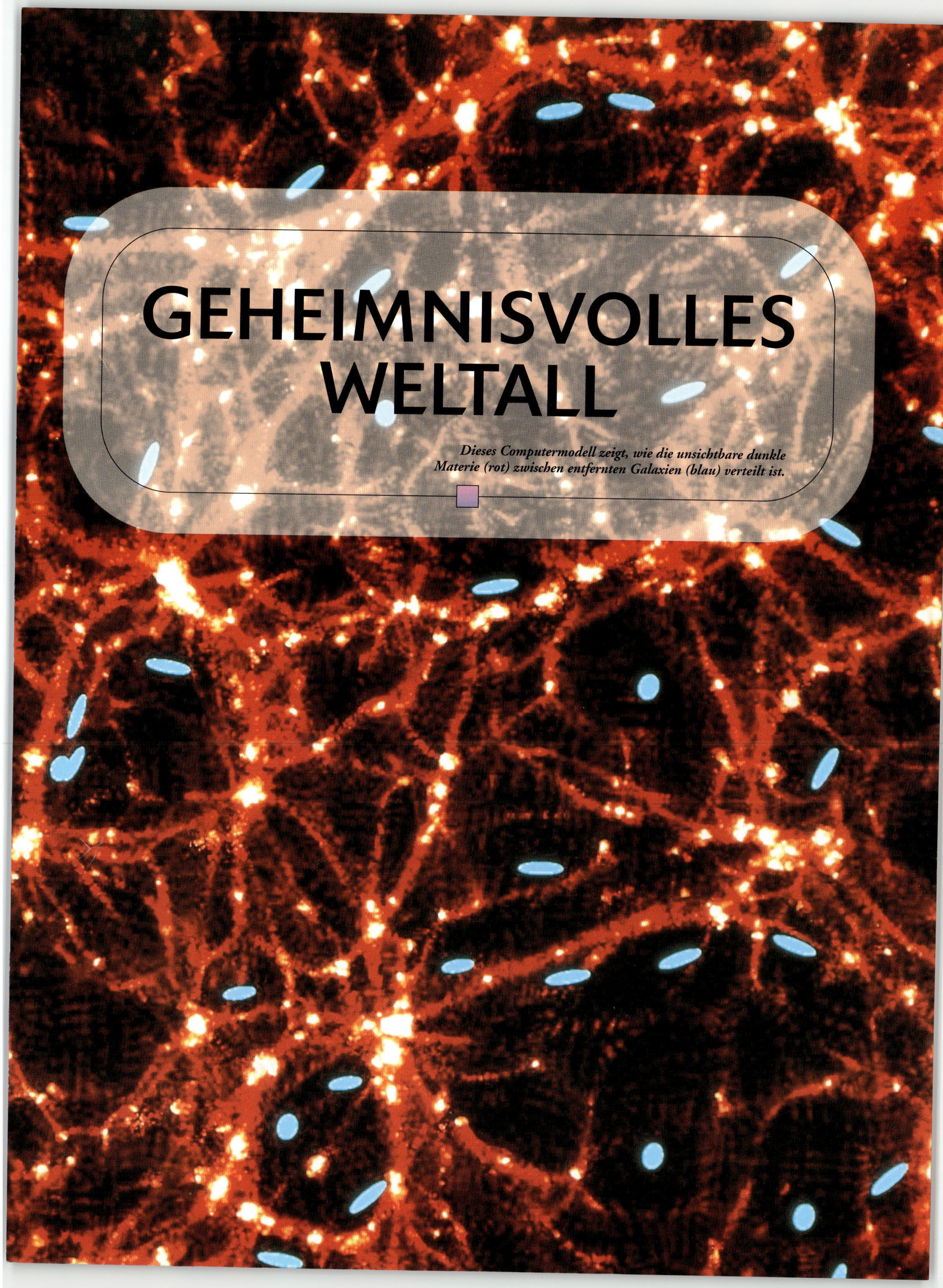

Dieses Computermodell zeigt, wie die unsichtbare dunkle Materie (rot) zwischen entfernten Galaxien (blau) verteilt ist.

DIE FORM DES WELTALLS

DIE GRÖSSTEN STRUKTUREN im Universum sind die Galaxienhaufen und Supergalaxienhaufen. Doch das Universum selbst ist noch weitaus größer – so groß, dass wir es niemals erfassen können. Die Lehre vom Universum – seiner Natur, seinem Ursprung und Schicksal – nennt man Kosmologie. Sie umfasst einige der verrücktesten Theorien. Das Universum hat die Menschen von alters her beschäftigt. Hatte das Universum einen Anfang? Wird es irgendwann untergehen oder bleibt es für immer? Ist unser Universum das einzige oder gibt es noch weitere? Mit raffinierten Theorien versuchen Forscher, darauf eine Antwort zu finden.

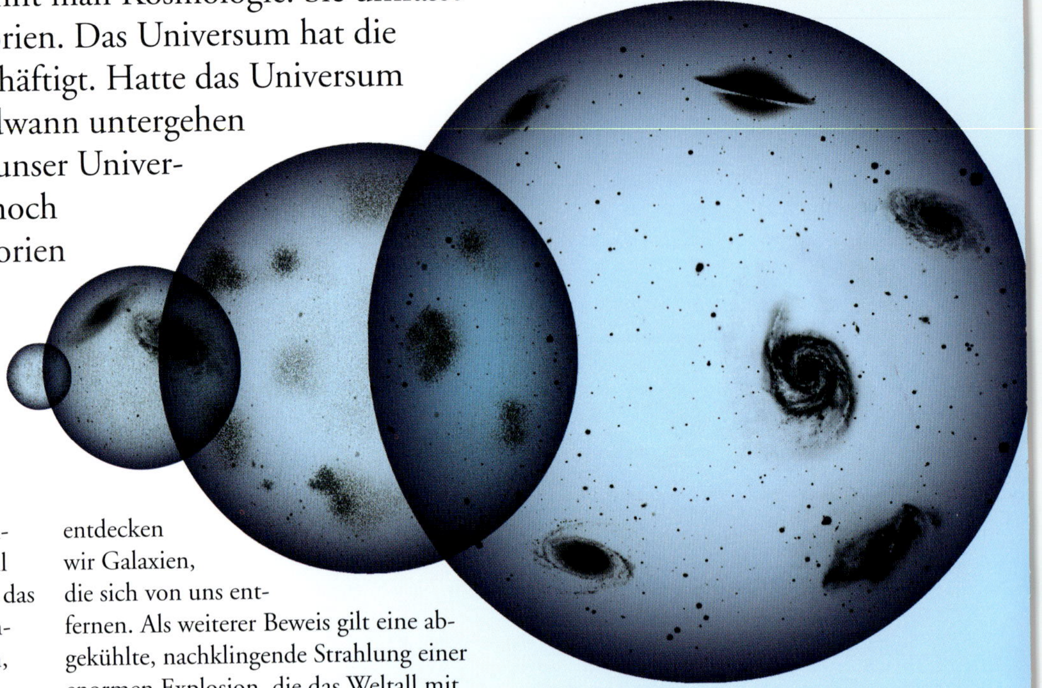

Stell dir das Universum als Oberfläche eines sich ausdehnenden Ballons vor, um zu verstehen, dass ein Raum keine Grenzen und kein Zentrum hat.

DER ANFANG

Heute gehen die meisten Astronomen davon aus, dass das Universum vor etwa 14 Milliarden Jahren durch eine allmächtige Explosion entstand, die man Urknall nennt. Der beste Beweis hierfür ist, dass das Universum sich immer noch in alle Richtungen ausdehnt. Wohin wir auch sehen, entdecken wir Galaxien, die sich von uns entfernen. Als weiterer Beweis gilt eine abgekühlte, nachklingende Strahlung einer enormen Explosion, die das Weltall mit drei Grad über dem absoluten Nullpunkt erwärmt. Durch den Urknall entstand der Raum, die gesamte Materie im Universum und sogar die Zeit. Zu fragen, was vor dem Urknall war, ergibt keinen Sinn, weil es weder Raum noch Zeit gab. In gewisser Hinsicht entstand das Universum aus dem Nichts – was für uns unvorstellbar erscheint.

In den ersten Bruchteilen einer Sekunde nach dem Urknall war das Universum so winzig klein, heiß und dicht, dass die normalen Gesetze der Physik nicht erklären können, was geschah.

ALLES IST RELATIV

Weil sich alles andere im Universum scheinbar von unserer Galaxis wegbewegt, könnte man annehmen, dass wir in einer besonderen Lage sind und uns im Zentrum des Universums befinden. Das entspricht dem falschen Glauben der alten Griechen, die die Erde als Mittelpunkt des Weltalls ansahen. Doch der deutsche Physiker Albert Einstein bewies mit seiner Relativitätstheorie, dass sich das Universum von jedem Punkt aus gleich verhält. Es besitzt kein bestimmtes Zentrum und auch keine sichtbaren Grenzen. Die Bewegung der Galaxien kann man sich so vorstellen, dass sich der Raum als Ganzes ausdehnt, sodass sich alles im Universum voneinander entfernt (so wie sich Rosinen in einem aufgehenden Kuchen voneinander entfernen).

BLICK ZURÜCK

Wir können Objekte und Ereignisse nur dann sehen, wenn ihr Licht genügend Zeit hatte, uns zu erreichen. Je weiter entfernt ein Objekt im Weltall ist, umso tiefer sehen wir in die Vergangenheit. Das Licht musste entfernte Galaxien vor Milliarden Jahren

UM 150 V. CHR. Ptolemäus fasst die Erkenntnis, dass die Erde Mittelpunkt des Weltraums ist, in dem Buch *Almagest* zusammen.

1543 Nikolaus Kopernikus behauptet, dass die Sonne Mittelpunkt des Universums ist.

1609 Beobachtungen von Galilei und Berechnungen von Kepler bestätigen die Theorie von Kopernikus.

1782 William Herschel fertigt die erste Karte unserer Galaxis an, die man damals als das gesamte Universum ansah.

1905 Albert Einstein stellt seine Spezielle Relativitätstheorie auf.

1915 Albert Einstein entwickelt seine Allgemeine Relativitätstheorie.

1925 Das Michelson-Morley-Experiment beweist, dass die Lichtgeschwindigkeit konstant ist.

Zeitleiste

verlassen, um zu uns zu gelangen. Aus diesem Grund zählen besonders aktive Objekte wie Quasare zu den entferntesten Objekten. Wir sehen sie zu einer Zeit, als das junge Universum noch viel aktiver war. 14 Milliarden Lichtjahre von hier umgibt eine unsichtbare Mauer das Universum – alles, was weiter entfernt liegt, können wir nicht sehen, weil Licht seit dem Urknall nicht genügend Zeit hatte, uns zu erreichen.

Raum und Zeit

Die unsichtbare Mauer in 14 Milliarden Lichtjahren Entfernung markiert die Grenze des Universums, das wir beobachten können. Doch das ist noch nicht das ganze Universum. Außerirdische Astronomen auf einem entfernteren Planeten könnten ihr eigenes, gleich großes Universum haben. Menschen sind nicht in der Lage, diese Entfernungen zu überwinden, so lange sie keine Abkürzung durch Raum und Zeit finden. Manche Forscher vermuten, dass Schwarze Löcher eine schnelle Verbindung zu entfernten Gebieten des Universums sind. Doch das gibt es zurzeit nur als Sciencefiction.

Die Balkenspiralgalaxie NGC 1097 ist 65 Millionen Lichtjahre entfernt. Ihr Licht stammt aus der Endzeit der Dinosaurier.

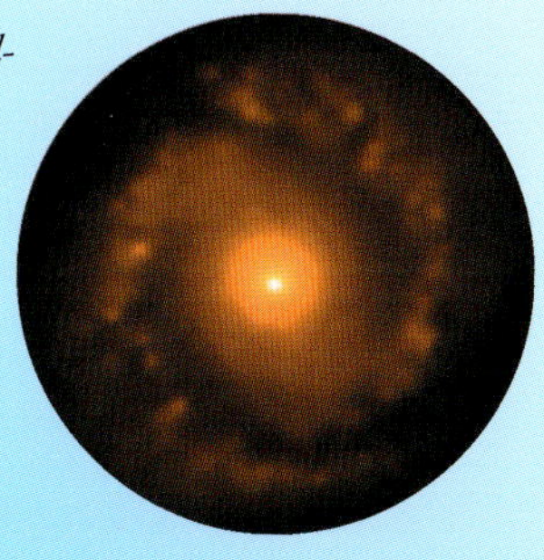

Raum und Zeit (»Raumzeit«) sind der Schlüssel für die Form des Universums. Beide sind nach Einstein eng miteinander verbunden und auf beide wirkt die Schwerkraft von massiven Objekten. Eine der wichtigsten Fragen der Kosmologie lautet daher, wie viel Masse das Universum besitzt. Eine große Masse krümmt die Raumzeit zu einem »geschlossenen« Universum. Ein Universum mit zu wenig Masse ist offen oder flach. Wenn du dir die Raumzeit als Gitter vorstellst und zwei parallele Linien verfolgst, treffen sie sich irgendwann (wie auf einem Globus) oder sie treffen sich niemals (wie auf einem Blatt Papier).

Das Schicksal des Universums

Die Form der Raumzeit bestimmt vermutlich das Schicksal des Universums. Die Schwerkraft der gesamten Materie bremst ein kugelförmiges, geschlossenes Universum, sodass es langsamer wird und sich nicht weiter ausdehnt. Das Universum würde dann schrumpfen und sich wahrscheinlich in einer »Großen Implosion« auslöschen.

Ein offenes, flaches Universum ohne ausreichend Schwerkraft, die die Ausdehnung bremst, wird immer weiter anwachsen.

Seit Jahrzehnten versuchen Astronomen, die Masse des Universums zu messen – seine sichtbare Materie und seine geheimnisvolle »dunkle Materie«. Dunkle Materie ist unsichtbar, doch sie existiert, da Galaxien mehr Masse besitzen als alle ihre Sterne und ihr Gas zusammen ergeben. Man vermutete, dass das Universum auf der Kippe zwischen Großer Implosion und ewiger Ausdehnung stand.

Die hier sichtbaren Galaxien enthalten vermutlich große Mengen dunkler Materie, weil ihre Schwerkraft nicht ausreicht, um das heiße Gas zwischen ihnen zu halten (in der Röntgenaufnahme rosa).

Doch dann änderte sich alles. Astronomen entdeckten 1999, dass die entferntesten Galaxien viel weiter weg waren, als unter der Vorgabe gleich schneller Ausdehnung berechnet. Das Universum muss sich also schneller ausdehnen. Der Raum streckt sich durch die Kraft einer »dunklen Energie«, über die man nur wenig weiß. Nach unserem jetzigen Verständnis ist das Universum flach und dehnt sich so lange aus, bis der letzte Stern ausgebrannt ist und das Weltall dunkel und kalt wird.

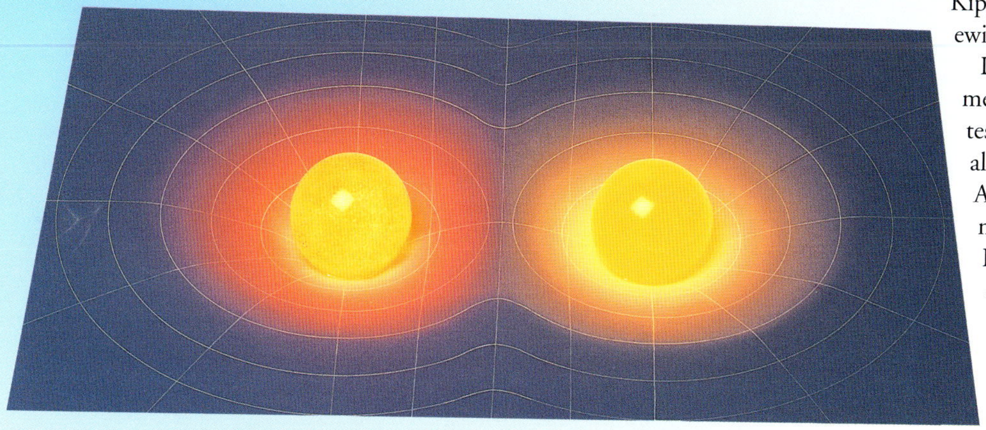

Die Schwerkraft massiver Objekte wie Sterne verursacht in ihrer Umgebung eine Krümmung der Raumzeit.

1927 Georges Lemaître behauptet, dass sich das Universum aus einem »Urknall« entwickelte.

1929 Edwin Hubble misst die Bewegung entfernter Galaxien und beweist, dass sich das Universum ausdehnt.

1948 George Gamow zeigt, wie sich Elemente während des Urknalls bildeten.

1965 Die Theorie des Urknalls wird durch die Entdeckung eines Nachglühens bestätigt – die kosmische Hintergrundstrahlung.

1979 Alan Guth erweitert die Theorie vom Urknall um die »Inflation« (Ausdehnung des Weltalls).

1999 Das Hubble-Weltraumteleskop bestimmt das Alter des Universums auf etwa 14 Milliarden Jahre.

RAUMZEIT UND RELATIVITÄT

ALLES IST RELATIV. Zu dieser Einsicht kam 1905 ein junges Genie – Albert Einstein. Er verwarf die damalige Sichtweise des Universums, indem er einem scheinbar unumstößlichen Naturgesetz widersprach – dass Raum und Zeit absolut feste Größen sind. Seiner Anschauung nach empfinden Menschen, die sich unterschiedlich schnell bewegen, Raum und Zeit auch unterschiedlich. Diese bilden eine vierte Dimension, die »Raumzeit«, die sich unter dem Einfluss von Materie krümmt. Einstein veröffentlichte seine Ideen als Allgemeine und Spezielle Relativitätstheorie.

Albert Einstein
Albert Einstein (1879–1955) wurde durch seine Relativitätstheorien berühmt. Er zeigte, dass sich nichts schneller bewegt als Licht, dass die Lichtgeschwindigkeit immer konstant bleibt und dass Objekte schwerer werden, wenn sie sich schneller bewegen. Er begründete auch, dass Masse und Energie gleichwertig sind. In seiner berühmtesten Gleichung behauptete Einstein, dass die Energie (E) gleich der Masse (m) mal dem Quadrat der Lichtgeschwindigkeit (c) ist: $E = mc^2$.

ALLGEMEINE RELATIVITÄTSTHEORIE

Die »Raumzeit« hat eine Form – sie kann durch die Schwerkraft massiver Objekte gekrümmt sein. Diese Form wird mit einem zweidimensionalen Modell erklärt. Der Raum ist hierbei eine Gummimatte, in deren Mitte eine Kugel liegt. Durch die Masse der Kugel wird die Matte verformt, in ihrer Mitte bildet sich eine Delle. Eine Murmel, die auf die Kugel zurollt, folgt nicht einer geraden Linie, sondern rollt um die Delle, weil sie von dem »Gravitationsloch« der Kugel angezogen wird. Planeten bewegen sich in gleicher Weise um ihren Stern. Das Beispiel zeigt nicht den Einfluss der Zeit. Da Raum und Zeit zusammenhängen, krümmt die Kugel den Raum und die Zeit.

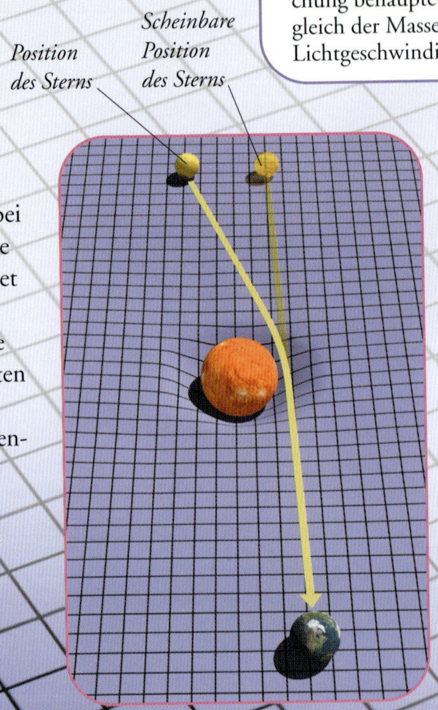

Nachweis der Relativität
Die neue Theorie der gekrümmten Raumzeit wurde 1919 eindrucksvoll bewiesen. Während einer totalen Sonnenfinsternis entdeckten britische Astronomen in der Nähe der Sonne Sterne, die sich scheinbar bewegt hatten. Ihr Licht schien von der Sonne abgelenkt worden zu sein. Da Licht jedoch keine Masse besitzt, wird es von der Schwerkraft nicht beeinflusst. Somit konnte nur der Weg des Lichts – die Raumzeit, die es durchquerte – von der Schwerkraft der Sonne gekrümmt worden sein (Abbildung links).

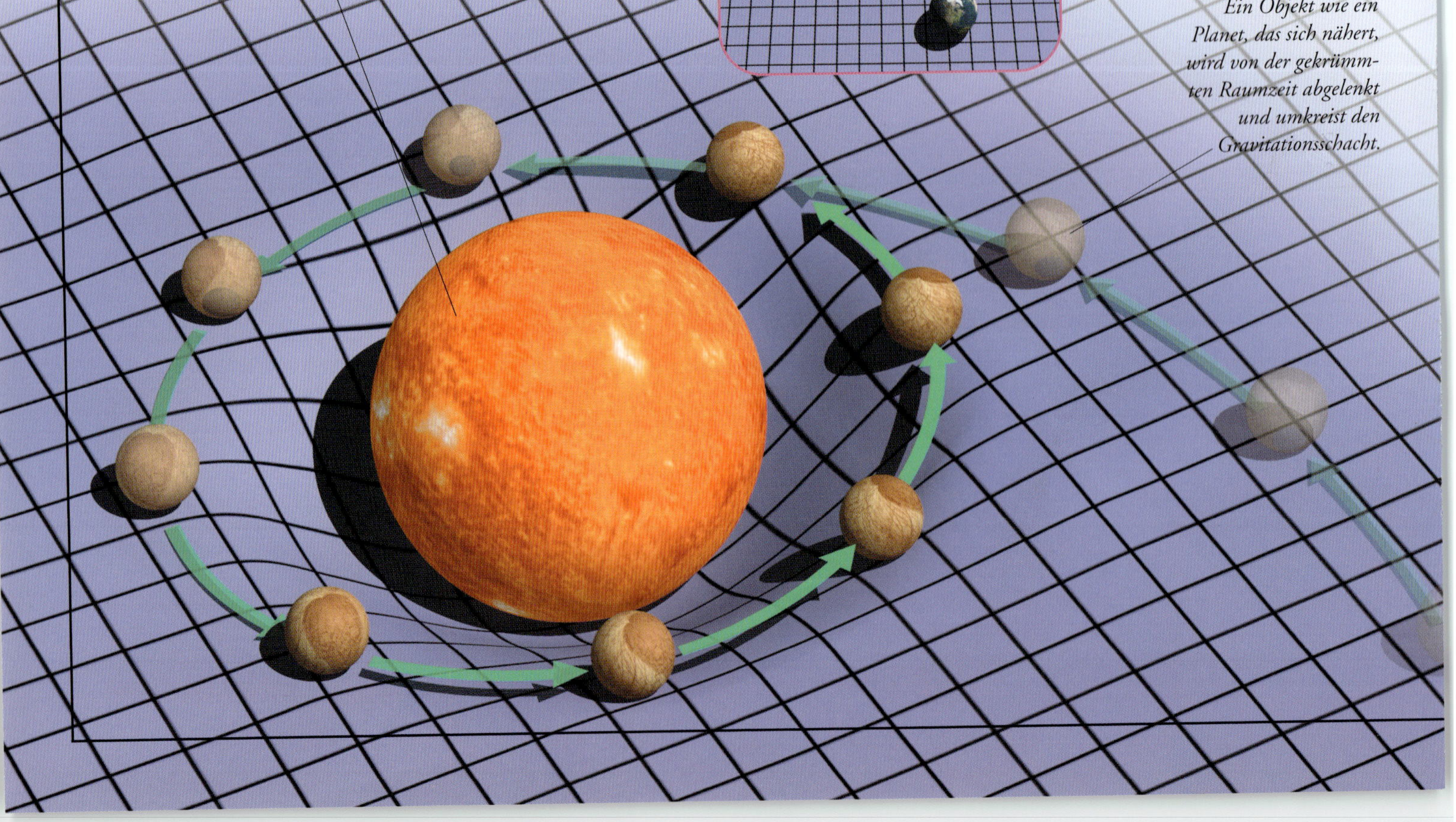

Ein massives Objekt wie ein Stern krümmt die Raumzeit und erzeugt einen Gravitationsschacht.

Ein Objekt wie ein Planet, das sich nähert, wird von der gekrümmten Raumzeit abgelenkt und umkreist den Gravitationsschacht.

Spezielle Relativitätstheorie

Die Spezielle Relativitätstheorie beschreibt, wie sich Raum und Zeit bei sehr hohen Geschwindigkeiten verhalten. In unserem Beispiel fliegt eine Raumfähre an der Erde vorbei und erreicht fast Lichtgeschwindigkeit. Aus Sicht der Erde verrinnt die Zeit an Bord der Raumfähre langsamer, ihre Masse hat zugenommen und die Raumfähre erscheint kürzer (Abb. A). Für die Besatzung hat sich nichts verändert, für sie scheint die Erde gestaucht zu sein und auf der Erde gehen die Uhren nach (Abb. B). Die Gesetze der Physik sind auf der Erde und an Bord der Raumfähre gleich. Beide Standpunkte sind relativ, da man bei Lichtgeschwindigkeit nicht entscheiden kann, welcher richtig ist.

Ausdehnung

Als Ergebnis der Relativität muss sich das Universum entweder ausdehnen oder zusammenziehen – zurückgezogen durch seine eigene Schwerkraft. Anfang des 20. Jahrhunderts glaubten alle, auch Einstein, dass sich das Universum nicht verändert, und Einstein passte seine Theorie dieser Einstellung an. Erst 1924 bewiesen Forscher, dass sich das Universum tatsächlich ausdehnt. Das führte zu neuen Theorien über seinen Ursprung. Das Universum hat nicht immer existiert, sondern musste aus einem winzigen Punkt in Raum und Zeit explodiert sein.

Ausdehnung des Lokalen Supergalaxienhaufens

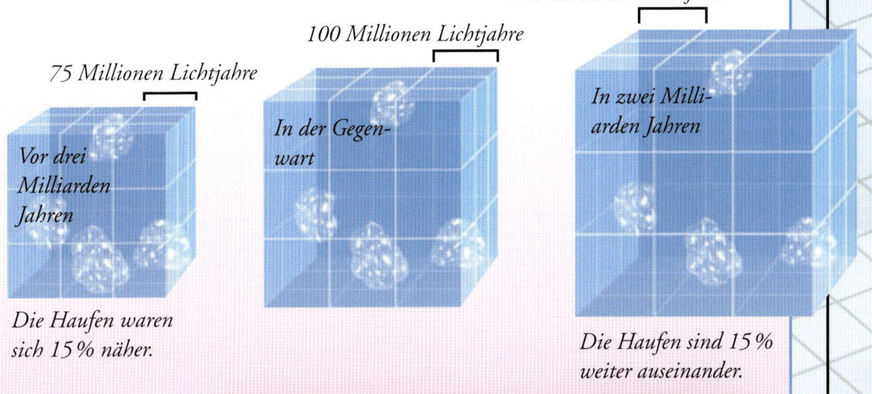

EXPERIMENT Ausdehnung

Auch wenn sich alle Galaxien von uns wegbewegen, sind wir ein Teil dieser Bewegung und nicht das Zentrum. Das zeigt dir ein einfaches Experiment mit Teig und Korinthen. **Das brauchst du:** Rührschüssel, 5 EL Mehl, 1 TL Trockenhefe, Wasser, Korinthen.

1 Schütte Mehl und Hefe in die Schüssel, gib 2 EL warmes Wasser dazu und verrühre alles zu einem Teig. Streue einige Korinthen auf den Teigkloß und stelle die Schüssel an einen warmen Ort.

2 Während die Hefe mit dem Mehl reagiert, geht der Teig auf. Die Korinthen entfernen sich wie Galaxien im sich ausdehnenden Weltall voneinander.

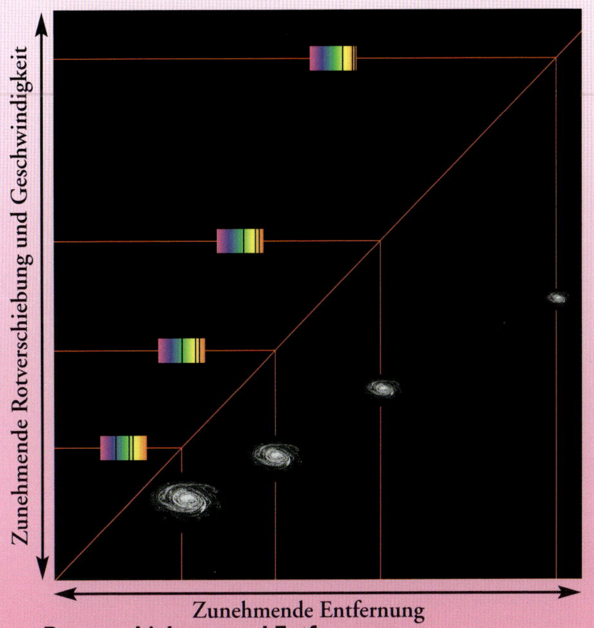

Rotverschiebung und Entfernung

Die Rotverschiebung des Lichts entfernter Galaxien zeigt die Ausdehnung des Universums. Bei Objekten, die sich von uns entfernen, verschiebt sich Licht zum roten Bereich des Spektrums (S. 102). Je größer die Rotverschiebung ist, umso schneller ist das Objekt. Eine Galaxie, die doppelt so weit entfernt ist wie eine andere, hat auch eine doppelte Rotverschiebung. Diese ist somit auch eine Entfernungsmessung.

Der Urknall

Den Moment, als das Universum entstand, nennt man Urknall. Vor etwa 14 Milliarden Jahren entwickelten sich aus einem winzigen Punkt, der kleiner als ein Atom und unendlich heiß und dicht war, Raum und Zeit. Wenige billionstel Sekunden später explodierte das junge Universum mit unvorstellbarer Gewalt und dehnte sich als Feuerball mit so konzentrierter Energie aus, dass sich Materie spontan bildete. Wo der Urknall geschah oder was davor war, ist bedeutungslos. Es gab kein »Wo«, da kein Raum existierte. Und es gab kein »Davor«, weil die Zeit noch nicht zu laufen begonnen hatte.

Das Universum blies sich plötzlich durch die Freisetzung der Elementarkräfte auf und verdoppelte alle Trillion trillionstel Sekunden seine Größe.

Am Anfang

Bis heute weiß niemand, was den Urknall auslöste – es wird wohl auf ewig ein Geheimnis bleiben. Mithilfe der physikalischen Gesetze kann man die Geschichte des Universums bis zu einem Sekundenbruchteil zurückverfolgen, doch diese Gesetze gelten nicht für die extremen Bedingungen, die zu Beginn herrschten. Billionstel Sekunden nach dem ersten Moment fiel die Temperatur auf etwa 10 000 Billionen Billionen Grad und aus Energie entstanden die Teilchen der Materie, aus der sich Sterne, Planeten und Galaxien bildeten.

Der Beweis
Die amerikanischen Physiker Arno Penzias und Robert Wilson testeten 1965 eine neue empfindliche Antenne. Sie entdeckten ein schwaches und unerklärliches Hintergrundgeräusch, das aus dem Weltraum kam. Nachdem sie alle möglichen Fehlerquellen überprüft hatten, erkannten sie, dass sie die nachklingende Strahlung des Urknalls empfangen hatten. Diese schwachen Radiowellen nennt man kosmische Hintergrundstrahlung.

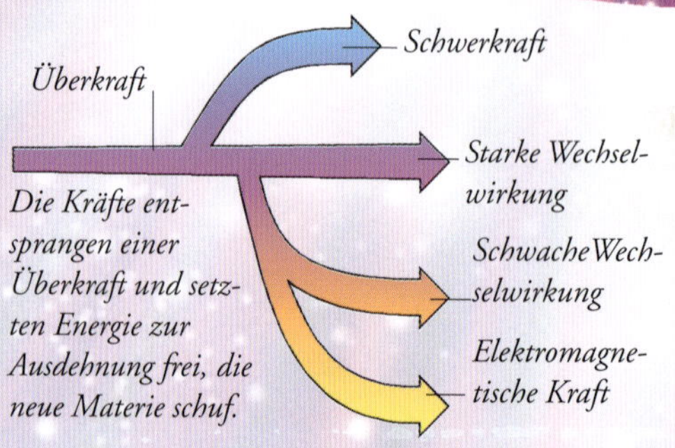

Die Kräfte entsprangen einer Überkraft und setzten Energie zur Ausdehnung frei, die neue Materie schuf.

Elementarkräfte
Die vier Elementarkräfte – Elektromagnetismus, Schwerkraft und die beiden Kernkräfte (S. 16) entstanden beim Urknall als eine einzige Überkraft. Als die Temperatur fiel, teilte sich diese und setzte enorme Energiemengen frei. Das Universum dehnte sich schneller als mit Lichtgeschwindigkeit aus und war in weniger als einer Sekunde so groß wie eine Galaxie.

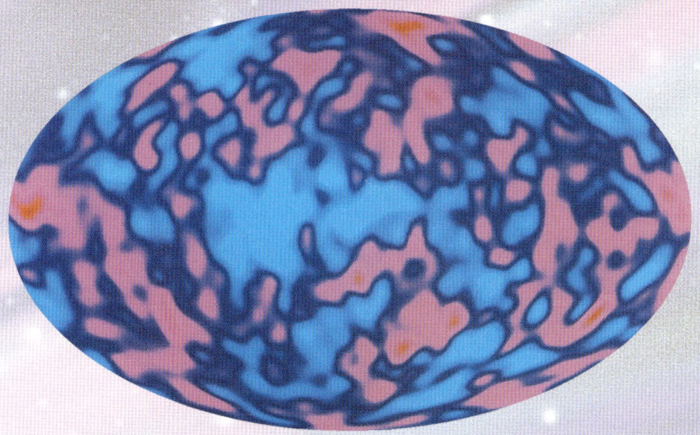

Teilchensuppe
Alle Materie im Universum entstand in den ersten Sekunden nach dem Urknall. Die Bedingungen entsprachen vermutlich denen in einem Teilchenbeschleuniger (oben), in dem Teilchen beschleunigt werden, zusammenstoßen und zerfallen. Die sinkenden Temperaturen überlebten nur wenige Teilchen und bildeten die Materie.

Der Nebel lüftet sich

Das junge Universum war undurchsichtig wie dichter Nebel. Die Teilchen waren so dicht gepackt, dass das Licht zwischen ihnen gefangen war. Nach etwa 300 000 Jahren sank die Temperatur so weit, dass sich Atome bilden konnten und stabil blieben. Aus den meisten Teilchen im Universum entstanden Atome und der Raum wurde klarer – ein Ereignis, das man »Entkopplung« nennt. Aus dieser Zeit stammt die früheste und entfernteste Strahlung, die man im Universum beobachten kann. Der Satellit *COBE* (Cosmic Background Explorer) erforscht diese Strahlung.

Zwischen den dichten Gaswolken (blau in der COBE*-Karte) ...*

... dehnten sich Gebiete mit niedriger Dichte (lila) zu leeren Räumen aus.

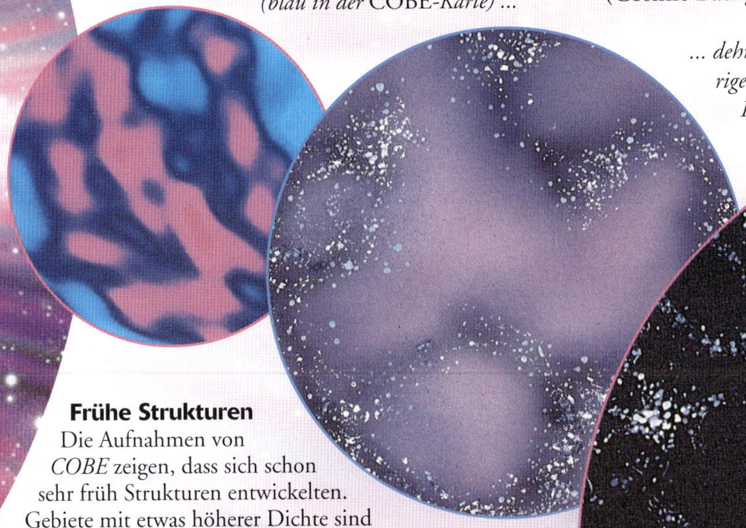

Frühe Strukturen
Die Aufnahmen von *COBE* zeigen, dass sich schon sehr früh Strukturen entwickelten. Gebiete mit etwas höherer Dichte sind blau gefärbt, während lila Gebiete eine geringere Dichte besitzen. Nach 300 Millionen Jahren bildete die Materie in den dichteren Regionen lange, schmale Filamente mit riesigen Leerräumen dazwischen. In den Filamenten kondensierte Gas und formte Galaxienhaufen und Superhaufen.

Dreihundert Millionen Jahre später besaß das Universum riesige Leerräume und Filamente aus dichtem Gas. Das Gas zog sich zusammen und bildete die Galaxien.

Ein Quasar ist der winzige, leuchtende Kern einer jungen, aktiven Galaxie.

Quasare und Megasonnen
Nach der Entkopplung verfiel das Universum in ein dunkles Zeitalter, aus dem es Millionen Jahre nicht mehr entkam. Die ersten Objekte, die leuchteten, waren wahrscheinlich Quasare – extrem aktive helle Galaxien. Vielleicht gab es auch Megasonnen – eine frühe Generation von übergroßen Sternen, die als »Hypernova« explodierten und schwerere Elemente, aus denen später Galaxien entstanden, im Universum verteilten.

DUNKLE MATERIE

WIE VIEL MATERIE enthält das Universum? Die Antwort auf diese Frage ist sehr wichtig, um Vergangenheit, Gegenwart und Zukunft des Universums zu verstehen. Wahrscheinlich kann man nur einen Teil der gesamten Materie mit Teleskopen entdecken. Der Rest des Universums besteht aus unsichtbarer »dunkler Materie«, die nur durch die Auswirkung ihrer Schwerkraft auf bekannte Objekte im Weltall bestimmt werden kann. Die exakte Menge an dunkler Materie ist der Schlüssel für das weitere Schicksal des Universums. Wird es sich weiter ausdehnen oder wird seine Schwerkraft es zusammenziehen?

Die sichtbare Masse im Galaxienhaufen Abell 2218 scheint so hell wie 50 Billionen Sonnen. Die Lichtablenkung ist zehnmal höher als in dunkler Materie.

WAS IST DUNKLE MATERIE?

Während des Urknalls entstand weitaus mehr Materie als die, die im Universum heute sichtbar ist. Die dunkle Materie existiert im gesamten Universum. Doch weil sie unsichtbar ist, kann man ihre Existenz nur durch Auswirkungen auf die sichtbare Materie beweisen. Einige Galaxienhaufen, wie z. B. der Coma-Haufen (rechts), haben eine zu starke Anziehungskraft. Sie entspricht nicht ihrer sichtbaren Masse aus Sternen und Gas. Es muss dort also noch weitere Materie geben – dunkle Materie. Astronomen stellen sie sich als MACHOs, WIMPs und Neutrinos vor.

MACHOs und WIMPs

Nach einer Theorie sind MACHOs (massive astrophysikalische kompakte Halo-Objekte) große dunkle Objekte, die um den Halo von Galaxien kreisen. Zu ihnen gehören vermutlich ausgebrannte Sterne, Braune Zwerge und Schwarze Löcher. Da MACHOs dicht gepackte Materie enthalten, kann ihre Schwerkraft sogar Licht stören und als Gravitationslinse wirken. Zurzeit versuchen Forscher, die Existenz von WIMPs (schwach wechselwirkende massive Teilchen) zu beweisen. WIMPs sind subatomare Teilchen (kleiner als ein Atom) und besitzen eine bestimmte Masse. Auch wenn WIMPs winzig klein sind, sind sie so zahlreich, dass sie einen Großteil der dunklen Materie darstellen könnten.

EXPERIMENT GRAVITATIONSLINSE

EIN MASSIVES OBJEKT, das sich vor ein sichtbares, weit entfernt hinter ihm liegendes, schwach leuchtendes Objekt schiebt, wirkt als Gravitationslinse. Die Schwerkraft des massiven Objekts lenkt das Licht des entfernteren ab, sodass dieses verzerrt erscheint oder aufleuchtet. Dieses Experiment zeigt dir, wie eine Gravitationslinse wirkt. **Das brauchst du:** Kerze mit Ständer, Klebstift, durchsichtige Kunststoffflasche, einen Erwachsenen.

1 Als Erstes muss die Kerze angezündet werden. Nun stellst du den Klebstift (oder ein anderes, gleich großes Gefäß) vor die Kerze, sodass er sie vollständig verdeckt.

2 Fülle die Flasche mit Wasser, stelle sie vor den Klebstift und schau hindurch. Die Flasche zeigt dir die Wirkung einer Gravitationslinse, die das Licht der Kerze ablenkt und das Bild verzerrt.

Die Kerze ist das sichtbare Objekt, der Klebstift ist das dunkle Objekt und die Flasche wirkt als Gravitationslinse.

Wenn sich ein dunkles Objekt (Klebstift) vor einem sichtbaren Objekt (Kerze) befindet, lenkt seine Schwerkraft das Licht ab.

Helle Galaxien im Galaxienhaufen Abell 2218, die 3 Milliarden Lichtjahre entfernt sind.

Verzerrtes Bild einer Galaxie, die 10 Milliarden Lichtjahre entfernt ist.

Der Super-Kamiokande-Neutrinodetektor in Japan

Neutrinos

Die Sonne und andere Sterne erzeugen in riesigen Mengen Neutrinos. Sie haben eine nur winzig kleine Masse und sind nicht elektrisch geladen. Entdecken kann man sie nur mit hochempfindlichen Instrumenten wie diesem Spezialdetektor in einem unterirdischen Wassertank (oben). Früher nahm man an, dass Neutrinos überhaupt keine Masse besitzen. Doch jüngste Ergebnisse zeigen, dass sie eine winzige Masse haben und somit vermutlich mit zur dunklen Materie zählen.

Schicksal

Nach Einsteins Relativitätstheorie verzerren große Mengen von Materie die Raumzeit. Die Menge der sichtbaren Materie kann man messen, sodass die Form und das Schicksal des Universums von der Menge an dunkler Materie abhängt. Vermutlich existiert eine weitere Kraft, die »dunkle Energie«, welche die Ausdehnung des Universums beschleunigt und es in entgegengesetzter Richtung krümmt. Das exakte Gleichgewicht zwischen dunkler Materie und dunkler Energie bestimmt die Krümmung der Raumzeit. Aktuelle Messungen lassen vermuten, dass das Universum flach verläuft.

FLACHES WELTALL

Wenn die Anteile von dunkler Materie und dunkler Energie genau gleich groß sind, heben sich ihre Kräfte gegenseitig auf und das Universum bleibt flach.

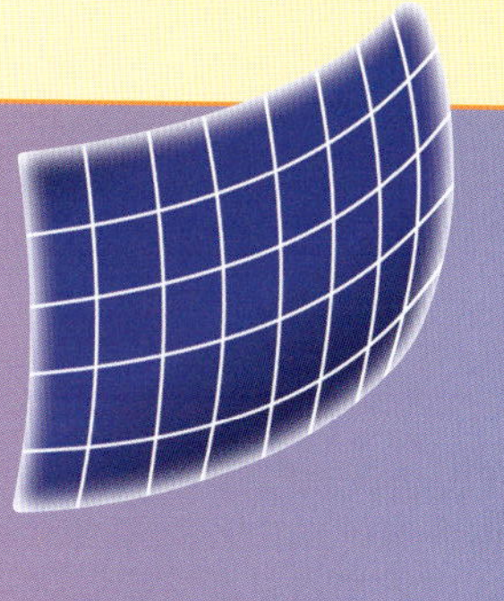

POSITIV GEKRÜMMTES WELTALL

Wenn die Menge der dunklen Materie größer ist als die Wirkung der dunklen Energie, krümmt sich das Universum. Es könnte ein geschlossener kugelförmiger Raum werden, der sich nicht weiter ausdehnt.

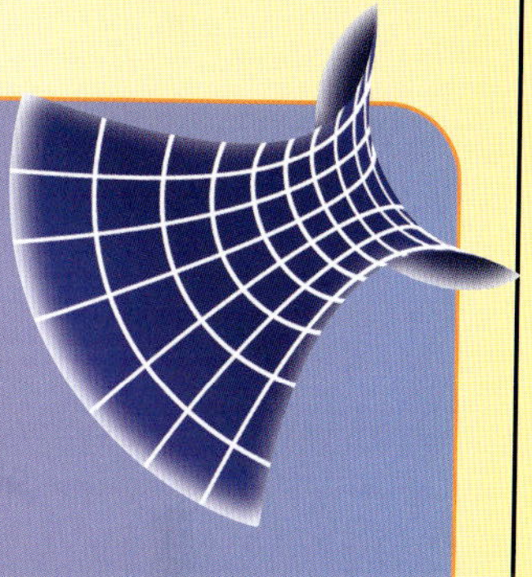

NEGATIV GEKRÜMMTES WELTALL

Wenn die dunkle Materie nicht ausreicht, um die dunkle Energie zu neutralisieren, krümmen die dehnenden Kräfte das Universum nach außen. Das Universum erhält dann eine sattelartige, unendliche Form.

Offen oder geschlossen?

Das Universum dehnt sich seit dem Urknall immer weiter aus (S. 142). Doch wenn die gesamte Masse des Universums groß genug ist, wird seine Schwerkraft die Ausdehnung stoppen. Dann entsteht ein geschlossenes Universum, dass wahrscheinlich mit der Großen Implosion zusammenbricht. Die dunkle Energie weist dagegen auf ein offenes Universum hin, dass sich unendlich weiter ausdehnen wird, bis es leer ist. Andererseits könnte die dunkle Energie mit dem Älterwerden des Universums auch ausklingen und das leere Universum in Billionen Jahren mit einem erneuten Urknall durch ein neues ersetzt werden.

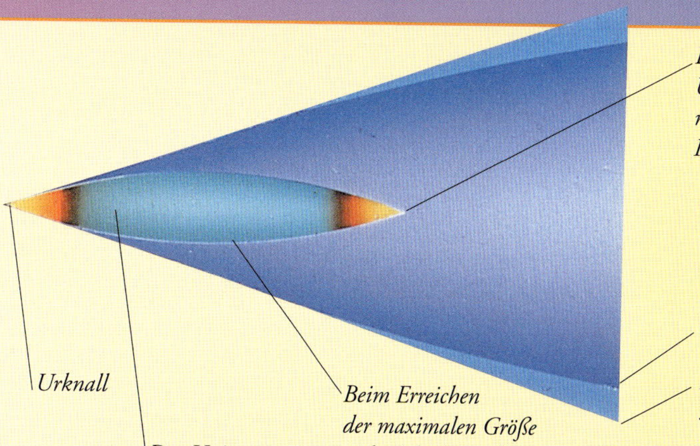

Ein geschlossenes Universum kann mit einer Großen Implosion enden.

Ein offenes Universum dehnt sich weiter aus, jedoch langsamer als vorher.

Ein offenes Universum kann sich auch so schnell wie bisher ausdehnen.

Urknall

Das Universum dehnt sich aus.

Beim Erreichen der maximalen Größe zieht sich ein geschlossenes Universum zusammen.

Raum- und Zeitreisen

Menschen sind bereits in den Weltraum geflogen, aber weiter als bis zum Mond sind sie noch nicht gekommen. Auch in den nächsten Jahrhunderten werden sie nicht einmal die Grenze unseres Sonnensystems erreichen. Vielleicht können sie es eines Tages doch zu anderen Galaxien schaffen und neue Kolonien gründen. Ohne neue Antriebsmethoden aber sind Raketen nicht stark genug, um diese großen Entfernungen in angemessener Zeit zurückzulegen. Manche Forscher vermuten, dass uns Abkürzungen, die man Wurmlöcher nennt, von einem Gebiet aus Raum und Zeit in ein anderes bringen können.

Daedalus könnte nahe Sterne innerhalb eines Menschenlebens erreichen.

Sternreise

Selbst die schnellste Rakete bräuchte tausende von Jahren bis zu unserem nächsten Stern. Raketen können ihre Geschwindigkeit nicht aufrecht erhalten, da ihnen irgendwann der Brennstoff ausgeht. Um die Geschwindigkeiten für eine erfolgreiche Sternreise zu erreichen, sind wirksamere Antriebe nötig, die eine Raumfähre über Jahre und nicht nur für wenige Sekunden beschleunigen können. *Daedalus* (oben) ist ein Entwurf für eine Raumfähre mit Nuklearantrieb. Theoretisch könnte sie ein Zehntel der Lichtgeschwindigkeit erreichen.

Ein eineiiger Zwilling geht auf eine lange Weltraumreise mit hoher Geschwindigkeit und sein Bruder bleibt auf der Erde ...

Alternativer Antrieb

Ionenantriebe nutzen Solarzellen, um Atome aus Brennstoffgas zu spalten. Auch wenn dadurch der Schub einer Raumfähre nur gering ist, kann sie trotzdem hohe Geschwindigkeiten erreichen. Sonnensegel (links) benötigen überhaupt keinen Brennstoff – die riesigen Segel werden vom Sonnenwind, der von der Sonne und anderen Sternen weggeblasen wird, angetrieben. Mit beiden Methoden könnten Raumfähren wesentlich höhere Geschwindigkeiten erreichen.

Zeitreisen

Könnten Menschen in einer Raumfähre fast mit Lichtgeschwindigkeit reisen, würden sie eine erstaunliche Folge der Relativität erleben – »die Zeitdilatation«. Für die Besatzung verginge die Zeit langsamer als für ihre Außenwelt (S. 141). Wäre eine Raumfähre 50 Erdjahre unterwegs, würden für die Besatzung nur 5 Erdjahre verstreichen. Auf der Erde aber verginge die Zeit wie gewohnt, sodass die Besatzung, wenn sie zur Erde zurückkehrt, 45 Jahre in die Zukunft gereist wäre. Dieses Phänomen führt zum »Zwillingsparadoxon« (oben).

Eine Raumfähre fliegt durch ein Wurmloch – der kürzeste Weg durch das Weltall.

Abkürzungen durchs Weltall

Wurmlöcher sind hypothetische (noch nicht bewiesene) Objekte, die zwei Punkte im Weltall und möglicherweise auch der Zeit verbinden. Ein Wurmloch kann wie ein Schwarzes Loch aussehen, dass jedoch nicht in die Singularität (S. 119) führt, sondern in einen anderen Teil des Weltalls. Manche Forscher vermuten, dass die Raumzeit selbst aus winzigen natürlichen Wurmlöchern besteht. Wäre eines davon groß genug, käme es vielleicht als Abkürzung durch das Universum infrage. Wenn man das andere Ende eines solchen Wurmlochs mit hoher Geschwindigkeit zu seinem Ausgangspunkt bringen würde und gleichzeitig die Zeitdilatation ausnutzte, könnte man Wurmlöcher möglicherweise als Zeitmaschinen benutzen.

Der Astronaut ist im Gegensatz zu seinem Zwillingsbruder bei seiner Rückkehr kaum gealtert. Dabei sind beide zur gleichen Zeit geboren.

Kip S. Thorne (geb. 1940)

Kip S. Thorne und die Theorie von den Wurmlöchern

Der Physiker Kip S. Thorne, der auch die Entstehung von Schwarzen Löchern beschrieb, hatte als Erster die Idee, Wurmlöcher als Abkürzung durchs Weltall zu benutzen. Er entwickelte diese Theorie für den Sciencefiction-Roman *Contact* seines Freundes Carl Sagan. Sagan wollte seine Heldin 25 Lichtjahre durch das All zum Stern Wega schicken, ohne die Gesetze der Physik zu brechen. Vielleicht wird Thornes Idee ja eines Tages Wirklichkeit.

Das Großvaterparadoxon

Die alte Sciencefiction-Idee, dass jemand in die Vergangenheit reist und seinen Großvater umbringt, bevor sein Vater geboren wurde, führt zu einem interessanten Paradoxon – solche Zeitreisen können das Prinzip von Ursache und Wirkung brechen. Wenn der Vater nie existierte, kann auch der Sohn nicht existieren: Wer aber ist dann in die Vergangenheit gereist und hat den Großvater umgebracht? Der Physiker Stephen Hawking schlägt ein »Chronologieschutz-Prinzip« vor. Es besagt, dass die Physikgesetze nicht zulassen, dass eine Maschine wie eine Wurmloch-Zeitmaschine gebaut wird. Hawking vermutet, dass die Natur eine Zeitmaschine verhindert, die in die Zeit, bevor diese Maschine gebaut wurde, zurückführt.

Im Filmklassiker Zurück in die Zukunft *verhindert Marty McFly mit seiner Zeitreise, dass sich seine Eltern kennen lernen – und seine Geburt.*

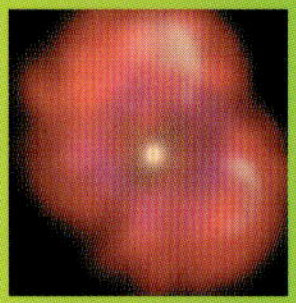

Wie viele Sterne entstehen in der richtigen Größe und Zusammensetzung, um über Milliarden Jahre, die Lebensformen zur Entwicklung brauchen, stabil zu bleiben?

Bei wie vielen dieser Sterne können sich stabile Planetensysteme bilden?

Wie viele dieser Planetensysteme sind Welten, die geeignete Bedingungen bieten, damit sich Leben entwickeln kann?

Auf wie vielen dieser Planeten entstanden tatsächlich Lebensformen, die noch existieren?

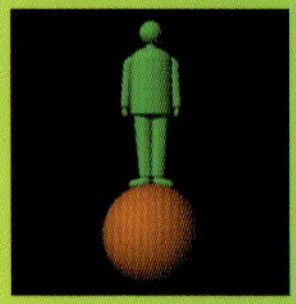

Auf wie vielen dieser Planeten entwickelten sich intelligente Lebensformen, die kommunizieren können?

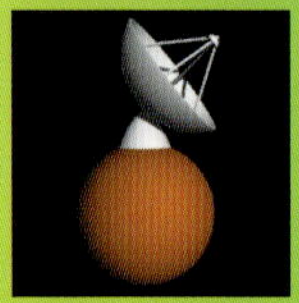

Auf wie vielen der Planeten mit intelligenten Lebensformen konnte eine Technologie für interstellare Kommunikation entstehen?

Wie viele möglicherweise fortgeschrittene Zivilisationen wurden durch natürliche oder selbstverschuldete Katastrophen ausgelöscht?

CHANCEN AUF LEBEN

Mithilfe der Kriterien des amerikanischen Astronomen Frank Drake kann man herausfinden, ob es irgendwo in unserer Galaxis intelligente Lebewesen geben könnte. Jedes dieser Kriterien muss erfüllt sein, damit sich intelligente Lebewesen entwickeln und lange genug überleben können, um mit dem Rest des Universums Kontakt aufzunehmen. Leider gibt es nur ein Beispiel eines solchen Planeten (unseren eigenen), sodass man viele Variablen nur schwer abschätzen kann. Das führt dazu, dass optimistische Astronomen eine Million Zivilisationen vorhersagen, während pessimistische meinen, dass selbst unsere Welt ein Zufallstreffer ist.

LEBEN IM WELTALL?

DIE ERDE IST DIE EINZIGE bekannte Welt, die Lebensformen ermöglicht. Jedes Jahr werden viele neue Planeten entdeckt, die um entfernte Sterne kreisen. Wie groß sind die Chancen, dass sich auf ihnen intelligentes Leben entwickelt hat? Auch wenn Forscher nicht glauben, dass UFOs (Unbekannte Flug-Objekte) Raumfähren von Aliens sind, ist das SETI-Programm (Suche nach extraterrestrischer Intelligenz) ein ernsthaftes wissenschaftliches Projekt. Radioteleskope durchsuchen ständig den Himmel nach intelligenten Signalen aus den Tiefen des Weltalls.

Andere Erden finden
Seit etwa 1995 wurden dutzende Planeten entdeckt, die um ihren Stern kreisen. Mit der Verbesserung der Methoden zur Entdeckung solcher »Exoplaneten« kann man ihre Umlaufbahn und sogar chemische Substanzen in ihrer Atmosphäre bestimmen. Somit sind wir nach und nach in der Lage, einige der Drake-Kriterien zu beantworten. Die Grafik oben zeigt eine blaue Welt, die um den Stern Tau Bootis kreist – den ersten Exoplaneten, dessen Farbe bestimmt wurde.

Wie sehen Aliens aus?
Niemand weiß, wie Aliens tatsächlich aussehen. Sogar auf der Erde haben Lebewesen viele verschiedene Arten entwickelt. Es ist eher unwahrscheinlich, dass Aliens wie das »kleine grüne Männchen« in alten Filmen aussehen – solche Wesen wirken viel zu menschlich. Vögel und Fische gleichen vermutlich ungefähr ihren Artgenossen auf der Erde und alle Aliens besitzen wahrscheinlich Sinnesorgane, die ebenso wie unsere arbeiten.

EXPERIMENT
Das SETI-Projekt

Die Astronomen des SETI-Projekts konnten viele Jahre nur wenige Wellenlängen untersuchen, weil Radiosignale der Erde störten und ihre Computer nicht ausreichten. Jetzt hat das Internet die Suche revolutioniert. Millionen Menschen analysieren Radiosignale aus dem Weltall und du kannst ebenfalls dabei sein. **Das brauchst du:** Computer mit Internetzugang.

1 Besuche das Internetportal von SETI@home bei http://www.alien.de/seti, lade ein Programm herunter und installiere es. SETI@home durchsucht kleine Datenpakete auf mögliche Signale. Das Programm kannst du so einstellen, dass es nur läuft, wenn Arbeitsspeicher frei ist.

2 Nachdem SETI@home ein Datenpaket analysiert hat, schickt es das Ergebnis zu den Forschern des SETI-Projekts, die das Ergebnis überprüfen. Dann lädt das Programm ein neues Datenpaket herunter.

SETI@home zeigt dir den Fortschritt seiner Analyse mit einem Bildschirmschoner, der sich nur einschaltet, wenn du den Computer nicht nutzt.

Warten auf E.T.

Seit den 60er-Jahren des 20. Jahrhunderts suchen Astronomen nach Radiosignalen, die von Aliens gesendet wurden. Bei der gewaltigen Anzahl möglicher Wellenlängen gleicht ihre Arbeit der berühmten Suche nach der Stecknadel im Heuhaufen. Aliens würden wahrscheinlich Radiosignale benutzen, da diese weite Entfernungen ohne Störungen zurücklegen können. Mit einem der größten Radioteleskope haben Forscher ein Signal zu einem weit entfernten Sternhaufen gesendet.

Radioteleskop im amerikanischen Greenbank, West Virginia, das für das SETI-Projekt genutzt wird. Die Antennenschüssel hat einen Durchmesser von 43 m.

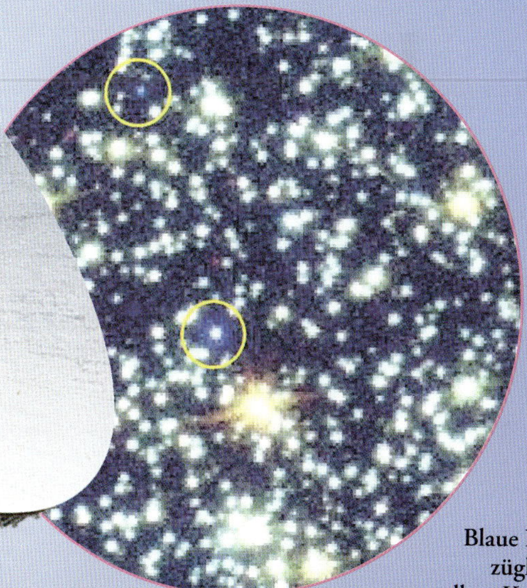

Blaue Nachzügler (in gelben Kreisen)

Suche nach intelligentem Leben

Radioteleskope nehmen nur absichtlich gesendete Signale auf. Manche Astronomen wollen die Suche auch auf andere Signale wie die von fortschrittlicheren Zivilisationen ausdehnen. Dazu zählen Sterne, deren Lebensdauer künstlich verlängert wurde – wie z. B. die blauen Nachzügler in diesem Kugelsternhaufen. Sie entstehen, wenn zwei alte Sterne zusammenstoßen und verschmelzen. Einige Astronomen vermuten, dass Aliens sie absichtlich verschmelzen ließen, um neue Energiequellen zu erzeugen.

Das Weltall in Zahlen

Sonnensystem

	Durchmesser (km)	Masse (Erde = 1)	Oberflächenschwerkraft (Erde = 1)	mittlere Oberflächentemperatur (°C)	Tageslänge von Sonnenaufgang bis Sonnenaufgang (h)	Länge eines Jahres (Erdtage)	mittlere Entfernung zur Sonne (Millionen km)	Geschwindigkeit auf der Sonnenumlaufbahn (km/s)	Neigung der Achse (Grad)	Anzahl der bekannten Monde
Sonne	1392000	332950	28,0	5500	–	–	–	–	–	–
Merkur	4879	0,055	0,38	167	4223	88	58	48	0,01	0
Venus	12104	0,82	0,91	464	2802	225	108	35	177	0
Erde	12756	1	1	15	24	365	150	30	23	1
Mars	6794	0,11	0,38	–65	25	687	228	24	25	2
Jupiter	142984	318	2,36	–110	10	4331	779	13	3	39
Saturn	120536	95,2	0,92	–140	11	10747	1434	10	27	30
Uranus	51118	14,5	0,89	–195	17	30589	2873	7	98	20
Neptun	49528	17,1	1,12	–200	16	59800	4496	5	28	8
Pluto	2390	0,002	0,06	–225	153	90588	5870	5	123	1

Die hellsten Sterne

Stern	Sternbild	Entfernung zur Erde (Lichtjahre)*
Sonne	–	0,000015
Sirius A	Großer Hund	8,6
Kanopus	Kiel des Schiffes	313
Alpha Centauri A	Kentaur	4,3
Arktur	Bärenhüter	36
Wega	Leier	25
Kapella	Fuhrmann	42
Rigel	Orion	773
Prokyon	Kleiner Hund	11
Achernar	Fluss Eridanus	144
Beteigeuze	Orion	427

* Ein Lichtjahr = 9,46 Billionen km

Jährliche Meteorschauer

Name	Sternbild	Zeit des Maximums
Quadrantiden	Bärenhüter	3.–4. Januar
Lyriden	Leier	20.–22. April
Eta-Aquariden	Wassermann	4.–6. Mai
Südliche Delta-Aquariden	Wassermann	28.–29. Juli
Nördliche Delta-Aquariden	Wassermann	6. August
Südliche Iota	Wassermann	6.–7. August
Perseiden	Perseus	12. August
Orioniden	Orion	20.–22. Oktober
Tauriden	Stier	3.–5. November
Leoniden	Löwe	17.–18. November
Geminiden	Zwillinge	13.–14. Dezember
Ursiden	Kleiner Bär	23. Dezember

Die grössten Monde der Planeten

Mond	Planet	mittlere Entfernung zum Planeten (Millionen km)	Umlaufzeit (Erdtage)	Durchmesser (km)
Mond	Erde	0,38	27	3476
Io	Jupiter	0,42	2	3642
Europa	Jupiter	0,67	4	3130
Ganymed	Jupiter	1,07	7	5268
Kallisto	Jupiter	1,88	17	4806
Tethys	Saturn	0,29	2	1058
Dione	Saturn	0,38	3	1120
Rhea	Saturn	0,53	5	1530
Titan	Saturn	1,22	16	5150
Japetus	Saturn	3,56	79	1440
Ariel	Uranus	0,19	3	1160
Umbriel	Uranus	0,27	4	1170
Titania	Uranus	0,44	9	1580
Oberon	Uranus	0,58	13	1520
Triton	Neptun	0,35	6	2706
Charon	Pluto	0,02	6	1186

Totale Sonnenfinsternisse

Datum	Beobachtungsorte
1. August 2008	China, Russland, Grönland
22. Juli 2009	Pazifik, China, Indien
11. Juli 2010	Südamerika, Pazifik
13. November 2012	Australien, Südpazifik
20. März 2015	Spitzbergen
9. März 2016	Indonesien, Pazifik
21. August 2017	USA
2. Juli 2019	Südamerika, Südpazifik
14. Dezember 2020	Südamerika
4. Dezember 2021	Südafrika, Südlicher Atlantik
8. April 2024	Nordamerika, Zentralamerika
12. August 2026	Grönland, Island, Spanien

Das Weltall im Web

Astronomie-Seiten des Deutschen Museums
www.deutsches-museum.de/ausstell/dauer/astro/astro.htm

Deutsches Luft- und Raumfahrtzentrum
www.dlr.de

Europäische Weltraumorganisation ESA
www.esa.int/export/esaCP/Germany.html

Die Geschichte der Raumfahrt
www.raumfahrtgeschichte.de

Treffpunkt für Astronomie
www.astronomie.de

Weltrauminformationen für Kinder, mit vielen Links
www.blinde-kuh.de/weltall

Wissenswertes über das Sonnensystem
www.dassonnensystem.de

Die neun Planeten unseres Sonnensystems
www.neunplaneten.de

Glossar

Absolute Helligkeit: *siehe* Helligkeit

Absoluter Nullpunkt: tiefstmögliche Temperatur: –273°C

Absorptionslinie: eine dunkle Linie im Lichtspektrum. Sie entsteht durch Atome, die Strahlen einer bestimmten Wellenlänge aufnehmen (absorbieren). Mit ihrer Hilfe kann man Elemente in Sternen und Galaxien identifizieren.

Akkretionsscheibe: eine Scheibe aus heißer Materie, die sich um ein sich drehendes Objekt bilden kann, z. B. ein Schwarzes Loch.

Aktive Galaxie: eine Galaxie mit einem Schwarzen Loch im Zentrum, die riesige Mengen Energie freisetzt.

Antimaterie: subatomare Teilchen, die gleiche und entgegengesetzte Eigenschaften wie Materie besitzen. Positronen (positiv geladene Teilchen) sind die Antimaterie von Elektronen (negativ geladene Teilchen).

Aphel: entferntester Punkt zur Sonne, den ein Objekt auf seiner Umlaufbahn einnehmen kann.

Asteroid (Planetoid): kleines, gesteinsartiges Objekt im Sonnensystem. Asteroiden können so groß wie ein Staubkorn sein oder mehr als 1000 km Durchmesser haben. Die meisten kreisen in einem Gürtel zwischen Mars und Jupiter.

Astrolabium: historisches Instrument zum Messen der Position und Bewegung von Himmelsobjekten.

Astronomie: die Lehre von Himmelskörpern, die sich außerhalb der Erdatmosphäre befinden, und vom gesamten Weltraum.

Astronomische Einheit (AE): astronomische Längeneinheit innerhalb des Sonnensystems. Die mittlere Entfernung zwischen der Erde und der Sonne beträgt 1 AE.

Atmosphäre: eine Gasschicht um einen Planeten, die von der Schwerkraft angezogen wird. Auch die äußeren Schichten eines Sterns jenseits der Fotosphäre heißen so.

Atom: kleinstes Teil eines Elements, das aus drei subatomaren Teilchen besteht: Protonen, Elektronen und Neutronen.

Äußere Planeten: Planeten, deren Umlaufbahn weiter von der Sonne entfernt ist als die der Erde.

Balkenspiralgalaxie: eine Galaxie, bei der der Zentralkörper aus Gas und Sternen einen »Balken« bildet, von dem Spiralarme ausgehen.

Baryzentrum (Schwerezentrum): der Massenmittelpunkt von zwei oder mehreren Himmelskörpern, die umeinander kreisen.

Bedeckung: die Verfinsterung eines Himmelskörpers durch einen anderen – zum Beispiel, wenn der Mond die Sicht auf einen entfernten Stern verhindert.

Bedeckungsveränderliche: Doppelsterne, bei denen ein Stern zeitweise den anderen ganz oder teilweise verdeckt.

Blauverschiebung (Violettverschiebung): die Verschiebung elektromagnetischer Strahlung eines Objektes, das sich auf uns zubewegt, zu kürzeren Wellenlängen, im sichtbaren Bereich also zum violetten Ende des Spektrums hin. Sie wird durch den Doppler-Effekt verursacht.

Blazar: eine aktive Galaxie, die so zur Erde geneigt ist, dass scheinbar alle Strahlungen aus dem Zentrum kommen.

Brauner Zwerg: ein Objekt, das weniger Masse als ein Stern aber mehr als ein Planet besitzt. Er erzeugt Wärme, jedoch wenig Licht.

Chandrasekharsche Grenzmasse: die obere Grenze für die Masse eines Weißen Zwergs. Sterne mit größerer Masse explodieren als Supernova.

Chromosphäre: die untere Schicht der Sonnenatmosphäre. Sie scheint rötlich und kann nur dann beobachtet werden, wenn die hellere Fotosphäre wie bei einer totalen Sonnenfinsternis verdeckt ist.

Delta-Cephei-Sterne (kurz Cepheiden): Gruppe von Sternen, die ihre Größe und Helligkeit periodisch ändern. Die Dauer der Periode hängt von der absoluten Helligkeit des Sterns ab. Sie werden zur Entfernungsmessung genutzt.

Doppelstern: zwei Sterne, die sich gegenseitig anziehen und umkreisen. Optische Doppelsterne erscheinen nur am Himmel dicht benachbart, liegen tatsächlich aber weit auseinander.

Doppler-Effekt: die Änderung der Frequenz von Schall- oder Strahlenwellen, die man beobachten kann, wenn sich der Verursacher annähert oder entfernt.

Dunkle Energie: eine vermutete Kraft, die wahrscheinlich die Ausdehnung des Weltalls verursacht. Ihre wahre Natur ist unbekannt.

Dunkle Materie: unsichtbare Materie, aus der vermutlich 90% des Weltalls besteht. Zu ihr zählen Braune Zwerge, MACHOs, WIMPs und evtl. Neutrinos.

Eiszwerg: kleine planetarische Körper, die hauptsächlich aus Eis und Gestein bestehen, z. B. Pluto.

Ekliptik: eine gedachte Linie an der Himmelskugel, die der scheinbaren Jahresbahn der Sonne am Himmel zwischen den Sternen der Tierkreisbilder entspricht.

Elektromagnetische Strahlung: Energiewellen, die von Photonen übertragen werden und sich durch Raum und Materie bewegen können. Sie pflanzen sich mit Lichtgeschwindigkeit fort und reichen von Gammastrahlen (kürzeste Wellenlänge) bis zu Radiowellen (längste Wellenlänge).

Elektron: *siehe* Atom.

Element: natürliche Grundsubstanz, die durch chemische Reaktionen nicht in kleinere Teilchen gespalten werden kann. Jedes Element besitzt einzigartige Eigenschaften.

Elliptische Galaxie: eine ovale oder runde Galaxie ohne Spiralarme, die meistens alte Sterne und nur wenig Staub oder Gas enthält.

Elliptische Umlaufbahn: eine ovale Umlaufbahn. Umlaufbahnen sind entweder oval oder kreisrund.

Emissionslinie: eine helle Linie im Lichtspektrum, die durch Atome verursacht wird, die Energie einer bestimmten Wellenlänge aussenden. Heißes Gas in Nebeln erzeugt solche Linien.

Erdartige Planeten: die vier inneren Planeten unseres Sonnensystems: Merkur, Venus, Erde und Mars.

Erdnahe Umlaufbahn: eine Umlaufbahn in nur wenigen hundert Kilometern Höhe. Raumschiffe, Raumstationen und Satelliten nutzen erdnahe Umlaufbahnen.

Ereignishorizont: das Gebiet um ein Schwarzes Loch, aus dem Licht nicht entkommen kann.

Extrasolar: alles, was nicht zur Sonne gehört, außerhalb des Sonnensystems liegt.

Extraterrestrisch: alles, was nicht zur Erde gehört.

Filament: fadenartige Struktur im All, z. B. bei Superhaufen, durch riesige Leerräume getrennt.

Finsternis: eine Verdunkelung, bei der ein Himmelskörper seinen Schatten auf einen anderen wirft. Bei einer Mondfinsternis liegt der Mond im Schatten der Erde. Bei einer Sonnenfinsternis steht der Mond zwischen der Erde und der Sonne und wirft seinen Schatten auf die Erde.

Fluchtgeschwindigkeit: die Geschwindigkeit, die ein Objekt benötigt, um der Schwerkraft eines Systems zu entkommen.

Fotometer: ein lichtempfindlicher Detektor, um Bilder eines Teleskops aufzunehmen.

Fotosphäre: die sichtbare Oberfläche eines Sterns, von der aus Licht in das Weltall strahlt.

Frequenz: die Zahl der Schwingungen von Wellen pro Sekunde.

Galaxie (Sternsystem): eine Ansammlung aus Millionen von Sternen, Gas und Staub, die durch Schwerkraft zusammengehalten werden. Durch Leerräume ist sie von anderen Galaxien getrennt. Unser Sternsystem, die Milchstraße, nennt man Galaxis.

Galaxienhaufen: eine Gruppe von Galaxien, die durch Schwerkraft zusammengehalten werden.

Gammastrahlen: elektromagnetische Strahlung mit sehr kurzer Wellenlänge. Alle Sterne und Galaxien senden Gammastrahlen aus.

Gasriese: *siehe* Riesenplaneten.

Gezeitenkraft: eine verzerrende Kraft, die ein Objekt durch seine Schwerkraft auf ein anderes ausübt.

Grad: Einheit zum Bestimmen von Winkeln, 360 Grad sind ein Kreis.

Gravitationslinse: Das Licht eines entfernten Objekts wird durch ein Schwerkraftfeld abgelenkt, sodass ein Beobachter ein verzerrtes Bild des Objekts erhält.

Gravitationsschacht: Verzerrung von Raum und Zeit, die durch die Schwerkraft eines massiven Objekts, z. B. eines Sterns, verursacht wird.

Halo: eine kugelförmige Anordnung um eine Spiralgalaxie, die dunkle Materie und Kugelsternhaufen enthält.
Haufen: *siehe* Galaxienhaufen, Sternhaufen
Heliosphäre: der Bereich innerhalb von 100 astronomischen Einheiten um die Sonne, in dem Sonnenwinde wirken.
Helium: das zweitleichteste und zweithäufigste Element im Weltraum nach Wasserstoff. Es wurde während des Urknalls und durch Kernreaktionen der Sterne erzeugt.
Helligkeit: das Leuchten von Himmelskörpern, das auf einer Zahlen-Skala bestimmt wird. Helle Objekte haben niedrige (teilweise sogar negative) Werte, während schwächer leuchtende hohe Zahlen besitzen. Die scheinbare Helligkeit ist ein Maß für die Helligkeit, die auf der Erde gemessen wird. Die absolute Helligkeit entspricht der tatsächlichen Helligkeit.
Hertzsprung-Russell-Diagramm (HRD): ein Diagramm, das die Beziehung zwischen der Helligkeit und der Farbe von Sternen zeigt. Damit werden Sterne in nur wenige Hauptgruppen unterteilt. So kann der Lebenslauf eines Sterns verfolgt werden.
Himmelskugel (Himmelssphäre): eine gedachte Kugel, die die Erde umgibt und auf der alle Himmelsobjekte liegen. Astronomen bestimmen die Position von Sternen mithilfe der Deklination (Himmelsbreitengrad) und der Rektaszension (Himmelslängengrad).
Himmelsobjekt: jedes Objekt am Himmel, einschließlich der Galaxien, Planeten und Sterne.
Hubble-Konstante: ein Maß, um die Ausdehnung des Weltraums zu bestimmen. Es wird in Kilometer pro Sekunde pro Millionen Parallaxensekunden angegeben.

Inflation: Zeitspanne, in der sich das Weltall nach dem Urknall explosionsartig ausdehnte und die weniger als eine Sekunde dauerte.
Infrarot: eine elektromagnetische Strahlung, deren Wellenlänge etwas länger als die von sichtbarem Licht, aber kürzer als die von Radiowellen ist, auch Wärmestrahlung genannt.
Innere Planeten: die beiden Planeten Merkur und Venus, die näher um die Sonne kreisen als die Erde.
Intergalaktisch: zwischen Galaxien.
Interstellar: zwischen Sternen.
Interstellare Materie: sämtliche Atome, Moleküle und Staubkörner, die zwischen den Sternen existieren.
Interstellarer Raum: riesige Leerräume zwischen den Sternen.
Ionosphäre: Schicht der Erdatmosphäre zwischen 50 und 600 km über der Oberfläche, die hauptsächlich aus elektrisch geladenen Gasteilchen besteht.
Irreguläre Galaxie: Galaxie ohne bestimmte Struktur. Sie sind meist klein und bestehen aus Gas sowie jungen und alten Sternen.

Kern (1): der innerste Bereich eines Sterns oder Planeten. In einem Stern finden dort die Kernreaktionen statt.
Kern (2): der zentrale Teil eines Atoms, der fast die gesamte Masse enthält. Der Kern besteht aus Neutronen und Protonen.
Kernfusion: das Verschmelzen von Atomkernen bei sehr hohen Temperaturen und hohem Druck. Sterne erzeugen ihre Energie durch Kernfusionen.
Kohlenstoff: eines der häufigsten Elemente im Weltraum, das durch Sterne entsteht. Kohlenstoff ist die Grundlage für alle Lebewesen.
Koma: eine Hülle aus Staub und ionisiertem Gas, die den Kern eines Kometen umgibt.
Komet (Schweifstern): Körper aus Eis, Gestein und Staub. In Sonnennähe schmilzt durch die Wärme das Eis und erzeugt einen glühenden Kometenkopf, einen nicht sichtbaren Staubschweif und einen sichtbaren Ionenschweif. Kurzperiodische Kometen brauchen weniger als 200 Jahre um die Sonne, langperiodische länger als 200 Jahre.
Konjunktion: Ausrichtung in den Bahnen zweier Körper im Sonnensystem, wenn sie von der Erde aus benachbart erscheinen.
Kopernikanische Theorie: Modell des polnischen Astronomen Nikolaus Kopernikus (1473–1543), wonach die Erde und die anderen Planeten um die Sonne kreisen.
Korona (lat.: Kranz, Krone): die sehr heiße, äußere Atmosphäre der Sonne, die als Halo (Hof) während einer totalen Sonnenfinsternis zu sehen ist.
Kosmische Hintergrundstrahlung (Drei-Kelvin-Strahlung): eine schwache Strahlung, die aus dem Weltall stammt – die Reststrahlung vom Urknall.
Kosmos: ein anderes Wort für Weltall (griech.: Weltordnung).
Krater: eine runde Vertiefung auf einem Mond oder Planeten, die durch den Einschlag eines Meteoriten oder durch einen Vulkanausbruch entstanden ist.
Kruste: die feste Oberfläche eines Mondes oder Planeten.
Kugelsternhaufen: *siehe* Sternhaufen.
Kuiper-Gürtel: Ansammlung von Millionen Kometen in einem gürtelförmigen Gebiet, das von der Umlaufbahn des Neptun bis zur Oortschen Kometenwolke reicht.

Längengrad: Entfernung auf einem runden Körper wie der Erde, östlich oder westlich einer gedachten Linie, in Grad gemessen.
Lava: geschmolzenes Gestein, das von inneren Schichten eines Planeten freigesetzt wird.
Lepton: jedes der drei negativ geladenen, subatomaren Teilchen, die während des Urknalls entstanden. Heute existieren nur Elektronen und Neutrinos; *siehe* Atom.
Leuchtkraft: die gesamte von einem Himmelskörper je Sekunde ausgestrahlte Energie.
Libration: eine scheinbare Verdrehung des Mondes, wodurch etwas mehr als die Hälfte von der Erde aus sichtbar ist.
Licht: elektromagnetische Strahlung, deren Wellenlängen für das menschliche Auge sichtbar sind.
Lichtgeschwindigkeit: die Geschwindigkeit einer elektromagnetischen Welle (Lichtwelle). Sie beträgt fast 300 000 km pro Sekunde – nichts bewegt sich schneller als Licht.
Lichtjahr: astronomische Längeneinheit außerhalb des Sonnensystems. Ein Lichtjahr ist die Strecke, die Licht in einem Jahr zurücklegt: 9,5 Billionen Kilometer.
Lichtverschmutzung: künstliche Aufhellung des Nachthimmels durch Lichtquellen.
Lokale Gruppe: ein Haufen von etwa 30 Galaxien, zu denen auch die Milchstraße zählt.
Lokaler Arm (Orionarm): Spiralarm der Milchstraße, in dem das Sonnensystem liegt.

MACHOs: massive astrophysikalische kompakte Halo-Objekte (engl.: *m*assive *a*strophysical *c*ompact *h*alo *o*bjects). Sie sind unsichtbar, so groß wie Sterne und stellen vermutlich einen Teil der unsichtbaren Masse einer Galaxie dar; *siehe auch* Dunkle Materie.
Magnetfeld: Magnetismus, der von Galaxien, Planeten und Sternen erzeugt wird.
Magnetosphäre: der Bereich um einen Planeten, in dem dessen Magnetfeld die Bewegung geladener Teilchen und den Sonnenwind beeinflusst.
Magnetschweif: die Magnetosphäre auf der sonnenabgewandten Erdseite, in der die magnetischen Feldlinien so vom Sonnenwind beeinflusst werden, dass sich ein Schweif ausbildet.
Mantel: eine Gesteinsschicht, die in einem Mond oder Planeten zwischen Kern und Kruste liegt.
Mare (lat.: Meer): eine große, dunkle, mit Lava gefüllte Tiefebene auf der Mondoberfläche, von der man ursprünglich annahm, dass es ein Mondsee sei. (Mehrzahl: Maria)
Masse: Maß für die Menge von Materie eines Objekts. Objekte mit großer Masse besitzen eine große Schwerkraft.
Materie: alles, was Masse besitzt und Raum einnimmt.
Mehrfachsternsystem: drei oder mehrere Sterne, die durch Schwerkraft zusammengehalten werden und um einen gemeinsamen Schwerpunkt kreisen.
Messier-Katalog: Verzeichnis von hunderten der hellsten Galaxien, Nebel und Sternhaufen, gekennzeichnet mit dem Buchstaben M.

Meteor (Sternschnuppe): ein Leuchtstreifen am Himmel, der von einem außerirdischen Kleinkörper verursacht wird, wenn er in die Erdatmosphäre eindringt.
Meteorit: ein Meteor, der auf der Oberfläche eines Mondes oder Planeten einschlägt. An der Aufprallstelle kann sich ein Krater bilden.
Meteoroid: Bruchstück aus Gestein und Staub von Asteroiden und Kometen.
Meteorschauer: zahlreiche Meteore, die für wenige Stunden oder Tage scheinbar von einer Stelle im Weltall kommen, wenn die Erde einen Strom von Staubteilchen von einem Kometen kreuzt.
Methan: ein Gas, das aus Kohlenstoff und Wasserstoff besteht.
Mikrogravitation: sehr geringe Schwerkraft, wie man sie im Weltall erfahren kann, genauere Beschreibung der Schwerelosigkeit, weil die absolute Schwerelosigkeit nicht existiert.
Mikrowelle: eine Radiowelle mit sehr kurzen Wellenlängen.
Mikrowellen-Hintergrundstrahlung: *siehe* kosmische Hintergrundstrahlung.
Milchstraße: unsere eigene Galaxis. Am Nachthimmel als verschwommenes Band zu sehen.
Molekül: eine Substanz, die aus zwei oder mehreren Atomen besteht, die chemisch miteinander verbunden sind.
Molekülwolken: dichte, dunkle Gebiete, die hauptsächlich aus Wasserstoff bestehen. Durch die Schwerkraft bilden sich Klumpen aus Gasmolekülen, aus deren Kernen neue Sterne entstehen können.
Mond: ein natürlicher Satellit eines Planeten. Den Erdsatelliten nennt man Mond. Die Satelliten anderer Planeten haben eigene Namen wie der Jupitermond Io.

Nebel: eine Wolke aus Gas und Staub im Weltall. Nebel kann man dann sehen, wenn sie Licht von Sternen reflektieren oder Licht hinter ihnen blockieren. *siehe auch* Planetarischer Nebel
Neutrino: sehr häufig vorkommendes subatomares Teilchen, das durch Kernreaktionen und durch den Urknall entstanden ist. Neutrinos besitzen vermutlich eine sehr geringe Masse und könnten einen Teil der dunklen Materie bilden.
Neutron: *siehe* Atom.
Neutronenstern: ein kollabierter Stern, der vorwiegend aus Neutronen besteht – die häufigste Folge, wenn eine Supernova explodiert.
Nova: ein schwach leuchtender Stern, der plötzlich sehr viel heller wird. Die Nova ist ein Weißer Zwerg in einem Doppelstern, der Materie von dem anderen Stern anzieht und in seiner Atmosphäre sammelt. Er blitzt hell auf, sobald die Kernreaktionen einsetzen und Energie freisetzen.

Offener Sternhaufen: *siehe* Sternhaufen.
Oortsche Kometenwolke: eine kugelschalenförmige Wolke aus Milliarden von Kometen, die die Sonne in einem Abstand von etwa 1,6 Lichtjahren umkreist.
Opposition: die Stelle auf der Umlaufbahn, bei der ein Planet für einen Beobachter auf der Erde genau gegenüber der Sonne steht. In dieser Stellung kann man den Planeten am besten beobachten.

Parallaxe: die Verschiebung der Stellung eines nahen Objektes gegenüber einem entfernten Hintergrund, wenn man es von zwei verschiedenen Punkten aus betrachtet. Mithilfe der Parallaxe kann man die Entfernung zu näheren Sternen bestimmen.
Parallaxensekunde (Parsec): die Entfernung, bei der ein Objekt oder ein Stern eine Parallaxe von 1 Bogensekunde besitzt bzw. 3,26 Lichtjahre entfernt ist.
Penumbra: das Randgebiet eines größeren Sonnenflecks. So wird auch der Halbschatten genannt, der sich um einen Vollschatten, eine Umbra, bildet.
Perihel: nahster Punkt zur Sonne, den ein Objekt auf seiner Umlaufbahn einnehmen kann.
Phase: das bestrahlte Gebiet eines Mondes oder Planeten, das von der Erde aus sichtbar ist.
Photon: Teilchen der elektromagnetischen Strahlung. Photonen sind die am weitesten verbreiteten Teilchen im Weltraum.
Planet: ein rundes Objekt aus Gestein oder Gas, das einen Stern umkreist. Ein Planet erzeugt kein eigenes Licht, er reflektiert jedoch das Licht seines Sterns.
Planetarischer Nebel: leuchtender Gasnebel, der von einem Roten Riesen abgestoßen wird, bevor dieser zu einem Weißen Zwerg wird.
Planetenring: ringförmige Struktur, die aus kleinen Eis-, Gesteins- oder Staubkörpern besteht und Jupiter, Uranus, Saturn und Neptun umkreist.
Plasma: ein Aggregatzustand der Materie im Inneren von Sternen, die aus ionisiertem Gas besteht.
Polarlicht: rotes und grünes Himmelsleuchten in den Polargebieten. Polarlichter werden durch elektrisch geladene Teilchen in der Magnetosphäre verursacht, die mit Gasen der Erdatmosphäre zusammenstoßen.
Polarstern (Nordstern, Polaris): hellster Stern im Sternbild Kleiner Bär, um den sich der nördliche Himmel scheinbar dreht.
Positron: Antiteilchen des Elektrons. Es besitzt die gleiche Masse wie ein Elektron, hat jedoch eine entgegengesetzte, positive Ladung.
Präzession: ein scheinbares »Wackeln« der Rotationsachse der Erde, das durch die Anziehungskräfte des Mondes und der Sonne verursacht wird. Durch diese Kreiselbewegung beschreiben die Erdpole innerhalb von 25 800 Jahren einen Kreis um den Himmelspol und verursachen die Bewegung der Sterne an der Himmelskugel.
Proplyd: englisches Kunstwort (*Pro*to*pl*anetary *d*isc). Eine protoplanetarische Scheibe ist eine Wolke aus Gas und Staub, die sich um einen neuen Stern dreht. Daraus kann ein Planetensystem entstehen.
Proton: *siehe* Atom.
Protoplanet: eine Materieverdichtung um einen neuen Stern, aus dem ein Planetensystem entstehen kann.
Protoplanetarische Scheibe: *siehe* Proplyd.
Protostern: ein junger Stern, bei dem die Kernreaktion noch nicht eingesetzt hat.
Protuberanz: riesige Bögen aus Gas in der inneren Sonnenkorona.
Ptolemäisches Weltsystem: Theorie über den Weltraum von dem griechischen Astronomen Ptolemäus (um 100–170), bei der die Erde im Mittelpunkt steht und von der Sonne, dem Mond und den Planeten umkreist wird.
Pulsar: ein rotierender Neutronenstern, der Strahlungen abgibt.

Quark: ein subatomares Teilchen, das während des Urknalls gebildet wurde. Aus drei Quarks kann ein Neutron oder ein Proton entstehen.
Quasar: eine entfernte aktive Galaxie, deren Kern enorme Energiemengen freisetzt, sodass der Kern das Restsystem überstrahlt. Dadurch erscheint ein Quasar – *quas*i stella*r* – am Himmel wie ein Stern.

Radiogalaxie: eine aktive Galaxie, die Radiostrahlen aussendet. Die meiste Strahlung stammt von riesigen Wolken auf beiden Seiten der Galaxie.
Radioteleskop: ein Teleskop, das Radiowellen aus dem Weltraum empfangen kann.
Radiowellen: elektromagnetische Wellen mit sehr langen Wellenlängen, die in Gaswolken und energiereichen Objekten entstehen.
Raumzeit: eine Bezugsgröße, mit der die Wirklichkeit für alle Beobachter gemeinsam beschrieben werden kann, unabhängig von der Geschwindigkeit ihrer eigenen relativen Bewegung.
Refraktor (Linsenfernrohr): ein Teleskop, das Licht durch die Kombination mehrerer Linsen einfängt.
Relativität: eine Theorie von Albert Einstein, die beschreibt, wie sich Objekte bei sehr hohen Geschwindigkeiten oder in starken Schwerkraftfeldern verhalten.
Riesenplanet: ein Planet, der viel größer als die erdartigen Planeten ist und eine niedrigere Dichte besitzt, weil er hauptsächlich aus Gas (Wasserstoff) besteht. Seine äußere Schicht ist flüssig. Jupiter, Saturn, Neptun und Uranus sind die Riesenplaneten des Sonnensystems.
Riesenstern: ein Stern, dessen Umfang und Helligkeit sehr groß sind und der sich im letzten Stadium seiner Entwicklung befindet.

Sterne, die so groß wie die Sonne sind, werden zu Roten Riesen, zehnmal so große zu Überriesen.
Ring: *siehe* Planetenring.
Roche-Grenze: der kleinste Abstand von einem massenreichen Himmelskörper, bei dem ein umlaufender flüssiger oder gasförmiger Satellit nicht durch die Gezeitenkräfte zerstört wird. Erdartige Satelliten überstehen diese Kräfte.
Röntgenstrahlen: Strahlung mit einer sehr kurzen Wellenlänge, die von heißen Gaswolken, Sternen und um Schwarze Löcher erzeugt wird.
Rotationsachse: gedachte Linie durch das Zentrum eines Körpers, um die sich das Objekt dreht.
Roter Riese: *siehe* Riesenstern.
Rotverschiebung: die Verschiebung elektromagnetischer Strahlung eines Objektes, das sich von uns wegbewegt, zu längeren Wellenlängen, im sichtbaren Bereich also zum roten Ende des Spektrums hin. Sie kann durch den Doppler-Effekt oder durch die Ausdehnung des Weltalls verursacht sein. *siehe auch* Blauverschiebung
Rückläufig: scheinbare Rückwärtsbewegung eines Planeten, wenn beide Planeten die Sonne unterschiedlich schnell umkreisen.

Satellit: ein Objekt, das durch die Schwerkraft auf einer Umlaufbahn um einen Himmelskörper gehalten wird. Dazu zählen Monde, künstliche Satelliten und kleine Galaxien, die größere umkreisen.
Sauerstoff: wichtigstes Element für die Entwicklung von Leben und im Weltraum weit verbreitet. Die Erdatmosphäre besteht zu 21 % aus Sauerstoff.
Scheinbare Helligkeit: *siehe* Helligkeit
Schwarzes Loch: ein kollabiertes Objekt, dessen Schwerkraft so groß ist, dass nichts entkommen kann, nicht einmal Licht.
Schwerelosigkeit: *siehe* Mikrogravitation.
Schwerkraft: Anziehungskraft, die jedes Objekt mit Masse ausübt.
SETI: die Suche nach außerirdischer Intelligenz (engl.: *S*earch for *E*xtra*t*errestrial *I*ntelligence). Hierzu zählt auch die Suche nach Radiosignalen aus dem Weltall.
Seyfert-Galaxien: eine Spiralgalaxie mit einem ungewöhnlich hellen Kern, die zu den aktiven Galaxien zählt.
Sichtbares Licht: *siehe* Licht.
Singularität: ein Abschnitt der Raumzeit, in dem normale physikalische Gesetze nicht angewandt werden können, weil Größen wie Wärme und Dichte unendlich sein können. Der Urknall kann aus einer Singularität entstanden sein.
Sonneneruption: ein explosionsartiger Ausbruch von Materie aus der Korona. Sonneneruptionen beeinflussen Sonnenwinde und verursachen magnetische Stürme auf der Erde.
Sonnenfackel: Störung auf der Sonnenoberfläche, die durch eine Sonneneruption hervorgerufen wird.
Sonnenfleck: ein kühler, dunkler Fleck auf der Sonnenoberfläche, der durch das Magnetfeld der Sonne verursacht wird, das die Energiezufuhr aus dem Innern behindert.
Sonnensystem: alle Objekte wie Kometen und Planeten, die von der Sonne angezogen werden.
Sonnenwind: ein Strom sehr schneller Teilchen, die von der Sonne wegfliegen.
Spektralanalyse: die Bestimmung der Zusammensetzung von Sternen oder Galaxien mithilfe von Spektrallinien.
Spektralklasse: eine Methode zur Klassifizierung von Sternen anhand ihrer Farbe und Oberflächentemperatur.
Spektrallinie: eine helle oder dunkle Linie im Lichtspektrum, das ein Körper aussendet. *siehe auch* Absorptionslinie, Emissionslinie.
Spektroskop: ein Gerät, das eine elektromagnetische Strahlung wie Licht in sein Spektrum aufteilt.
Spektrum: die Aufteilung einer Strahlung in verschiedene Wellenlängen. Der Regenbogen ist ein Spektrum des Sonnenlichts.
Spiegelteleskop: ein Teleskop, das Licht mithilfe eines konkaven Spiegels einfängt.
Spiralgalaxie: eine Galaxie mit Spiralarmen, die von einem zentralen Körper ausstrahlen. Spiralgalaxien bestehen aus alten und jungen Sternen und besitzen viele Wolken, aus denen neue Sterne entstehen können.
Starburst-Galaxie: eine Galaxie, die in einem bestimmten Zeitraum sehr viele neue Sterne bildet. Sie entsteht oft nach dem Zusammenstoß zweier Galaxien.
Steady-State-Theorie: heute angezweifelte Theorie, dass das Universum weder Anfang noch Ende hat und unverändert bleibt.
Staubkörner: mikroskopisch kleine Teilchen im Weltall, die sichtbares Licht verschlucken.
Stern: heiße, massenreiche und hell leuchtende Kugel aus Gas, die Energie durch Kernfusion erzeugt.
Sternbilder: Muster aus Sternen am Himmel, die häufig nach Figuren aus der Mythologie benannt wurden. Astronomen bezeichnen das ganze Gebiet um die traditionellen Muster als Sternbild.
Sternhaufen: eine Gruppe von Sternen, die durch Schwerkraft zusammengehalten wird. Offene Haufen enthalten einige hundert junger Sterne, in Kugelsternhaufen gibt es viele tausend alte Sterne.
Sternsystem: *siehe* Galaxie.
Stickstoff: ein Gas. Die Erdatmosphäre besteht zu 78 % aus Stickstoff.
Strahlung: Energie, die von einem Objekt als elektromagnetische Wellen freigesetzt wird.
Subatomares Teilchen: ein Teilchen, das kleiner als ein Atom ist. Elektronen, Neutronen und Protonen sind die wichtigsten subatomaren Teilchen, aus denen ein Atom besteht.
Superhaufen: eine Gruppe von Galaxienhaufen, die durch Schwerkraft zusammengehalten werden.
Supernova: eine gewaltige Explosion am Ende der Entwicklung eines Sterns, z. B. ein Weißer Zwerg (Typ I) oder ein Überriese (Typ II), der keinen Brennstoff mehr besitzt.

Teilchen: *siehe* subatomares Teilchen.
Tierkreis (Zodiakus): Zone an der Himmelskugel, in deren Mitte die Ekliptik verläuft. Der Tierkreis enthält die zwölf Tierkreissternbilder: Widder, Stier, Zwillinge, Krebs, Löwe, Jungfrau, Waage, Skorpion, Schütze, Steinbock, Wassermann und Fische.
Treibhauseffekt: Anstieg der Temperatur durch Gase wie Kohlendioxid und Methan, die verhindern, dass Wärme aus der Atmosphäre ins Weltall entweichen kann.

Überriesen: Riesensterne mit der größten Leuchtkraft.
Ultraviolett: elektromagnetische Strahlung, deren Wellenlänge kürzer als das sichtbare Licht ist.
Umbra: das dunkle Kerngebiet eines Sonnenflecks und einer Finsternis.
Umlaufbahn: der Weg, auf dem ein Objekt um einen anderen, massiveren Körper kreist.
Umlaufzeit: die Zeit, die ein Objekt benötigt, um einmal seine Umlaufbahn zu vollenden.
Universum: das Weltall – die Gesamtheit von allem, was existiert.
Urknall: eine gewaltige Explosion, durch die vor ungefähr 14 Milliarden Jahren der Weltraum entstand.
Van-Allen-Gürtel: die Strahlungsgürtel der Erde, in denen das Magnetfeld Teilchen des Sonnenwinds anzieht.
Veränderliche: Sterne, die ihre Helligkeit verändern. Viele dieser Sterne ändern auch ihre Größe.
Verbindung: eine Substanz, die aus zwei oder mehreren unterschiedlichen Elementen besteht.
Wasserstoff: das häufigste und kleinste Element im Weltraum – Hauptbestandteil von Sternen und Galaxien.
Weißer Zwerg: der kollabierte Kern eines sonnenartigen Sterns, der keine Energie mehr erzeugt.
Wellenlänge: der Abstand zweier benachbarter phasengleicher Punkte (z. B. Wellenberge) im Raum.
Weltraumwetter: eine Änderung der physikalischen Bedingungen zwischen Erde und Sonne, die durch Wechsel der Sonnenaktivität verursacht wird.
WIMPs: schwach wechselwirkende massive Teilchen (engl.: *w*eakly *i*nteractive *m*assive *p*articles), die während des Urknalls entstanden sind. Dunkle Materie enthält vermutlich WIMPs.
Wurmloch: ein theoretischer Tunnel in der Raumzeit, der möglicherweise getrennte Bereiche von Raum und Zeit verbindet.

Register

Halbfette Seitenzahlen verweisen auf Haupteinträge, *kursive* Seitenzahlen auf Experimente und Sterngucker-Tipps. Den Sternbildern sind ihre lateinischen Namen in Klammern beigefügt.

N

O

P

Q

R

S

T

U

V

W

Z

DANK

Dorling Kindersley dankt folgenden Personen und Institutionen für die Erlaubnis, ihre Bilder abzudrucken:

o = oben, u = unten, r = rechts, l = links, m = Mitte

1 NASA m; **3** NASA: PIRL/ University of Arizona or; Science Photo Library: BSP CHAIX m, Celestial Image Company om, Jack Finch ml, Jerry Schad mr; **4** NASA: COBE mr; SOHO & ESA ml; STScI om, or; **5** NASA: or, ur; **6–7** NASA: PIRL/University of Arizona m; **7** Science Library: ur, David Nunuk or, Royal Observatory, Edinburgh mr; **8–9** Science Photo Library: David Nunuk; **10** Science Photo Library: Jean Loup Charmet ul; **10–11** Robert Harding Picture Library: A. Woolfitt o; **11** Science Photo Library: David Parker or, Hale Observatories ul; NASA ur; **12** Bruce Coleman Ltd: Astrofoto mr; NASA: JPL ml, U.S. Geological Survey; Science Photo Library: M–Sat Ltd ol; **13** European Southern Observatory: m; NOAO/AURA/NSF: David Talent or, Mike Pierce (Indiana) ur; The Solar And Heliospheric Observatory: ESA & NASA ol; **14** NASA: FORS Team, 8.2–meter VLT,ESO ml, The Solar And Heliospheric Observatory ur; **14–15** Corbis: Richard A. Cooke o; **15** CERN: ur, NASA: TRACE, Stanford–Lockheed ISR mr; Science Museum ul; **16–17** NASA: ml; Science Photo Library: Kent Wood m; **17** Corbis: mr, Tim Wright om; **18** NASA: ur;, CXC/SAO ul, CXC/SAO/HAST/J. Morse/K. Davidson mru; **19** Corbis: Jonathan Blair um; NASA: CXC/SAO/ATCA (S. white el al) ur, CXC/SAO/E. Polomski, U. Florida/ CTIO ml; **20** European Southern Observatory: o; **21** Corbis: Roger Ressmeyer ur; European Southern Observatory ml; NASA: Margarita Karovska (Harvard–Smithsonian Center for Astrophysics) um; Science Photo Library: Dr. Fred Espenak ol, Royal Greenwich Observatory mu; Galaxy Picture Library: Howard Brown–Greaves ul, Robin Scagell um, **22–23** Science Photo Library: Jack Finch om; **23** Popperfoto: Paul Hackett/Reuters ur; Science Photo Library: National Snow and Ice Data Center ul; **24** Galaxy Picture Library: Robin Scagell or; **25** Science Photo Library: David Rarker ur; **26** Galaxy Picture Library : Robin Scagell ml; Science Photo Library: Julian Baum ur; **27** NASA: ur; **28** Corbis: Bettmann or; Galaxy Picture Library: Robin Scagell ml; Science Photo Library: Celestial Image Co um; Luke Dodd mru; **29** Science Photo Library: ul, Royal Observatory, Edinburgh ur; **30** Corbis: Bojan Brecelj ul; Science Photo Library: John Sanford or; **31** Galaxy Picture Library: Robin Scagell ol; **32** NASA: om, mu, um; Science Photo Library: NASA ml; **32–33** Corbis: NASA u; **33** NASA: mr, mlu; Science Photo Library: NASA or; **34–35** NASA: ESA & SOHO; **36** NASA: mu, ul; **36–37** NASA: o; **37** NASA: or; Science Photo Library: Jerry Schad ul; **38** Popperfoto: Kamal Kishore/Reuters um; **39** Galaxy Picture Library: Robin Scagell om; Science Photo Library: ur, Claus Lunau/Foci/Bonnier, Publications mlu; Sheila Terry mr; **40** Science Photo Library: Mark Garlick ur; NationalPoptical Astronomy Observatories ul; **40-41** Science Photo Library Claus Lunau/Foci/Bonnier Publications om; **41** Natural History Museum mr; Science Photo Library: John Sanford ur, Mark Garlick ml; **42** Science Photo Library: Mark Garlick ml; **44** NASA: ul, Geological Survey ml, Johnson Space Center um; **45** Corbis: James A Sugar ol; NASA: or, mlu; **46** NASA: ol, m; Sience Photo Library: David Weintraub ul; **46–47** Corbis: NASA; **47** Science Photo Library: Anthony Howarth or; **48** Galaxy Picture Library: Bob Garner mu; Science Photo Library: ur; NASA mr; **49** Science Photo Library: NASA mr, o; **50** NASA: US Geological Survey ur; Science Photo Library: Detlev Van Ravenswaay ml; **51** Galaxy Picture Library: David Jewitt ml, mlu; NASA: um, U.S Geological Survey o; **52** Corbis: Jonathan Blair ul; Science Photo Library: Claus Lunau/Foci/Bonnier Publications mr; **53** NASA: JPL ml; Science Photo Library: Jerry Lodriguss or; **54** Science Photo Library: mr; 54–55 Science Photo Library: A. Behrend/Eurelios; **55** The Natural History Museum, London: or, ml, mr; Science Photo Library: David Nunuk ol, David Parker ul, ur, Detlev Van Ravenswaay m; **56** NOAA: ml; Science Photo Library: John Reader ul; Peter Menzel m. **56-57** Science Photo Library: NASA m; **57** Science Museum or; Science Photo Library: NASA m; **58–59** Galaxy Picture Library: Arne Danielsen; **60–61** NASA; **62–63** NASA: USGS; **63** Galaxy Picture Library: JPL ml; Science Photo Library: John Sanford ur; **64** Science Photo Library: NASA mr; **64–65** NASA; **65** NASA: ul; Science Photo Library: John Sanfordul; **66** Science Photo Library: mr; **67** NASA: ml; SciencePhoto Library: NASA ol; **68** Corbis: Bettmann ur; Marie Tharp: ur; **68–69** Jim Sugar Photography m; **69** Artic Images: Ljosmyndasafn RTH ehf or; Science Photo Library: NASA m; **70** Planet Earth Pictures ul, ur; **70–71** Science Photo Library: Rev Ronald Royer om; NASA: all planets; **72** Science Photo Library: Joe Tucciarone or; John Heseltine ul; **72–73** NASA: ul; **73** NASA: ol, ml, mr; **74** Galaxy Pictures Library: Robin Scagell ur; **74–75** NASA: Photojournal; **75** NASA photojournal or, m; Science Photo Library: Detlev Van Ravenswaay mr; **76–77** NASA: JPL/Caltech u; **77** NASA: JPL/Caltech: um; NASA: ol, ml, ml, ml; Science Photo Library: Julian Baum or; **78** NASA/John Clarke, University of Michigan um; Galaxy Picture Library: Robin Scagell ul; **78–79** NASA m; 79 Corbis: mr; SciencePhoto Library: MSSSO, ANU or; **80** NASA: ur; DLR (German Aerospace Center) m; **80–81** NASA: CICLOPS/University of Arizona (background), PIRL/University of Arizona om; **81** Mary Evans Picture Library: ur; NASA: DLR ml, PIRL/University of Arizona mr, U.S, Geological Survey or; **82** Science Photo Library: BSIP CHAIX ur; **82–83** NASA; **83** Science Photo Library: mr, um; **84** NASA: mr; **85** Science Photo Library: US Geological Survey or; **86** NASA ml, ur; **86–87** Corbis: NASA/ Roger Ressmeyer m; **87** Liverpool Astronomical Society ml; NASA: or; Science Photo Library: Mark Garlick ur; **88** Corbis: Scheufler Collection mr; NASA or, ur; Galaxy Picture Library: Lowell Observatory ml; Science Photo Library: mu; **89** Corbis: Dean Conger or; NASA: ml (pluto), Eliot Young (SwRI) et al um; U.S. Geologial Survey ml (mercury); **90–91** Science Photo Library: Royal Observatory Edinburgh; **92** NASA: SOHO ml; STScl ur; **93** NASA: STScI ml, ur, o; **94–95** Science Photo Library: Jerry Loriguss ur, Professor Jay Pasachoff m; **96** NASA: Soho or, mr, u, u (Inset); **97** NASA: ur; Soho or, m (all); **98** NASA mu; **98–99** Science Photo Library: Jack Finch (background); **99** Corbis: Lowell Georgia or; NASA: mr; Science Photo Library: ul; **100** NASA: m; Science Photo Library: Eckhard Slawik ml; **101** Science Photo Library: John Sandford um; **102** NASA: STScI or; Science Photo Library or; Science Photo Library: David Parker ml; **104** Space Telescope Science Institute/NASA mru; **104–105** Science Photo Library: Celestial Image Co m; **105** NASA: C.R. O´Dell and S.K. Wong (Rice University) om; K.L. Luhman; G. Schneider, E. Young, G. Rieke, A. Cotera, H. Chen; M. Rieke, R. Thompson or; Science Photo Library: Tony and Daphne Hallas mr; **106** Galaxy Picture Library: ul; NASA: ol; **107** Galaxy Picture Library: NOAO/AURA/NSF o; Science Photo Library: Maptec International Ltd or; **108** Science Photo Library: D. Ermakoff/ Eurelios mr; Space Telescope Institute/ NASA ul; **109** Royal Greenwich Observatory ur; NASA: Jet Propulsion Laboratory ul; JPL/University of Arizona or; **110** Bridgeman Art Library, London/ New York: Jean Loup Charmet Collection ur; **110–111** Science Photo Library: Celestial Image Co m; **112** Royal Greenwich Observatory ul; NASA: Nigel Sharp (NOAO), NSF; AURA ur; Science Photo Library: Celestial Image Co or; **113** NASA: or; **114** NASA: um; **115** NASA: ol; **116** Science Photo Libray: ul; **117** Corbis: Dave Bartruff or; NASA: mr; **118** NASA: mr; **119** Science Photo Library: James King Holmes ur; **120–121** NASA; **122** NASA: COBE mr; Science Photo Library: Tony & Daphne Hallas ul; **123** NASA: STScI ol, or, mr, ul; 124 NASA: STScI um; Science Photo Library: Jerry Schad ul; NASA mr; **124–125** Mark Garlick om; **125** Jodrell Bank Observatory, University of Manchester ur; NASA: STScI or; Science Photo Library: Max-Planck-Institut für Radioastronomie mr; **126** A. Steere ul; NASA: J. Morse (U. Colorado), K. Davidson (U. Minnesota) et al, WFPC2, HAST ur; National Radio Astronomy Observatory: or; **127** Anglo Australien Observatory: Royal Observatory, Edinburgh or; Science Photo Library: Jean–Charles Cuillandre/Canada–France–Hawaii Telescope ur, Tony & Daphne Hallas ml; **128** European Southern Observatory: ur; NASA: STScI ml; NOAO/AURA/NSF m; Science Photo Library: Hale Observatories or; **129** NASA: STScI ol, or, ml; NOAO/AURA/NSF: N.A Sharp mr; **130** European Southern Observatory: m; NASA: or, STScI ur; Science Photo Library : Space Telescope Science Institute/NASA ul; **131** NASA: ol, ml, mr; CGRO or; **132** NOAO/AURA/NSF: Bill Schoening, Vanessa Harvey/REU Program u; Science Photo Library: George East or; **133** NASA: ol, ur; NOAO/AURA/NSF: or, Bill Schoening ul; Science Photo Library: Eckhard Slawik mr; **134** Anglo Australien Observatory: David Malin mr; NASA: S.D Van Dyk (IPAC/Caltech) et al, KPNO 2.1–m Telescope, NOAO ul; **134–135** NASA: A. Fruchter and the ERO Team (STScI, ST–ECF) o; **135** NASA: CXC/SAO m; **136–37** Science Photo Library: Yannick Mellier/IAP; **138** Science Photo Library: Chris Butler ul; **139** NASA: Richard Mushotzky (GSFC/NASA), ROSAT, ESA or; NOAO/AURA/NSF: Gemini Observatory/ Abu team ml; **140** NASA: or; **141** NASA: ol, om; **142** Corbis: Roger Ressmeyer ul; Science Photo Library: Mehau Kulyk mr, **143** Science Photo Library: NASA or, Patrice Loiez ol, Space Telescope Science Institute/ NASA ul; **144** NASA: m; **144–45** Science Photo Library: W. Couch & R. Ellis/NASA om; **145** ICRR (Institute for Cosmic Ray Research), The University of Tokyo or; **146** Science Photo Library: Julian Baum ml, Mark Garlick ul; **147** Ronald Grant Archive: ur; **148** Science Photo Library: David A. Hardy/PPARC mr, Victor Habbick Visions um; **149** NASA: Rex Saffer (Villanova University) and Dave Zurek (STScI) mr; Science Photo Library: David Parker or, Dr Seth Shostak ul; **150–51** NASA: ESA & SOHO; **152–53** NASA: **145–55** Science Photo Library: NASA.

Alle anderen Bilder ©Dorling Kindersley.
Weitere Informationen unter:
www.dkimages.com

Grafiken:
Abkürzungen: Tim Brown = TB,
Darren Holt = DH, Robin Hunter = RH,
John Kelly = JK, Martin Wilson = MW

15 m DH; **17** um MW; **18–19** m RH; **18** or MW; **20** ul, ur RH; **26** or TB; **38** m RH; **40–41** m RH; **40** ul RH; **41** r MW; **44** or RH; **47** ol RH; **52** o RH; **62** om, or MW; **66** or RH, **62** ml MW; **70** m DH; **71** ml, ol DH; **74** m DH; **84** ml RH; **88–89** m TB; **88** ul RH; **94** ul DH; **98–99** om JK; **101** ol, ul, ur DH; **102** ul, ur DH; **103** ur DH; **104** ul TB; **105** ur TB; **106** ol–r RH; **108** ur TB; **108–9** om TB; **110** or RH; **113** mr RH; **114** m RH; 115 ml RH; 115 ul TB; 116 m RH; **116–117** m TB; **119** or, ul TB; **126** m DH; **127** m DH; **131** ol–mr DH; **133** mr DH; **134** ur DH; **135** ml DH; **138** m DH; **140–141** RH; **140** m RH; **141** ul DH; **146–147** m JK; **147** or JK; **148** or–mr RH.

Dorling Kindersley dankt folgenden Personen für ihre Mitwirkung an diesem Buch:
Korrektur: Caryn Jenner,
Chris Bernstein für das Register,
Kate Bradshaw für die Modelle,
Alex O´Reilly für die Redaktionsassistenz,
Roger Langston vom King's College London, University of London, für die freundliche Überlassung wissenschaftlicher Ausstattung.